高等职业学校"十四五"规划装备制造大类精品教材

U0641656

数控手工编程
（第2版）

SHUKONG SHOUGONG BIANCHENG

主　编◎赵学清　欧阳海菲　陈　立
副主编◎李秀兰　刘让贤　　熊　霞
主　审◎田　力

华中科技大学出版社
http://press.hust.edu.cn
中国·武汉

内容简介

本书内容在调查研究的基础上,反映了近几年来高等职业技术教育课程改革的经验,反映了生产实际中的新知识、新技术、新工艺和新方法,适应了经济发展、科技进步和生产实际对教学内容提出的新要求,突出了职业教育特色,紧密联系生产实际,具有广泛的实用性。

全书以项目式教学的方式组织内容,分基础篇、数控车床篇、数控铣床篇和加工中心篇4个部分,共12个学习项目,分别为台阶类零件的编程与加工、圆弧类零件的编程与加工、螺纹轴类零件的编程与加工、盘套类零件的编程与加工、轴套类零件的编程与加工、华中"世纪星"系统加工轴套类零件、平面凸轮廓类零件的编程与加工、型腔类零件的编程与加工、孔系零件的编程与加工、底座类零件的编程与加工、SINUMERIK 802D系统加工底座类零件、加工中心编程实例。每个学习项目均由项目导入、相关知识和项目实施3个部分构成,形成"理论讲解—模拟仿真—实操加工"的一体化教学模式。每篇内容附有形式多样的例题和练习题,针对性和实用性强,方便教师教学,也方便学习者巩固相应的内容。

本书采用了新国标规定的名词术语,将数控加工工艺规程的制订和数控加工程序的编制有机地结合在一起。

本书可供高等职业技术院校、职工业余大学等相关专业选用,也可供大专院校和从事数控加工与编程工作的工程技术人员参考,或作为工厂数控加工设备操作工人的自学教材。

图书在版编目(CIP)数据

数控手工编程/赵学清,欧阳海菲,陈立主编.—2版.—武汉:华中科技大学出版社,2023.8
ISBN 978-7-5680-9720-8

Ⅰ.①数…　Ⅱ.①赵…　②欧…　③陈…　Ⅲ.①数控机床-程序设计-教材　Ⅳ.①TG659

中国国家版本馆CIP数据核字(2023)第161973号

数控手工编程(第2版)　　　　　　　　　　　　　　　赵学清　欧阳海菲　陈立　主编
Shukong Shougong Biancheng(Di-er Ban)

策划编辑:袁　冲
责任编辑:刘　静
封面设计:孢　子
责任监印:朱　玢
出版发行:华中科技大学出版社(中国·武汉)　　　电话:(027)81321913
　　　　　武汉市东湖新技术开发区华工科技园　　　邮编:430223
录　　排:武汉正风天下文化发展有限公司
印　　刷:武汉市洪林印务有限公司
开　　本:787mm×1092mm　1/16
印　　张:14.5
字　　数:380千字
版　　次:2023年8月第2版第1次印刷
定　　价:39.00元

本书是高等职业技术教育数控技术专业的适用教材。除可供高等职业技术院校、职工业余大学等相关专业选用外,也可供大专院校和从事数控加工与编程工作的工程技术人员参考,或作为工厂数控加工设备操作工人的自学教材。

本书根据数控技术的迅速发展对人才素质的需要而确立课程的教学内容,体现了以创新意识和实践能力为重点的教育教学指导思想。

本书总结了近几年来高等职业技术教育课程改革的经验,以实际项目为基础构建教学内容,采用了最新的国家标准,注重基本理论、基本知识和基本技能的讲述,紧密联系生产实际,突出高等职业教育课政融合的特色。

全书以项目式教学的方式组织内容,分基础篇、数控车床篇、数控铣床篇和加工中心篇4个部分,共12个学习项目,分别为台阶类零件的编程与加工、圆弧类零件的编程与加工、螺纹轴类零件的编程与加工、盘套类零件的编程与加工、轴套类零件的编程与加工、华中"世纪星"系统加工轴套类零件、平面凸轮廓类零件的编程与加工、型腔类零件的编程与加工、孔系零件的编程与加工、底座类零件的编程与加工、SINUMERIK 802D系统加工底座类零件、加工中心编程实例。每个学习项目均由项目导入、相关知识和项目实施3个部分构成,有理论知识学习,有数控仿真加工练习,在实训条件满足的情况下还可以将每个项目实际加工出成品,形成"理论讲解—模拟仿真—实操加工"的一体化教学模式。同时,本书每篇内容附有形式多样的例题和练习题,针对性和实用性强,方便教师教学,也方便学习者巩固相应的内容。

在第一版的基础上,本次修订主要做出以下改动:第一,修改了第一版中出现的问题,补充了对应1+X的实例,充实了数控仿真加工操作的内容,并新增了使用微信扫二维码学习相关知识点的功能,以更好地服务于学生的自主学习和老师的教学活动;第二,在调查研究的基础上,反映了近几年来高等职业技术教育课程改革的经验,反映了生产实际中的新知识、新技术、新工艺和新方法,适应了经济发展、科技进步和生产实际对教学内容提出的新要求,突出了职业教育特色,紧密联系生产实际,具有广泛的实用性;第三,采用了最新标准规定的名词术语,将数控加工工艺规程的制订和数控加工程序的编制有机地结合在一起。

本书的基础篇由张家界航空工业职业技术学院陈立老师编写,数控车床篇由张家界航空工业职业技术学院赵学清老师和李秀兰老师编写,数控铣床篇由张家界航空工业职业技术学院欧阳海菲老师和湖南生物机电职业技术学院熊霞老师编写,加工中心篇由张家界航空工业职业技术学院刘让贤老师编写。赵学清老师、欧阳海菲老师、陈立老师为主编,负责全书的统稿和校稿工作。

本书由长沙汽电汽车零部件有限公司田力高级工程师主审。刘坚副教授、凡进军教授、胡细东教授、田正芳教授、吴灿坤工程师、张迎春工程师对本书的组稿提出了许多宝贵的意见,在此谨向他们表示衷心的感谢。本书参照了国内许多学者的著作,在此也一并表示感谢。

由于编者水平有限,书中的缺点和错误在所难免,恳请读者给予批评指正。

编　者

2023 年 5 月于张家界

第 1 章

数控手工编程基础

◀ 1.1 数控技术的概念 ▶

【学习目标】

1. 掌握数控技术的基本概念
2. 了解数控机床的产生和发展趋势
3. 掌握数控机床加工的特点及应用

数控技术即数字控制（numerical control，简称 NC）技术，是用数字化信号发出指令并控制机械执行预定动作的技术。计算机数控（computer numerical control，简称 CNC）是指按照存储在计算机读写存储器中的控制程序，去执行并实现数控装置的部分或全部数控功能。采用数控技术实现数字控制的一整套装置和设备，称为数控系统。

数控机床就是装备有数控系统，采用数字信息对机床运动及其加工过程进行自动控制的机床。数控机床可以通过输入专用或通用计算机中的数字信息来控制自身的运动，自动对零件进行加工。

数控加工是指在数控机床上根据设定的程序对零件切削加工的整个过程，这种控制零件加工过程的程序称为数控加工程序。数控加工程序由一系列的标准指令代码组成，每一个指令对应于工艺系统的一种动作状态。数控加工程序的编制称为数控编程。

1.1.1 数控加工在机械制造业中的地位和作用

随着科学技术的发展，机械产品的结构越来越合理，性能、精度和效率日趋提高，更新换代更加频繁，生产类型由大批量生产向多品种、小批量生产转化，因此，对机械产品的加工相应地提出了高精度、高柔性与高度自动化的要求。

大批量生产的产品，如汽车、家用电器的零件，为了提高产品质量和生产率，多采用专用自动化机床、专用的自动生产线或自动车间进行生产。尽管这类设备初次投资很大，生产准备周期长，产品改型不容易，致使产品的开发周期较长，但分摊在每个零件上的费用很少，所以经济效益仍很可观。

然而，在机械制造业中，单件及中、小批生产的零件占机械加工总量的 80% 以上，尤其是在造船、航天、航空、机床、重型机械以及国防部门，加工批量小、改型频繁、零件形状复杂和精度要求高是其生产的主要特点，而加工这类产品需要经常改装或调整设备，但对专用化程度很高的自动化机床来说，这种改装和调整甚至是不可能实现的。

数控机床综合应用了计算机、自动控制、伺服驱动、精密检测与新型机械结构等方面的技术成果，具有高精度、高柔性与高度自动化的特点，采用数控加工手段解决了机械制造业中常规加工技术难以解决的单件、小批量零件,特别是复杂型面零件的加工。应用数控加工技术是机械制造业的一次技术革命,此后机械制造业的发展进入了一个新的阶段,提高了机械制造业的制造水平,为社会提供了高质量、多品种及高可靠性的机械产品。

数控机床的出现以及它所带来的巨大效益,引起了世界各国科技界和工业界的普遍重视。几十年来,数控机床在品种、数量、加工范围和加工精度等方面有了惊人的发展,特别是使用了小型计算机和微处理器以来,数控机床的性价比日趋合理,可靠性日益提高。工业发达的国家中,数控机床在工业、国防等领域的应用已相当普遍,由开始阶段的解决单件、小批量复杂形状的零件加工问题,发展到为了减轻劳动强度、提高劳动生产率、保证质量、降低成本等,在中批量生产甚至大批量生产中得到应用。现在认为,即使是对于批量在500～5000件之间的不复杂的零件,采用数控机床加工也是经济的。因此,发展数控机床是当前机械制造业技术改造的必由之路,是未来工厂自动化的基础。

1.1.2 数控技术的产生和发展

1.1.2.1 数控机床的产生和发展

自美国的帕森斯公司和麻省理工学院伺服机构实验室于1952年合作研制成功世界上第一台数控铣床以来,数控系统先后经历了第一代电子管NC、第二代晶体管NC、第三代小规模集成电路NC、第四代小型计算机CNC、第五代微型计算机MNC和第六代基于PC机CNC六个发展阶段。前三代系统是20世纪70年代以前的早期数控系统,都是采用专用电子电路实现的硬接线数控系统,因此称为硬件式数控系统,也称为普通数控系统或NC数控系统。后三代系统是20世纪70年代中期开始发展起来的软件式数控系统,称为现代数控系统,也称为计算机数控或CNC系统。软件式数控系统是采用微处理器及大规模或超大规模集成电路组成的数控系统,具有很强的程序存储能力和控制功能,而这些控制功能又是由一系列控制程序(驻留系统内)来实现的。软件式数控系统通用性很强,几乎只需要改变软件就可以适应不同类型机床的控制要求,具有很大的柔性。目前,微型计算机数控系统几乎完全取代了以往的普通数控系统。

我国早在1958年就开始研制数控机床,但没有取得实质性的成果。20世纪70年代初期,我国掀起研制数控机床的热潮,但当时的控制系统主要采用分立电子元器件,性能不稳定,可靠性差,因而不能在生产中稳定可靠地使用。从1980年开始,北京机床研究所从日本引进了FANUC 5、FANUC 7、FANUC 6、FANUC 3数控系统,上海机床研究所引进了美国GE公司的MTC-1数控系统,辽宁精密仪器厂引进了美国Bendix公司的Dynapth LTD10数控系统。在引进、消化、吸收国外先进技术的基础上,北京机床研究所又开发出BS03经济型数控系统和BS04全功能数控系统,航天部七〇六所也研制出了MNC864数控系统。目前我国已能批量生产和供应各类数控系统,并掌握了3～5轴联动、螺距误差补偿、图形显示和高精度伺服系统等关键技术,基本上能满足全国各机床厂的生产需要。随着经济发展和科学的进步,我国在数控机床方面的开发、研制、生产等将得到迅速发展。

1.1.2.2 数控技术的发展趋势

1. 数控系统的发展趋势

1) 开放式数控系统

开放式体系结构可以大量采用通用微机的先进技术,实现声控自动编程、图形扫描自动编程等。数控系统继续向高集成度方向发展,芯片上可以集成更多的晶体管,使系统更加小型化、微型化,可靠性得到大大提高。同时,开放式体系结构还可以利用多 CPU 的优势,实现故障自动排除,增强通信功能,提高进线、联网能力。

采用开放式体系结构的新一代数控系统硬件、软件和总线规范都是对外开放的,由于有充足的软、硬件资源可供利用,不仅使数控系统制造商和用户进行系统集成得到有力的支持,而且也为用户进行二次开发带来极大的便利,促进了数控系统多档次、多品种的开发和应用,既可通过升级或组合构成各种档次的数控系统,又可通过扩展构成不同类型数控机床的数控系统。

2) 智能化数控系统

数控系统在控制性能上向智能化方向发展。随着人工智能在计算机领域的应用,数控系统引入了自适应控制、模糊系统和神经网络等控制机理,使新一代数控系统具有自动编程、前馈控制、模糊控制、学习控制、自适应控制、工艺参数自动生成、三维刀具补偿、运动参数动态补偿等功能,而且人机界面极为友好,并具有故障诊断专家系统,使自诊断和故障监控功能更趋完善。伺服系统具有智能化主轴交流驱动装置和智能化进给伺服装置,能自动识别负载并自动优化、调整参数。

2. 数控机床的发展趋势

1) 高速、高效化

数控机床向高速、高效化方向发展,可充分发挥现代刀具材料的性能,大幅度提高加工效率,降低加工成本,提高零件的表面加工质量和精度。超高速加工技术对制造业实现高效、优质、低成本生产有广泛的适用性。

2) 高精度化

随着高新技术的发展和对机电产品性能与质量要求的提高,机床用户对机床加工精度的要求越来越高。新材料及新零件的出现、更高精度要求的提出等对超精密加工技术提出了新的要求,发展新型超精密加工机床、完善现代超精密加工技术,是适应现代科技发展的必由之路。

3) 高可靠性

数控机床要实现高性能、高精度、高效率加工并获得良好的效益,必然具有高可靠性。

4) 模块化、专门化与个性化

数控机床的结构模块化和数控功能专门化,可使数控机床的性价比显著提高,适应数控机床多品种、小批量加工零件的特点。个性化也是近几年来数控机床特别明显的发展趋势。

5) 高柔性化

数控机床在提高单机柔性化的同时,正朝着单元柔性化和系统柔性化方向发展。

6) 复合化

复合化包含工序复合化和功能复合化。数控机床的发展已模糊了粗、精加工工序的概念,加工中心的出现,又把车、铣、镗等工序集中到一台机床上来完成,打破了传统的工序界限和分开加工的工艺规程。近年来又相继出现了许多跨度更大的、功能更集中的超复合化数控机床。

7) 出现新一代数控加工工艺与装备

为适应制造自动化的发展,向柔性制造单元(FMC)、柔性制造系统(FMS)和计算机集成制造系统(CIMS)提供基础设备,要求数字控制制造系统能完成常规的加工功能,具备自动测量、自动上下料、自动换刀、自动更换主轴头(有时带坐标变换)、自动误差补偿、自动诊断、网络通信等功能,能广泛地应用机器人、物流系统,并围绕数控技术,确保制造过程技术在快速成型、并联机构机床、机器人化机床、多功能机床等整机方面实现突破。近年来出现了具有所谓"六条腿"结构的并联加工中心。这种新颖的加工中心采用可以伸缩的"六条腿"(伺服轴)支承,并连接装有主轴头的上平台与装有工作台的下平台的构架结构形式,取代传统的床身、立柱等支承结构,是没有任何导轨与滑板的所谓的"虚轴机床"。这种机床最显著的优点是机床基本性能强,精度、刚度和加工效率均可比传统加工中心高出许多倍。这种采用并联杆系结构的新型数控机床的出现,开拓了数控机床发展的新领域。

1.1.3　数控机床加工的特点及应用

1.1.3.1　数控机床的加工特点

1. 适应性强,可用于单件小批量和具有复杂型面的零件的加工

在数控机床上加工零件的形状主要取决于加工程序,因此,加工不同的零件只需要重新编制或修改加工程序就可以达到加工要求,这为复杂零件的单件、小批量生产以及试制新产品提供了极大的便利。数控机床的加工随生产对象而变化,具有很强的适应性。

2. 加工精度高,加工零件质量稳定

数控机床的机械传动系统和结构都有较高的精度、刚度和热稳定性;数控机床是按数字形式给出的指令来控制机床进行加工的,在加工过程中消除了操作人员的人为误差;数控机床工作台的脉冲当量普遍达到了每个脉冲 0.01～0.000 1 mm,而且进给传动链的反向间隙与丝杠螺距误差等均可由数控装置进行补偿;数控机床的加工精度由过去的 0.01 mm 提高到 ±0.005 mm;数控机床切削加工中采用工序集中方式,减少了多次装夹对加工精度的影响,提高了同一批次零件尺寸的一致性,使产品质量的稳定性得到提高。

3. 生产效率高

数控机床加工可以有效地减少零件的加工时间和辅助时间。由于数控机床的主轴转速和进给速度的变化范围大,每一道工序加工时可以选用最佳切削速度和进给速度,使切削参数优化,减少了切削加工时间。此外,数控机床加工一般采用通用夹具或组合夹具,数控车床和加工中心在加工过程中能进行自动换刀,实现了多工序加工;数控系统具有刀具补偿功能,节省了刀具补偿的调整时间等,减少了辅助加工时间。综合上述各个方面可知,数控机床提高了生产效率,降低了加工成本。

4. 能实现复杂的运动

普通机床难以实现或无法实现的曲线和曲面的运动轨迹(如螺旋桨、汽轮机叶片等空间曲面)在数控机床上都可以实现。数控机床可以实现任意轨迹的运动,能加工任意形状的空间曲线和曲面,适用于复杂异形零件的加工。

5. 减轻劳动强度,改善劳动条件

数控机床加工时,除了装卸零件、操作键盘、观察机床运行外,其他的机床动作都是按照加工程序要求自动、连续地完成,操作人员不需要频繁地重复手工操作,能减轻劳动强度,改善劳动条件。

6. 有利于生产管理

数控机床加工可预先准确估计零件的加工工时,所使用的刀具、夹具、量具可进行规范化管理。数控加工程序用数字信息的标准代码输入,易于实现加工信息的标准化。目前,加工程序已与计算机辅助设计/计算机辅助制造(CAD/CAM)有机结合,是现代集成制造技术的基础。

1.1.3.2 数控加工内容的选择

1. 适合数控加工的内容

(1) 通用机床无法加工的内容应作为优先选择内容。

(2) 通用机床难加工、质量也难以保证的内容应作为重点选择内容。

(3) 通用机床加工效率低、工人手工操作劳动强度大的内容,可在数控机床尚存在富余加工能力时选择。

2. 不适合数控加工的内容

(1) 占机调整时间长,如以毛坯的粗基准定位加工第一个精基准,需用专用工装协调的内容。

(2) 加工部位分散,需要多次安装、设置原点。这时采用数控加工很麻烦,效率不明显,可安排通用机床进行加工。

(3) 按某些特定的制造依据(如样板等)加工的型面轮廓。不适合数控加工的主要原因是获取数据困难,易与检验依据发生矛盾,增加了程序编写的难度。

此外,在选择和决定加工内容时,也要考虑生产批量、生产周期、工序间周转情况等。总之,要尽量做到合理,达到多、快、好、省的目的,避免把数控机床降格为通用机床使用。

1.1.3.3 数控机床的适用范围

从数控机床的加工特点可以看出,适合使用数控机床进行加工的零件如下。

1-1 数控技术概念

(1) 批量小而又多次生产的零件。

(2) 几何形状复杂的零件。

(3) 在加工过程中必须多工步加工的零件。

(4) 必须严格控制公差的零件。

(5) 加工过程中如果发生错误将会造成严重浪费的贵重零件。

(6) 需要全部检验的零件。

(7) 工艺设计可能经常变化的零件。

◀ 1.2 数控编程的基本概念 ▶

【学习目标】

1. 掌握数控编程的步骤和方法

2. 掌握数控加工程序的结构与格式

数控机床是按照事先编制好的数控加工程序自动地对零件进行加工的高效自动化设备，因此，在加工零件之前，首先要进行加工程序的编制。

1.2.1　数控编程的内容、步骤与方法

1.2.1.1　数控编程的内容和步骤

一般来说，数控编程的内容和步骤主要包括：分析零件图样，确定加工工艺；图形的数学处理；编写零件加工程序；制备控制介质；程序校验，首件试切，如图 1-1 所示。

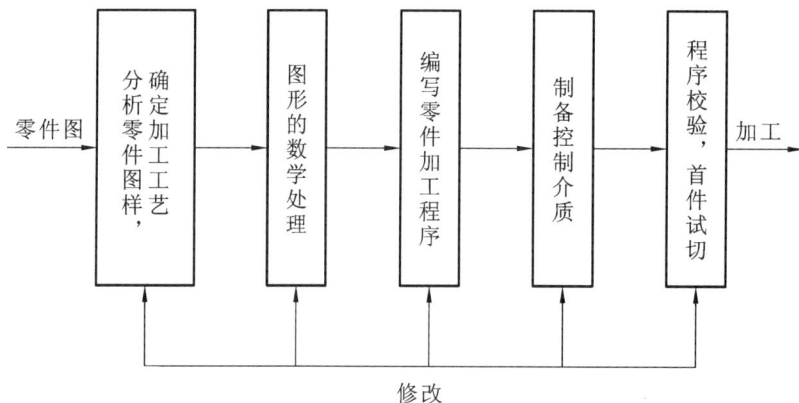

图 1-1　数控编程的内容和步骤

1. 分析零件图样，确定加工工艺

分析零件图样，即分析零件的材料、轮廓形状、有关尺寸和形状精度、表面粗糙度以及毛坯的形状和热处理要求等。通过分析，确定该零件是否适合在数控机床上加工，同时明确加工的内容及要求，以便确定零件的加工工艺。

确定加工工艺过程包括确定加工方案、选择合适的夹具及装夹定位方法、选择合理的走刀路线、选择加工刀具及切削用量等。确定加工工艺的基本原则是：充分发挥数控机床的效能，走刀路线尽量短，对刀点、换刀点选择合理，以减少换刀次数。

2. 图形的数学处理

工艺方案确定后，还需根据零件图样的几何尺寸和所确定的走刀路线及设定的坐标系，计算出数控机床所需输入的数据，包括零件轮廓线上各几何元素的起点和终点、圆弧的圆心坐标、几何元素的交点或切点等坐标尺寸。数值计算的复杂程度取决于零件的复杂程度和数控系统的功能。对于形状比较简单（由直线或圆弧组成）的平面零件来说，仅需要算出零件轮廓相邻几何元素的交点或切点的坐标值。当零件形状比较复杂，并与数控系统的插补功能不一致时，就需要进行较复杂的数值计算。这一过程大多借助计算机完成。

3. 编写零件加工程序

编程人员根据数值计算得到的加工数据和已确定的工艺参数、刀位数据，结合数控系统对输入信息的要求，并根据数控系统规定的功能指令代码及程序段格式，编写零件加工程序单。此外，编程人员还应填写有关的工艺文件，如数控加工工序卡片、数控刀具卡片、零件安装和零

点设定卡片等。

4. 制备控制介质

程序输入可采用手动数据输入、介质输入和通信输入等方式。

对于不太复杂的零件而言,通常采用手动数据输入(MDI)方式,即按零件加工程序单内容,通过操作数控系统键盘上各数字、字母、符号键逐段输入程序,并利用 CRT 或 LCD 显示器对显示内容进行逐段检查。MDI 方式输入简单,程序的修改与校核方便,适用于形状简单、程序不长的零件。

1-2　数控编程概念

介质输入方式是将加工程序记录在磁盘、磁带等介质上,用输入装置一次性输入加工程序。

随着计算机行业的迅速发展,越来越多的编程人员使用计算机软磁盘作为程序输入控制介质。编程人员可以在计算机上使用自动编程软件进行编程,然后把计算机与数控机床上的 RS-232 标准串行接口连接起来,实现计算机与数控机床之间的通信(或使用数控机床上配备的软盘驱动器)。这样就可以通过通信的方式,把加工指令直接送入数控系统,指挥数控机床进行加工,从而提高机床系统的可靠性和信息的传递效率。

现代 CNC 系统的存储量大,能储存多个零件的加工程序,可在不占用加工时间的情况下进行通信输入。

5. 程序校验,首件试切

在对零件进行加工之前,需要对程序进行校验。一般是基于数控机床的空运行或图形模拟功能来校验程序,校验内容包括程序的语法是否有误、加工轨迹是否正确等。在图形模拟工作状态下运行程序时,只要程序存在语法或计算错误,数控机床的运行界面就会自动显示编程出错而提示报警。根据报警号的内容,编程人员可对相应的出错程序段进行调整。同时,编程人员还要对照零件图样,检查模拟出的刀具轨迹是否符合要求,以便对程序进行修改。

程序校验结束后,必须在机床上进行首件试切,以便确定零件的加工精度是否符合要求。如果加工出来的零件不合格,则需要对程序及加工参数进行调整,直到加工出满足零件图样要求的零件为止。

1.2.1.2　数控编程的方法

数控编程的方法有手工编程和自动编程两种。尺寸较小的简单零件的加工,一般采用手工编程。加工内容比较多、加工型面比较复杂的零件需要采用自动编程。

1. 手工编程

从零件图样分析、工艺处理、数值计算、编写程序单、输入程序到程序校验等,各步骤主要由人工完成,这种编程方式称为手工编程。对于点位加工、几何形状不太复杂的零件的加工来说,程序坐标计算较为简单,编程工作量小,程序段不多,可采用手工编程方法。

2. 自动编程

自动编程是指利用由计算机及其外围设备组成的自动编程系统完成程序编制工作的编程方法,也称为计算机辅助编程。对于具有非圆曲线、曲面的零件,几何形状并不复杂但是程序编制的工作量很大的零件,需要进行复杂的工艺及工序处理的零件,由于在加工编程过程中数值计算非常烦琐,如果采用手工编程,耗时多而效率低,甚至无法完成编程,因此必须采用自动编程方法。

采用自动编程方法时,除了分析零件图样和制订工艺方案由人工完成外,数学处理、编写程序、校验程序等工作都是由计算机自动完成的。由于计算机可自动绘制出刀具中心的运动轨迹,编程人员可及时对程序进行检查或修改。

根据输入方式的不同,自动编程可分为图形数控自动编程、语言数控自动编程和语音数控自动编程等。图形数控自动编程是将零件的图形信息直接输入计算机,通过自动编程软件的处理得到数控加工程序。目前,图形数控自动编程是使用最为广泛的自动编程方式。语言数控自动编程是指将待加工零件的几何尺寸、工艺要求、切削参数及辅助信息等用数控语言编写成源程序后输入计算机中,再由计算机进一步处理得到零件加工程序。语音数控自动编程是指采用语音识别器,将编程人员说出的加工指令转变为加工程序。

与手工编程相比,自动编程具有可降低编程劳动强度、缩短编程时间和提高编程质量等优点。自动编程在数控铣床、加工中心上应用比较普遍,但其硬件与软件配置费用较高。

1.2.2　数控编程格式

数控加工程序是根据数控机床规定的语言规则及程序格式来编制的。为便于数控机床的设计、制造、使用和维修,在程序输入代码、指令及格式等方面,国际上已形成了两种通用标准,即国际标准化组织(以下简称 ISO)的 ISO 标准和美国电子工业协会的 EIA 标准。我国根据 ISO 标准制定了 GB/T 12646—1990 等标准,这些标准是数控编程的基本准则。

1. 程序的构成

一个完整的程序包括程序号、程序主体和程序结束三部分。

O0001		程序号
N010	G90 G98;	
N020	M03 S600 T0101;	
N030	G00 X40 Z0;	
N040	G01 Z－20 F50;	程序主体
N050	G00 X60 Z50;	
N060	M05;	
N070	M30;	程序结束

上述加工程序由七个程序段构成。

(1) 程序号。O0001 是程序号。程序号为程序的开始部分,一个完整的程序必须有一个程序号,以便在数控装置的存储器中进行检索。程序号的第一位字符为程序编号的地址,不同的数控系统程序编号地址有所不同。例如:FANUC 数控系统用英文字母"O"做程序编号地址,华中"世纪星"数控系统采用的是"%",还有的数控系统采用"P",等等。

(2) 程序主体。N010～N060 为程序主体,是整个程序的核心部分。程序主体由若干程序段组成,表示数控机床要完成的全部动作。

(3) 程序结束。N070 为程序结束部分,程序结束指令为 M30 或 M02。

2. 程序段结构

程序段由功能字组成,功能字由地址符(用英文字母表示)、正负号和数字(或代码)组成。程序段格式是程序段的书写规则,目前使用最多的是字地址可变程序段格式。

字地址可变程序段格式由程序段号、功能字和程序段结束符组成。

通常情况下,字地址可变程序段格式为:

$$N\_\ G\_\ X\_\ Y\_\ Z\_\ F\_\ S\_\ T\_\ M\_\ ;$$

其中:N 为程序段号,G 为准备功能字,X、Y、Z 为坐标尺寸字,F 为进给功能字,S 为主轴功能字,T 为刀具功能字,M 为辅助功能字,";"为程序段结束符。各功能字的含义如表 1-1 所示。

表 1-1　数控编程格式的说明

功能	地址	意义	说明
程序号	O、P、%	用于指定程序的编号	主程序编号,子程序编号
程序段号	N	又称顺序号,是程序段的名称	由地址符 N 和若干位数字组成
准备功能字	G	指令动作方式(快进、直线、圆弧等)	用地址符 G 和两位数字表示,从 G00 到 G99 共 100 种。G 功能是使数控机床做好某种操作准备的指令
坐标尺寸字	X、Y、Z A、B、C U、V、W I、J、K、R	用于确定加工时刀具运动的坐标位置	X、Y、Z 用于确定终点的直线坐标尺寸,A、B、C 用于确定附加轴终点的角度坐标尺寸,U、V、W 用于确定第二坐标轴的坐标尺寸,I、J、K 用于确定圆弧的圆心坐标,R 用于确定圆弧半径
进给功能字	F	用于指定切削的进给速度	表示刀具中心运动时的进给速度,由地址符 F 和数字构成,单位为 mm/min 或 mm/r
主轴功能字	S	用于指定主轴转速	由地址符 S 和数字组成,单位为 r/min 或 m/min(数控车床恒线速度切削时用)
刀具功能字	T	用于指定加工时所用刀具的编号	地址符 T 后面的数字是指定的刀号,数字的位数由所用的系统决定。对于数控车床而言,地址符 T 后面的数字还兼有指定刀具补偿的作用
辅助功能字	M	用于控制机床或系统辅助装置的开关动作	由地址符 M 和两位数字组成,从 M00 到 M99 共 100 种。各种机床的 M 代码规定有差异,必须根据说明书的规定进行编程

(1)程序段号。程序段号用于识别程序段的编号,位于程序段之首,由地址符 N 和若干位数字组成,例如,N020 表示该程序段的编号为 020。

数控机床加工时,数控加工程序是按照程序段的先后顺序执行的,与程序段号的大小无关,程序段号只起一个标记的作用,便于程序的检索、校对和修改。程序段号一般按升序间隔排列。

(2)功能字。功能字通常由地址符、符号和数字组成,功能类别由地址决定。每个功能字根据地址确定含义,不需要的功能字或与上一程序段相同的功能字可以省略;不严格限定各功能字的排列顺序。

(3)程序段结束符。程序段结束符写在每一程序段之后,表示该程序段的结束。不同数控系统的程序段结束符可以用"NL""LF""CR"";"" * "等表示,也有数控系统不设程序段结束符,直接按回车键即可。

◀ 1.3 数控机床坐标系 ▶

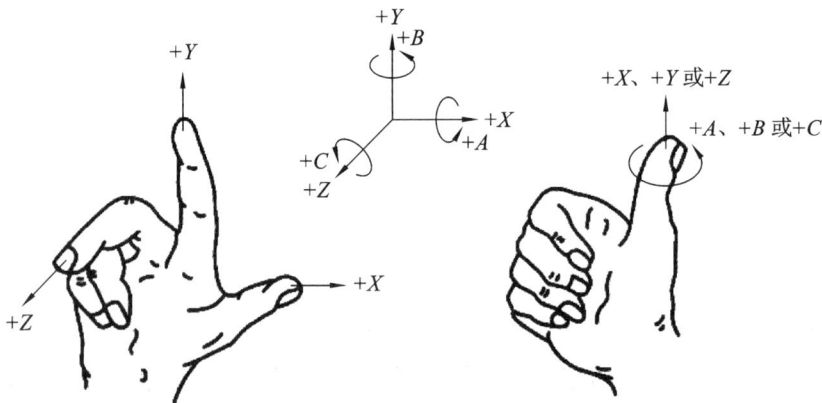

【学习目标】

1. 掌握数控加工中机床坐标系和编程坐标系的概念
2. 掌握机床原点和机床参考点的概念
3. 掌握绝对坐标编程指令 G90 和增量坐标编程指令 G91

在数控机床上加工零件，刀具与零件的相对运动是以数字的形式体现的。为了明确刀具与零件的相对位置，必须建立相应的坐标系。数控机床的坐标系包括坐标原点、坐标轴和运动方向。为了简化数控编程和规范数控系统，ISO 规定了数控机床的标准坐标系。

1.3.1 机床坐标系

1. 坐标系的规定

机床坐标系是机床上固有的基本坐标系。ISO 标准规定，数控机床的坐标系采用右手笛卡儿直角坐标系，如图 1-2 所示。基本坐标轴为 X、Y、Z 三个直线坐标轴，与机床的主要导轨平行。坐标轴 X、Y、Z 之间的关系及其正方向用右手直角定则判定：大拇指为 X 轴，食指为 Y 轴，中指为 Z 轴，指尖的指向为各坐标轴的正方向，并分别用 $+X$、$+Y$、$+Z$ 表示。

1-3 数控机床坐标系

图 1-2 右手笛卡儿直角坐标系

绕 X、Y、Z 轴旋转的坐标轴分别用 A、B、C 表示，其正方向用右手螺旋定则判定，即：大拇指的指向分别为 X、Y、Z 轴的正方向，四指弯曲的方向为各轴的旋转正方向，分别表示为 $+A$、$+B$、$+C$。

2. 坐标轴及其运动正方向

1）运动正方向的规定

不论数控机床的具体结构如何，编程时一律假定零件不动，刀具相对于静止的零件运动。

增大刀具与零件之间距离的方向(即刀具远离零件的方向)为运动的正方向。

2)坐标轴的判定方法

机床坐标系 X、Y、Z 直线坐标轴的判定顺序为:先确定 Z 轴,再确定 X 轴,最后按右手直角定则判定 Y 轴。

(1) Z 轴。平行于主轴轴线的坐标轴为 Z 轴,刀具远离零件的方向为其正方向,如图 1-3、图 1-4、图 1-5 所示。对于有多个主轴或没有主轴的机床(如刨床)来说,垂直于零件装夹面的轴为 Z 轴,如图 1-6、图 1-7 所示。

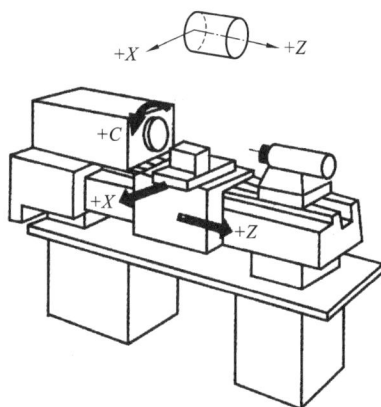

图 1-3 数控车床

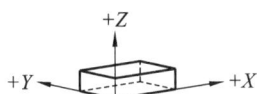

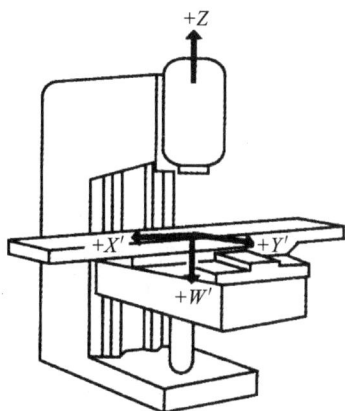

图 1-4 数控立式升降台铣床

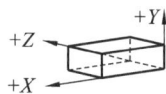

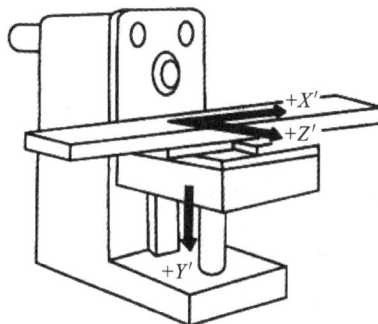

图 1-5 数控卧式升降台铣床

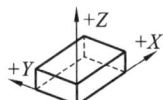

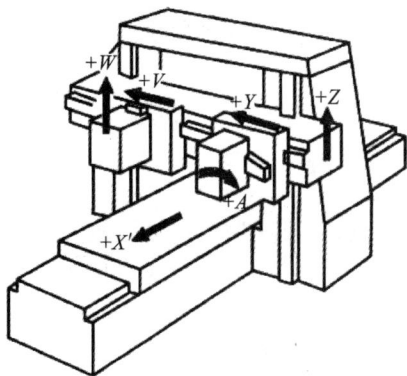

图 1-6 数控龙门铣床

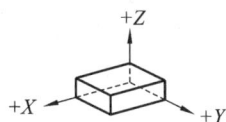

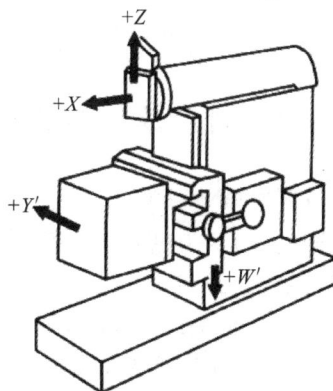

图 1-7 数控牛头刨床

（2）X 轴。X 轴平行于零件的装夹面，一般是水平的。零件旋转的机床（如车床、磨床等），X 轴为零件的径向方向，刀具远离零件的方向为其正方向，如图 1-3 所示。刀具旋转的机床（如铣床、镗床、钻床等），操作者站在操作位，面向机床看，若是立式机床，右手指向为 X 轴的正方向，如图 1-4 所示；若是卧式机床，左手指向为 X 轴的正方向，如图 1-5 所示。

（3）Y 轴。当 Z 轴和 X 轴确定之后，根据笛卡儿坐标系右手直角定则判定 Y 轴及其正方向。

注意：坐标轴名称当中（如＋X、＋Y、＋Z 或＋A、＋B、＋C），不带"′"的表示刀具相对于零件运动的正方向，带"′"的表示刀具相对于零件运动的负方向。

（4）旋转轴 A、B、C 轴。旋转轴 A、B 和 C 轴的轴线分别平行于 X、Y 和 Z 轴，旋转运动的正方向按右手螺旋定则判定（见图 1-2），判定实例如图 1-8、图 1-9 所示。

（5）附加坐标轴。如果除基本坐标轴 X、Y、Z 轴以外，还有平行于它们的第二或第三坐标系，则各轴分别用 U、V、W 或 P、Q、R 表示。

（6）主轴旋转方向。从主轴后端向前端（装刀具或零件端）看，顺时针旋转方向为主轴正旋转方向。主轴的正旋转方向与 C 轴的正方向不一定相同，例如卧式车床的主轴正旋转方向与 C 轴正方向相同，钻床、铣床、镗床的主轴正旋转方向与 C 轴正方向相反，如图 1-3、图 1-8、图 1-9 所示。

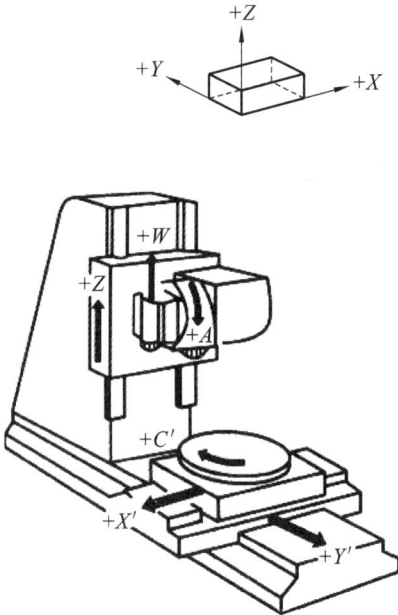

图 1-8　五坐标数控铣床　　　　图 1-9　数控卧式镗床

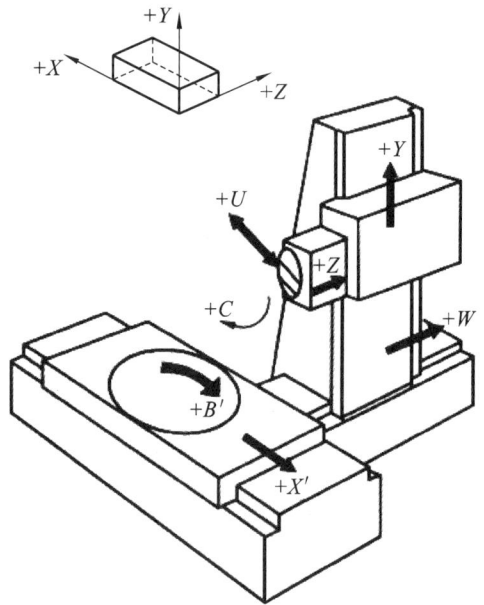

1.3.2　机床原点与机床参考点

1. 机床原点

机床原点也称为机械原点或零点，是机床坐标系原点，是机床制造厂商设置在机床上的一个不能随意改变的固定点。它在机床装配、调试时就已经确定下来，是数控机床进行加工运动的基准参考点，也是建立其他坐标系和设定参考点的基准。

对于数控机床的机床原点位置，各制造厂商设置得不一致。数控车床可以将机床原点设置在卡盘端面与主轴轴线的交点处，如图 1-10(a) 所示；也可以采用设置参数的方法，将机床原点设定在 X、Z 坐标的正方向极限位置上。数控铣床的机床原点一般设置在进给行程范围的终点,即 X、Y、Z 坐标的正方向极限位置,如图 1-10(b)所示。

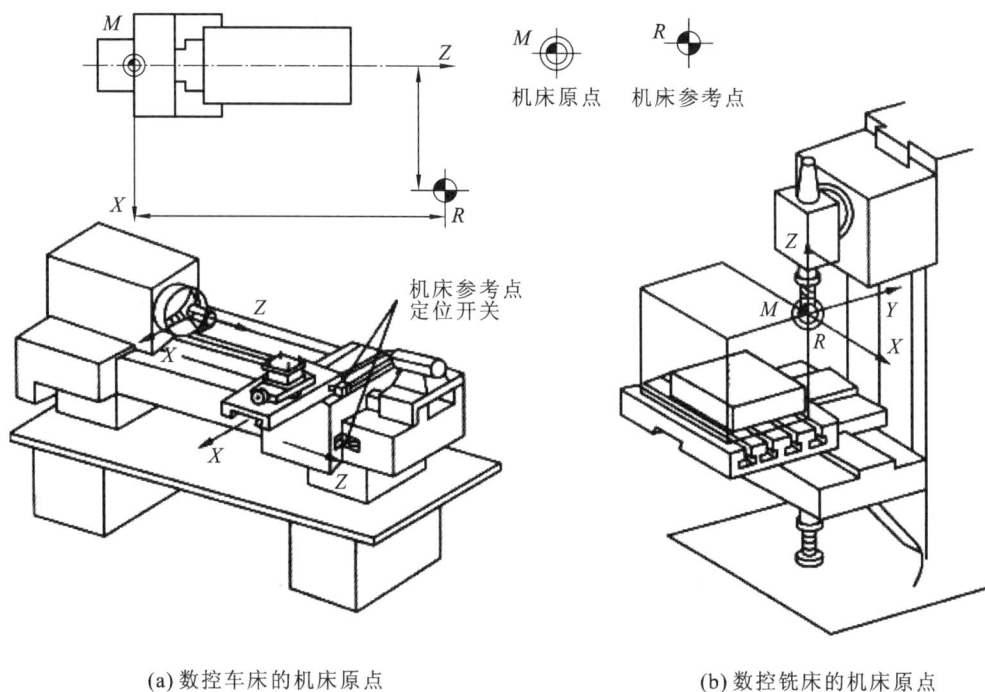

(a) 数控车床的机床原点　　　　　　　　　(b) 数控铣床的机床原点

图 1-10　数控机床的机床原点与机床参考点

2. 机床参考点

机床参考点也称为基准点,是由机床制造厂商在各坐标轴正方向上,用机械挡块或限位开关等硬件所限定的一个固定点,因此,这样的参考点又称为硬参考点,用于对机床运动进行检测和控制。

3. 两者之间的关系

机床参考点到机床原点的距离通过精确测量输入数控系统中,因此,机床参考点相对于机床原点的坐标是一个已知数。具有增量位置测量系统的数控机床,每次通电后,都必须进行回机床参考点操作,数控装置通过机床参考点确认机床原点的位置,从而建立机床坐标系。

数控车床的机床参考点是车刀退离主轴端面和中心线最远处的一个固定点,如图1-10(a)所示;数控铣床的机床参考点通常与机床原点重合,如图1-10(b)所示。

1.3.3　编程坐标系

编程坐标系又称为零件坐标系,是编程人员根据零件图样及加工工艺等建立的坐标系。它的作用使零件图样上的所有几何元素都有确定的位置,为编程提供轨迹坐标和运动方向。编程坐标系直接影响到编程时的计算量、程序的繁简程度及零件的加工精度,因此,编程时一定要恰当地选择编程坐标系。

编程坐标系的坐标系原点称为编程原点,是编程时定义在零件上的几何基准点,也称零件原点。为了便于编程计算、机床调整、对刀,根据零件的特点,编程原点一般按如下原则选取。

1. 车削零件的编程原点

X 轴方向零点选在零件的回转中心,Z 轴方向零点一般选在零件的右端面或左端面、设计基准或对称平面内,如图 1-11(a)所示。

2. 铣削零件的编程原点

X 轴、Y 轴方向零点一般选在设计基准或工艺基准的端面或孔的中心线上，或是对称面上；Z 轴方向上零点一般设置在零件的上表面或下表面上，如图 1-11(b) 所示。

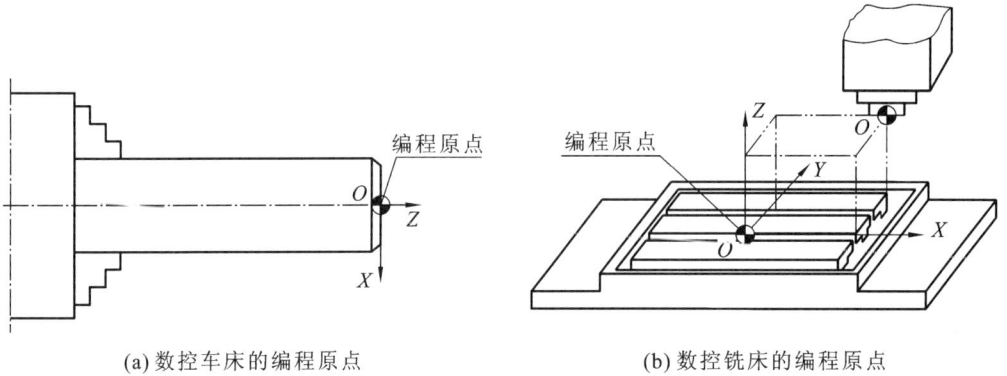

(a) 数控车床的编程原点   (b) 数控铣床的编程原点

图 1-11 编程原点的选择

1.3.4 绝对坐标编程和增量坐标编程

1. 绝对坐标和增量坐标

数控加工程序中表示几何点的坐标位置有绝对值和增量值两种方式。绝对坐标以"零件原点"为依据来表示坐标位置，如图 1-12(a) 所示。增量坐标以相对于"前一点"位置坐标尺寸的增量来表示坐标位置，如图 1-12(b) 所示。增量坐标值与刀具（或零件）的运动方向有关，当刀具运动的方向与机床坐标系正方向相同时，增量坐标值为正，反之为负。编程时要根据零件的加工精度要求及编程方便与否选用坐标类型。在数控加工程序中，绝对坐标与增量坐标可以单独使用，也可以在程序中交叉使用。

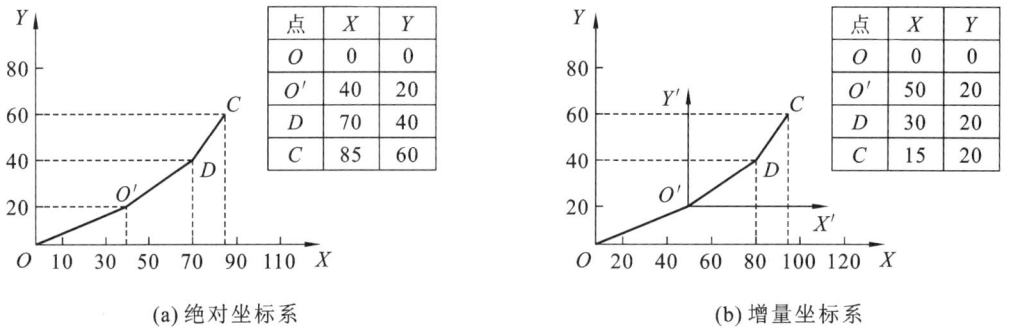

(a) 绝对坐标系   (b) 增量坐标系

图 1-12 绝对坐标与增量坐标

2. 相关指令

绝对坐标编程用 G90 指令来设定。该指令表示后续程序中的所有编程尺寸都是按绝对坐标值给定的。一般情况下，数控系统启动后自动设置为绝对坐标编程状态。有的数控系统在程序段中不用 G90 指令设定绝对坐标编程，而直接用 X、Y、Z 给定运动轨迹的绝对坐标值。

增量坐标编程用 G91 指令来设定。该指令表示后续程序中的所有编程尺寸都是按增量坐标值给定的。有的数控系统在程序段中不用 G91 指令设定增量坐标编程，而直接用 U、V、W 给定运动轨迹在 X 轴、Y 轴、Z 轴方向的增量坐标值，如数控车床。

◀ 1.4　数控编程中的数值计算 ▶

【学习目标】

1. 掌握基点和节点的定义
2. 熟悉基点的计算方法
3. 了解数控加工中的数值计算

1-4　数控编程中的
数值计算

根据被加工零件图纸的要求,按照已确定的加工路线和允许的编程误差,计算机床数控系统所需要输入的数据,称为数值计算。

确定编程尺寸实际上是对零件图形进行数学处理,计算零件图形各点在编程坐标系中的坐标值和运动轨迹。数值计算一般包括基点坐标计算、节点坐标计算、刀位点轨迹计算及辅助计算等。

1.4.1　基点坐标的计算

零件的轮廓是由直线、二次曲线等几何要素组成的,各几何要素之间的连接点称为基点,如两直线的交点,直线与圆弧、圆弧与圆弧的交点或切点,圆弧与其他二次曲线的交点或切点等。基点坐标是编程中必需的重要数据,如图 1-13 所示,A、B、C、D、E 点都是基点。

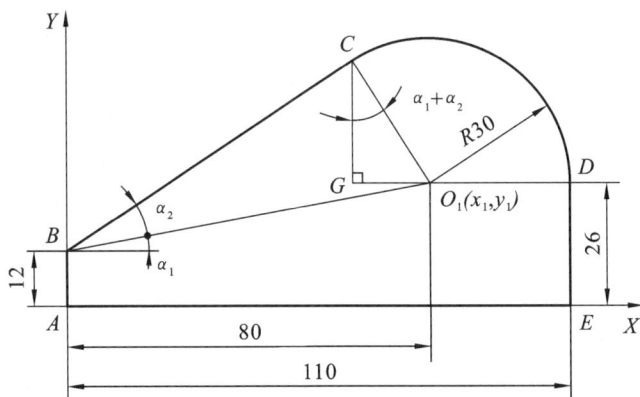

图 1-13　零件轮廓的基点

由图 1-13 可知,以 O_1 为圆心的圆的方程为

$$(X-80)^2+(Y-26)^2=30^2$$

设过 B 点的直线方程为 $Y=kX+b$,由图中可以看出

$$\alpha_1=\arctan\frac{26-12}{80}=9.926\ 25°,\quad \alpha_2=\arcsin\frac{30}{\sqrt{80^2+(26-12)^2}}=21.677\ 78°$$

从而得 $k=\tan(\alpha_1+\alpha_2)=0.615\ 3$。

联立两方程:

$$\begin{cases}Y=0.615\ 3X+12\\(X-80)^2+(Y-26)^2=30^2\end{cases}$$

求解得 C 点坐标为(64.279,51.551)。

C 点坐标的第二种求解方法是作 CGO_1 辅助三角形,利用三角函数法解得结果。

1.4.2　节点坐标的计算

当零件的轮廓由直线和圆弧以外的其他曲线构成,而数控系统又不具备该曲线的插补功能时,需要进行一定的数学处理。数学处理的方法是:按数控系统插补功能的要求,在允许的编程误差条件下,用若干直线段或圆弧段去逼近零件轮廓的非圆曲线,这些逼近线段与被加工曲线的交点或切点称为节点。如图 1-14 所示,对图中曲线用直线段逼近时,二者的交点 A、B、C、D、E、F 即为节点。

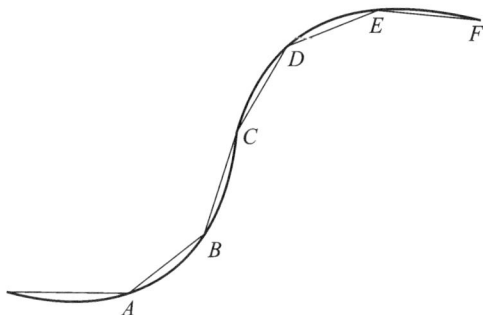

图 1-14　零件轮廓的节点

节点坐标的计算方法有很多,可根据曲线的特征及加工精度要求选择。若轮廓曲线的曲率变化不大,可采用等步长法;若轮廓曲线的曲率变化较大,可采用等误差法;当加工精度要求较高时,还可采用逼近程度较高的圆弧逼近插补法。节点坐标的计算过程较复杂,手工计算难度很大,因此,加工复杂的曲面时,尽可能采用自动编程方法。

在编程时,一般按节点划分程序段,节点数由逼近线段的数目决定。逼近线段的近似区间越大,节点数越少,程序段也会越少,但逼近误差 δ 应小于或等于编程允许误差 $\delta_允$。考虑到工艺系统及计算误差的因素,一般取编程允许误差 $\delta_允$ 为零件公差的 $1/5\sim1/10$。

1.4.3　刀位点轨迹及辅助程序的计算

1. 刀位点轨迹的计算

零件图上的数据是按零件轮廓尺寸给出的,加工时刀具按刀位点轨迹运动,而零件的轮廓形状是由刀具切削刃与零件相切形成的。对于具有刀具半径补偿功能的数控机床而言,只要在编写程序时,在程序的适当位置写入建立刀具半径补偿的有关指令,就能保证刀位点按一定的规则自动偏离编程轨迹,达到正确加工的目的。这时,可直接按零件轮廓的形状计算各基点和节点坐标。对于没有刀具半径补偿功能的数控机床而言,编程时需计算出与零件轮廓的基点和节点相对应的刀具的刀位点轨迹上的基点和节点坐标值作为编程时的坐标数据。刀位点轨迹与零件轮廓为等距线。

2. 辅助程序段的数值计算

辅助程序段是指使刀具从对刀点运动到切入点或从切出点回到对刀点而特意安排的程序段。因此,辅助程序段的刀位点轨迹坐标也需要计算。另外,数控加工同传统加工一样,通常需分粗、精加工多次走刀,当余量较大时更要增加走刀次数,手工编程时需要得到走刀路线上各连接点的坐标信息。粗加工走刀路线上的坐标信息一般不需要太高的精度。

练 习 题

一、选择题

1. 数字控制是用( )信号进行控制的一种方法。

A. 模拟化　　　　　B. 数字化　　　　　C. 一般化　　　　　D. 特殊化

2. 不适合采用数控加工的零件是( )。

A. 周期性重复投产的零件　　　　　B. 多品种、小批量生产的零件

C. 单品种、大批量生产的零件　　　　　D. 结构比较复杂的零件

3. 用右手笛卡儿坐标系判断机床坐标系时,食指方向指向( )。

A. X 轴方向　　　　　B. Y 轴方向　　　　　C. Z 轴方向　　　　　D. B 轴方向

4. 数控机床有不同的运动形式,需要考虑零件与刀具的相对运动关系及坐标系的方向,编写程序时,采用( )的原则编写程序。

A. 刀具固定不动,零件移动

B. 零件固定不动,刀具移动

C. 分析机床运动关系后再根据实际情况定

D. 根据机床说明书说明

5. 确定坐标系正方向时,通常假定( )。

A. 被加工零件和刀具都不动　　　　　B. 刀具不动,被加工零件移动

C. 被加工零件和刀具都移动　　　　　D. 被加工零件不动,刀具移动

6. M 代码用于控制机床的( )。

A. 运动状态　　　　　B. 刀具更换　　　　　C. 辅助动作状态　　　　　D. 固定循环

7. 下列说法不正确的是( )。

A. 机床原点为机床上一个固定的点　　　　　B. 机床原点为零件上一个固定的点

C. 机床原点由机床制造厂商确定　　　　　D. 机床原点也称机械原点

8. 常用的程序段格式是( )。

A. 字地址可变程序段格式　　　　　B. 带分隔符的程序段格式

C. 固定顺序程序段格式

9. 数控机床的旋转轴之一 B 轴是绕直线轴( )旋转的轴。

A. X 轴　　　　　B. Y 轴　　　　　C. Z 轴　　　　　D. W 轴

10. 数控机床的 Z 轴方向( )。

A. 平行于零件的装夹方向　　　　　B. 垂直于零件的装夹方向

C. 与主轴的回转中心平行　　　　　D. 不确定

11. 数控机床坐标轴命名原则规定,( )的运动方向为该坐标轴的正方向。

A. 刀具远离零件　　　　　B. 刀具接近零件

C. 零件远离刀具　　　　　D. 零件接近刀具

12. 数控机床适用于( )生产。

A. 大型零件　　　　　B. 小型零件

C. 小批量、形状复杂零件　　　　　D. 高精度零件

13. ( )属于数控加工的特点。

A. 适用于加工轮廓简单、生产批量又特别大的零件

B. 对加工对象的适应性强

C. 适用于加工装夹困难或必须依靠人工找正、定位才能保证加工精度的单件零件

D. 适用于加工余量特别大、材质及余量都不均匀的坯件

14. 数控机床绕 X 轴旋转的坐标轴是（　　）。

A. A 轴 　　　B. B 轴 　　　C. C 轴 　　　D. D 轴

15. 英文缩写 NC 的含义是（　　）。

A. 数控程序 　　B. 数控编程 　　C. 数控加工 　　D. 数字控制

16. 加工直线和圆弧以外的其他曲线时，要用若干直线段或圆弧段去逼近零件，这些逼近线段与被加工曲线的交点或切点称为（　　）。

A. 基点 　　　B. 节点 　　　C. 参考点 　　　D. 刀位点

17. T 为（　　）。

A. 准备功能 　　B. 辅助功能 　　C. 刀具功能 　　D. 主轴转速功能

18. F 为（　　）。

A. 准备功能 　　B. 辅助功能 　　C. 刀具功能 　　D. 进给功能

19. 数控机床采用数字化信号对机床的（　　）进行控制。

A. 运动 　　　B. 加工过程 　　C. 运动与加工 　　D. 无正确答案

20. 准备功能指令 G90 表示的是（　　）。

A. 预置功能 　　B. 固定功能 　　C. 绝对坐标编程 　　D. 增量坐标编程

二、判断题

1. 数控机床的机械零点是不受限制任意设定的。　　　　　　　　　　（　　）

2. 数控机床适用于加工批量小、品种更换频繁、结构复杂、精度要求高的零件。（　　）

3. 数控机床加工的优点有很多，它能适用于所有的机械加工。　　　　（　　）

4. 数控机床可以提高零件的加工精度、表面质量和生产率，完成普通机床难以加工的复杂型面的加工。　　　　　　　　　　　　　　　　　　　　　　　（　　）

5. 增量坐标编程就是把上一程序段的终点坐标作为本程序段的坐标原点。（　　）

6. 机床坐标系原点的位置通常由编程人员确定。　　　　　　　　　　（　　）

7. 数控机床可以通过返回机床参考点建立编程坐标系。　　　　　　　（　　）

8. 编程坐标系是编程人员在编程过程中所用的坐标系，它的建立与所使用机床的机床坐标系一致。　　　　　　　　　　　　　　　　　　　　　　　　　（　　）

9. 数控机床的机床坐标系采用右手笛卡儿直角坐标系。　　　　　　　（　　）

10. 手工编程适用于各种形状零件的编程。　　　　　　　　　　　　（　　）

11. 数控加工程序编制是指由分析零件图样到程序检验的全过程。　　（　　）

12. 编制加工程序时一律假定刀具固定、零件移动。　　　　　　　　（　　）

13. 零件轮廓几何要素的连接点称为节点。　　　　　　　　　　　　（　　）

14. 首件试切用来校验程序编制是否正确。　　　　　　　　　　　　（　　）

15. 卧式机床是指主轴轴线竖直设置的机床。　　　　　　　　　　　（　　）

16. 数控机床的机床坐标系采用右手笛卡儿直角坐标系，在确定具体坐标时，先确定 X 轴，再根据右手螺旋定则确定 Z 轴。　　　　　　　　　　　　　　　　（　　）

17. 编制数控加工程序时一般以机床坐标系作为编程依据。　　　　　（　　）

18. 确定旋转轴 A、B、C 时应用的是右手直角定则。　　　　　　　（　　）

19. 操作者面向机床，若是立式机床，右手指向为 Y 轴的正方向。　　（　　）

20. 从主轴后端向前端看，顺时针旋转方向为主轴旋转的正方向。　　（　　）

第2章

数控车床编程

◀ ▮ **2.1　数控车床编程基础** ▮ ▶

2.1.1　数控车床的应用

数控车床是应用较为广泛的数控机床之一,数量约占数控机床总量的25%。数控车床可以将车削、铣削、螺纹加工、钻削等功能集中在一台设备上,主要用于加工轴类、盘套类等回转体零件的内外圆柱面、任意角度的内外圆锥面、复杂回转内外曲面、圆锥螺纹等,并能进行切槽、钻孔、扩孔、铰孔以及镗孔的加工。近年来大量使用的数控车削中心可以在一次装夹中完成更多的加工工序,提高了加工质量和生产效率,因此更适合用于复杂形状回转体零件的加工。

1. 加工精度要求高的零件

数控车床刚性好,制造和对刀精度高,能精确地进行人工补偿和自动补偿,所以能加工尺寸精度要求较高的零件,在有些场合可以做到以车代磨。数控车床还能加工直线度、圆度、圆柱度等形状精度要求高的零件,加工出的圆弧及其他曲线轮廓形状与图样上所要求的几何形状的接近程度比仿形车床要高得多。

数控车削对提高位置精度特别有效。例如,对于图 2-1 所示的轴承内圈,原来采用三台液压半自动车床和一台液压仿形车床进行加工,需多次装夹,造成了较大的壁厚差;改用数控车床进行加工,一次装夹即可完成滚道和内孔的车削,壁厚差大为减小,且加工质量稳定。

2. 加工表面质量要求高的零件

数控车床具有恒线速度切削功能,能加工出表面粗糙度 Ra 值小而均匀的零件。在材质、精车余量和刀具已确定的情况下,表面粗糙度取决于进给量和切削速度。使用数控车床的恒线速度切削功能,就可选用最佳线速度来切削锥面和端面,使车削后的表面粗糙度 Ra 值既小又均匀。数控车削还可以通过改变进给量,加工各部位表面粗糙度要求不同的零件。

3. 加工表面轮廓形状复杂的零件

数控车床由于具有直线和圆弧插补功能,因此可以加工任意直线和曲线组成的形状复杂的回转体零件。例如图 2-2 所示的零件内腔的成形面,在普通车床上加工难度较大,而在数控车床上则很容易加工出来。由直线或圆弧组成的零件轮廓,直接利用机床的直线或圆弧插补功能进行插补加工;由非圆曲线组成的零件轮廓,应先用直线或圆弧去逼近,然后用直线或圆弧插补功能进行插补切削。

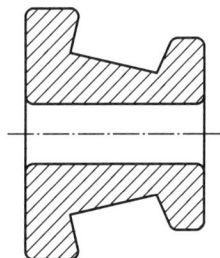

图 2-1　轴承内圈示意图

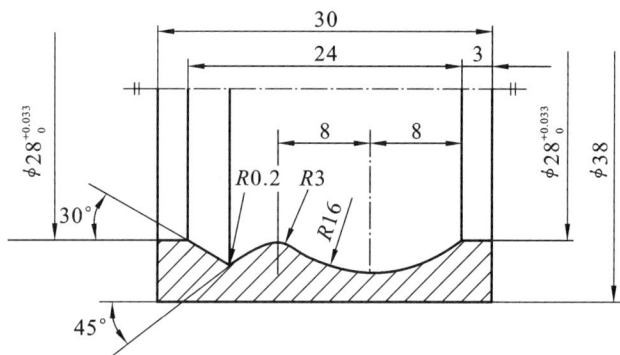

图 2-2　成型内腔零件

4. 加工导程有特殊要求的螺纹

数控车床能车削增导程螺纹、减导程螺纹以及要求在等导程和变导程之间平滑过渡的螺纹。数控车床车削螺纹时,可以不停顿地循环切削,直到完成,所以车削螺纹的效率很高。数控车床可以配备精密螺纹切削功能,再加上采用硬质合金成形刀片,以及使用较高的转速,所以车削出来的螺纹精度高、表面粗糙度 Ra 值小。

2.1.2　数控车床加工工艺

2.1.2.1　零件图样分析

分析零件图是加工工艺分析的首要工作,主要包括以下内容。

1. 结构工艺性分析

零件的结构工艺性是指所设计的零件在满足使用要求的前提下,制造的可行性和经济性。例如图 2-3(a)所示的零件,需用三把不同宽度的切槽刀切槽,如无特殊需要,可改成图 2-3(b)所示的结构,只需用一把切槽刀即可切出三个槽,既减少了刀具数量和刀架刀位,又节省了换刀时间。

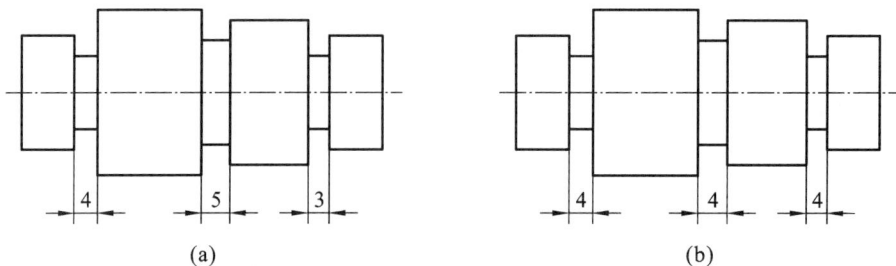

(a)

(b)

图 2-3　零件的结构工艺性

2. 零件轮廓几何要素分析

手工编程时,要计算每个基点坐标;自动编程时,要对构成零件轮廓的所有几何要素进行定义。因此,在分析零件图时,需要分析几何元素的给定条件是否充分,所确定的加工零件轮廓是否唯一,以及图样上给定的尺寸是否完整、自相矛盾。

3. 精度及技术要求分析

精度及技术要求分析的主要内容有:

(1) 分析精度及各项技术要求是否齐全、合理;

(2) 分析本工序的加工精度能否达到图样要求,若达不到而需采取其他后续工序弥补,则应给后续工序留有一定的余量;

(3) 图样上有位置精度要求的表面应在一次装夹下完成;

(4) 对表面粗糙度要求较高的表面,应确定用恒线速度切削。

对被加工零件的精度及技术要求进行分析,是零件工艺性分析的一项重要内容,只有在分析零件尺寸精度和表面粗糙度的基础上,才能对加工方法、装夹方式、刀具及切削用量进行正确而合理的选择。

2.1.2.2 零件加工定位基准的选择

在数控车床上加工零件时,应按工序集中的原则划分工序,在一次装夹下尽可能完成大部分甚至全部表面的加工。根据零件的结构形状不同,通常选择外圆、端面或端面、内孔装夹,并力求设计基准、工艺基准和编程基准统一,做到零件的装夹快速、定位准确可靠,充分发挥数控车床的加工效能,提高加工精度。

2.1.2.3 进给路线的确定

进给路线泛指刀具从对刀点(或机床固定原点)开始运动起,直至返回该点并结束加工程序所经过的路径,包括切削加工的路径及刀具切入、切出等非切削空行程。确定进给路线的工作重点在于确定粗加工及空行程的进给路线,因为精加工基本上都是沿零件轮廓顺序进行的。

在保证加工质量的前提下,使加工具有最短的进给路线,不仅可以节省整个加工过程的执行时间,还能减少一些不必要的刀具消耗及机床进给机构滑动部件的磨损等。要想实现最短的进给路线,除了依靠大量的实践经验外,还应善于分析,必要时还要进行一些计算。

数控车削加工走刀路线的设计主要遵循以下两个原则:一要保证零件的加工精度和表面粗糙度的要求;二要提高加工效率。

1. 空行程路线的确定

(1) 起刀点的确定。图 2-4(a)所示为采用矩形循环方式进行粗车的一般情况。考虑到加工过程中需要换刀,故将循环起点 A 设置在离坯件较远的位置处,同时将循环起点与起刀点重合,按三刀进行粗车加工。第一刀切削路线为 $A \rightarrow B \rightarrow C \rightarrow D \rightarrow A$;第二刀切削路线为 $A \rightarrow E \rightarrow F \rightarrow G \rightarrow A$;第三刀切削路线为 $A \rightarrow H \rightarrow I \rightarrow J \rightarrow A$。

图 2-4(b)将循环起点与起刀点分离,并设于 B 点位置,仍按相同的切削用量进行三刀粗车,进给路线如下:循环起点与对刀点间的空行程为 $A \rightarrow B$;第一刀切削路线为 $B \rightarrow C \rightarrow D \rightarrow E \rightarrow B$;第二刀切削路线为 $B \rightarrow F \rightarrow G \rightarrow H \rightarrow B$;第三刀切削路线为 $B \rightarrow I \rightarrow J \rightarrow K \rightarrow B$。

显然,图 2-4(b)所示的进给路线短。该方法也可用在其他车削循环指令当中。

(2) 换刀点的确定。为了保证换刀的方便和安全,一般将换刀点设置在机床参考点处,因此换刀后的空行程路线必然较长。如果将换刀点设置在图 2-4 中的 A 点位置,则可缩短空行

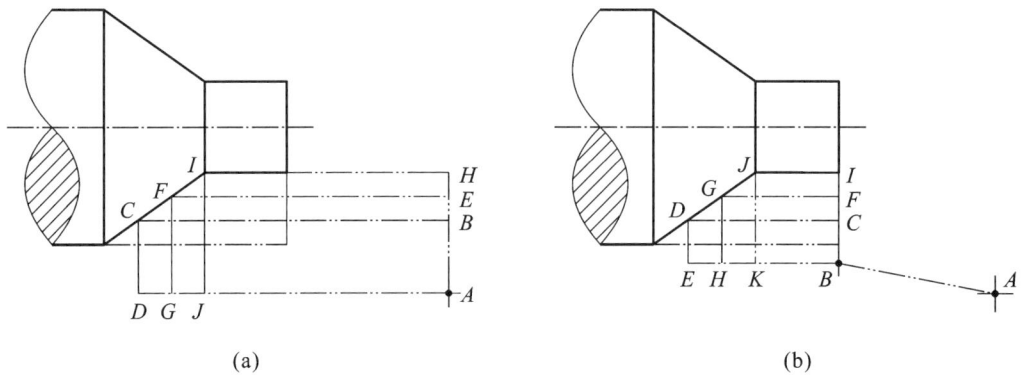

(a)   (b)

图 2-4　起刀点的确定方案

程路线。

2. 粗加工路线的确定

最短的切削进给路线可有效地提高生产效率,降低刀具的损耗等。在安排粗加工或半精加工的切削进给路线时,应同时兼顾到被加工零件的刚性及进给的工艺性等要求。图 2-5 所示为粗车零件时几种不同切削进给路线的安排示意图。

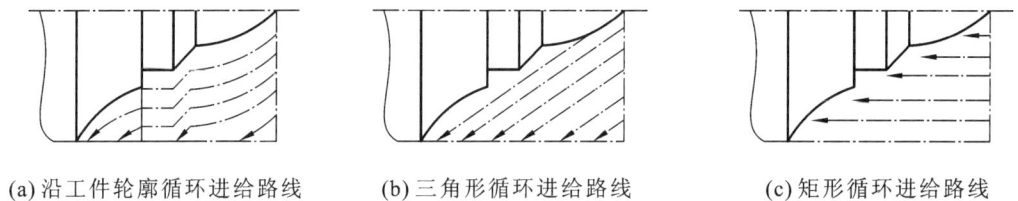

(a)沿工件轮廓循环进给路线　　(b)三角形循环进给路线　　(c)矩形循环进给路线

图 2-5　粗车零件时几种不同切削进给路线的安排示意图

图 2-5(a)表示沿零件轮廓循环进给路线,即利用数控系统具有的封闭式复合循环功能,控制车刀沿着零件轮廓进给。采用这种加工路线,刀具切削总行程最长,因此这种加工路线一般只用于单件小批量生产,或者加工已经铸、锻成型的毛坯。图 2-5(b)为利用数据系统程序固定循环功能安排的三角形循环进给路线,刀具切削运动的距离较短,但空行程较多。图 2-5(c)为矩形循环进给路线,利用了数控系统的矩形循环功能。采用这种加工路线,刀具进给长度总和最短,切削所需时间(不含空行程)最短,刀具的损耗也最少。

3. 精加工路线的确定

精加工路线的确定考虑以下两种情况。

(1)各部位要求一致的进给路线。多刀进行精加工时,最后一刀要连续加工,并且要合理确定进、退刀位置,尽量不要在光滑连接的轮廓上安排切入和切出或换刀及停顿,以免因切削力变化造成弹性变形,产生表面划伤、形状突变或滞留刀痕等缺陷。

(2)各部位要求不一致的进给路线。当各部位精度要求相差不大时,以精度高的部位为准,连续加工所有部位;当各部位精度要求相差很大时,可将精度要求相近的部位安排为同一进给路线,并且先加工精度低的部位,再加工精度高的部位。

2.1.2.4 刀具的选择

1. 对刀点与换刀点的确定

1）对刀点

对刀点是指通过对刀确定刀具与零件相对位置的基准点。对于数控机床来说，在加工开始时确定刀具与零件的相对位置很重要，这一相对位置是通过确认对刀点来实现的。对刀点可以设置在被加工零件上，也可以设置在夹具上与零件定位基准有一定尺寸联系的某一位置，有时对刀点就选择在零件的加工原点。对刀点的选择原则如下：

（1）所选的对刀点应使程序编制简单；

（2）对刀点应选在容易找正、便于确定零件加工原点的位置；

（3）对刀点应选在加工时检验方便、可靠的位置；

（4）对刀点的选择应有利于提高加工精度。

2-2 数控车刀、夹具、切削参数选择

2）刀位点

刀位点是指刀具的定位基准点。在进行数控加工编程时，往往是将整个刀具浓缩视为一个点，这就是刀位点。刀位点是在刀具上用于表现刀具位置的参照点。一般来说，镗刀、车刀的刀位点为刀尖或刀尖圆弧中心；钻头的刀位点是钻尖或钻头底面中心；切断刀有两个刀尖，它的刀位点为靠近卡盘的那个刀尖点。常用车刀的刀位点如图 2-6 所示。

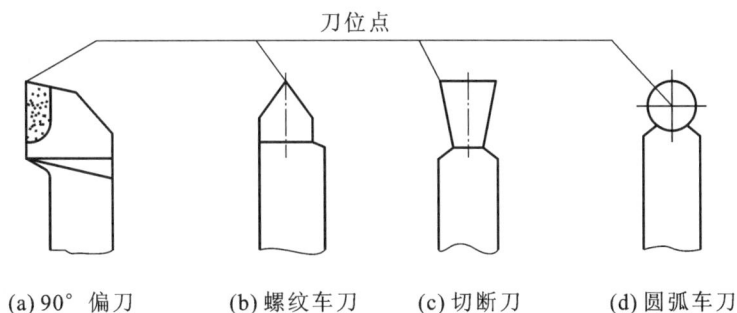

(a) 90°偏刀　　(b) 螺纹车刀　　(c) 切断刀　　(d) 圆弧车刀

图 2-6　常用车刀的刀位点

在使用对刀点确定加工原点时，需要进行对刀。所谓对刀，是指使刀位点与对刀点重合的操作。每把刀具的半径与长度尺寸都是不同的，刀具装在机床上后，应在控制系统中设置刀具的基本位置。

3）换刀点

使用多把刀具进行加工时，必须设置换刀点。换刀点可以是某一固定点，如车削中心换刀机械手的位置是固定的；也可以是任意的一点，如数控车床。确定换刀点应遵循的原则是防止换刀时碰伤零件及其他部件。因此，换刀点常常设置在被加工零件或夹具的轮廓之外，并留有一定的安全余量。

2. 按刀具工作部位形状选择车刀

根据刀具工作部位的形状不同，车刀一般分为尖形车刀、圆弧形车刀和成形车刀。

1）尖形车刀

以直线形切削刃为特征的车刀一般称为尖形车刀。这类车刀的刀尖（也为刀位点）由直线形的主、副切削刃构成，如 90°内、外圆车刀，左、右端面车刀，切槽（断）车刀，以及刀尖倒棱很小的各种外圆和内孔车刀。用这类车刀加工零件时,零件的轮廓形状主要由独立的刀尖或一条直线形主切削刃发生位移后得到。

2）圆弧形车刀

圆弧形车刀是较为特殊的数控加工用车刀,其特征是:构成主切削刃的刀刃形状为一圆度误差或线轮廓度误差很小的圆弧;该圆弧刃每一点都是圆弧形车刀的刀尖,因此,刀位点不在圆弧上,而在该圆弧的圆心上;车刀圆弧半径理论上与被加工零件的形状无关,但编程时要进行刀尖圆弧的半径补偿。

某些尖形车刀或成形车刀(如螺纹车刀)在刀尖具有一定的圆弧形状时也可作为圆弧形车刀使用。圆弧形车刀可用于车削内、外表面,特别适用于车削各种光滑连接(凹形)的成形面。

3）成形车刀

成形车刀俗称样板车刀,用于加工时零件的轮廓形状完全由刀刃的形状和尺寸决定。

常见的成形车刀有小半径圆弧车刀、非矩形车槽刀和螺纹车刀等。在数控加工中,应尽量少用或不用成形车刀,确实有必要选用时,应在工艺准备文件或加工程序单中详细说明。

3. 按刀具工作部位与刀体的连接选择车刀

根据刀具工作部位与刀体的连接固定方式不同,车刀又可分为焊接式车刀与机械夹固式可转位车刀两大类。

1）焊接式车刀

焊接式车刀是将硬质合金刀片用焊接的方法固定在刀体上。这种车刀的优点是结构简单、制造方便、刚性较好。缺点是:存在焊接应力,使刀具材料的使用性能受到影响,甚至出现裂纹;刀杆不能重复使用,硬质合金刀片不能充分回收利用,会造成刀具材料的浪费。

根据零件加工表面以及用途的不同,焊接式车刀又可分为切断刀、外圆车刀、端面车刀、内孔车刀、螺纹车刀以及成形车刀等,如图 2-7 所示。

2）机械夹固式可转位车刀

图 2-8 所示为机械夹固式可转位车刀。它由刀杆、刀片、刀垫以及夹紧元件组成,刀片每边都有切削刃。当某切削刃磨损钝化后,只需松开夹紧元件,将刀片转一个位置便可继续使用另外的切削刃。只有当多边形刀片所有的切削刃都磨钝后,才需要更换刀片。

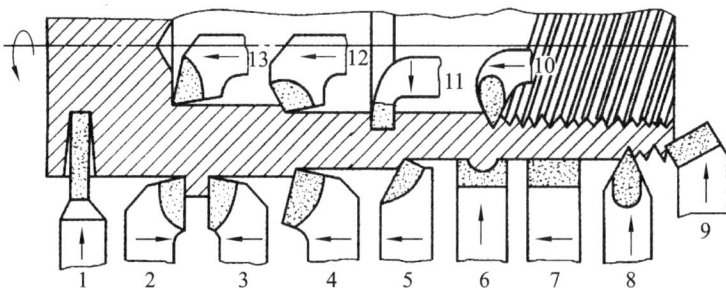

图 2-7　焊接式车刀的种类、形状和用途

1—切断刀;2—90°左偏刀;3—90°右偏刀;4—弯头车刀;5—直头车刀;
6—成形车刀;7—宽刃精车刀;8—外螺纹车刀;9—端面车刀;
10—内螺纹车刀;11—内槽车刀;12—通孔车刀;13—盲孔车刀

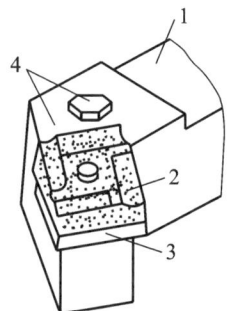

图 2-8　机械夹固式可转位车刀

1—刀杆;2—刀片;
3—刀垫;4—夹紧元件

为了减少换刀时间和方便对刀，便于实现机械加工标准化，数控车削加工越来越多地采用了机械夹固式可转位车刀。

4．选用机械夹固式可转位车刀的注意事项

1）刀片材质的选择

车刀刀片的材料主要有高速钢、硬质合金、涂层硬质合金、陶瓷、立方氮化硼和金刚石等。其中，应用最多的是高速钢、硬质合金和涂层硬质合金。

高速钢通常是型坯材料，韧性较硬质合金好，硬度、耐磨性和红硬性较硬质合金差，不适合用于切削硬度较高的材料，也不适合用于进行高速切削。高速钢车刀使用前需生产者自行刃磨，且刃磨方便。高速钢适用于制造各种特殊需要的非标准车刀。

硬质合金刀片和涂层硬质合金刀片切削性能优异，在数控车削中被广泛使用。硬质合金刀片有标准规格系列，具体技术参数和切削性能由刀具生产厂家提供。

选择刀片材质时，主要依据被加工零件的材料、被加工零件表面的精度和表面质量要求、切削载荷的大小以及切削过程中有无冲击和振动等。

2）刀片形状的选择

刀片形状主要依据被加工零件的表面形状、切削方法、刀具寿命和刀片的转位次数等因素选择。刀片是机械夹固式可转位车刀的一个最重要组成元件，按照国家标准 GB/T 2076—2021，大致可分为带圆孔、带沉孔、无孔三大类，形状有三角形、正方形、五边形、六边形、圆形以及菱形等。图 2-9 所示为常见的几种刀片形状及角度，表 2-1 所示为被加工表面形状及适用的刀片形状。

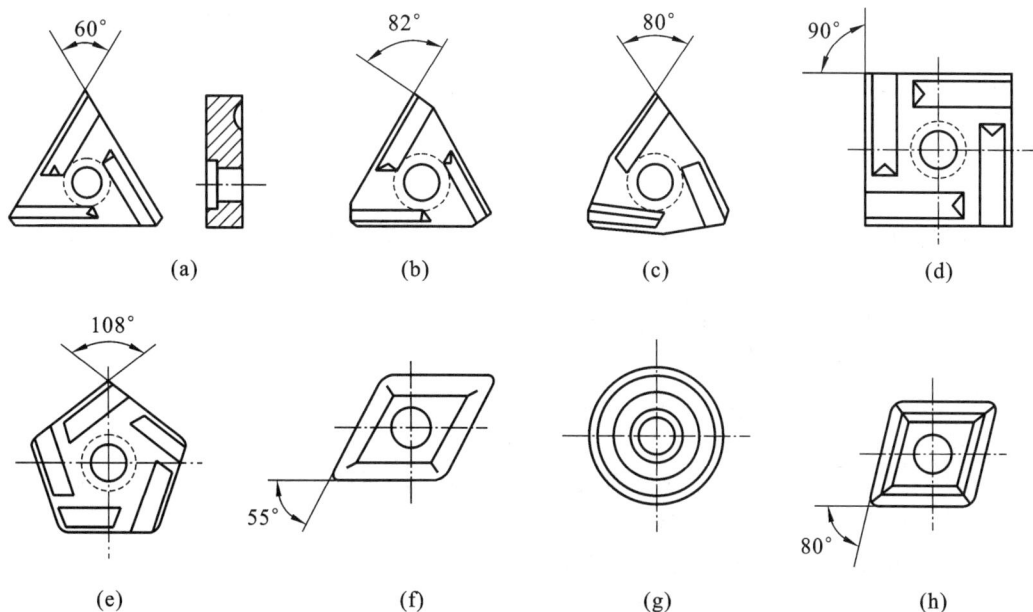

图 2-9　机械夹固式可转位车刀刀片形状及角度

表 2-1　被加工表面形状及适用的刀片形状

车削外圆	主偏角	45°	45°	60°	75°	95°
	加工示意图	45°	45°	60°	75°	95°

车削端面	主偏角	75°	90°	90°	90°
	加工示意图	75°	90°	90°	90°

车削成形面	主偏角	15°	45°	60°	90°
	加工示意图	15°	45°	60°	90°

不同的刀片形状有不同的刀尖强度，一般刀尖角越大，刀尖强度越大，反之亦然。选用刀片应根据加工条件恶劣与否，按重、中、轻切削，有针对性地进行。在机床刚性、功率允许的情况下，大余量、粗加工应选用刀尖角较大的刀片；在机床刚性和功率小的情况下，小余量、精加工时宜选用刀尖角较小的刀片。

3）刀尖圆弧半径的选择

刀尖圆弧半径不仅影响切削效率，而且关系到被加工表面粗糙度及加工精度。一般来说，最大进给量不应超过刀尖圆弧半径尺寸的80%，否则将恶化切削条件，甚至出现螺纹状表面和打刀等问题。刀尖圆弧半径还与断屑的可靠性有关，因此，小余量、小进给车削加工应采用小的刀尖圆弧半径，反之宜采用较大的刀尖圆弧半径。刀尖圆弧半径与最大推荐进给量之间的关系如表 2-2 所示。

表 2-2　刀尖圆弧半径与最大推荐进给量之间的关系

刀尖圆弧半径/mm	0.4	0.8	1.2	1.6	2.4
最大推荐进给量/(mm/r)	0.25～0.35	0.4～0.7	0.5～1.0	0.7～1.3	1.0～1.8

选择刀尖圆弧半径时还应注意以下事项。

（1）粗加工时：

① 为提高切削刃强度，应尽可能选取大刀尖圆弧半径的刀片，大刀尖圆弧半径可允许较大的进给量；

② 在有振动倾向时，选择较小的刀尖圆弧半径；

③ 常用刀尖圆弧半径为 1.2～1.6 mm；

④ 基于经验法则，粗车时，进给量一般可取为刀尖圆弧半径的一半。

（2）精加工时：

① 精加工零件的表面质量不仅受刀尖圆弧半径和进给量的影响，而且受零件装夹稳定性、夹具和机床的整体条件等因素的影响；

② 在有振动倾向时，选较小的刀尖圆弧半径；

③ 用非涂层刀片加工零件的表面质量比用涂层刀片加工高。

2.1.2.5　夹具的选择

夹具的作用是装夹被加工零件以完成加工过程，同时保证被加工零件的定位精度，并使装卸尽可能方便、快捷。车床夹具可分为通用夹具和专用夹具两大类。通用夹具是指能够装夹两种或两种以上零件的夹具,如车床上的三爪卡盘、四爪卡盘、弹簧卡套和通用心轴等。数控车床的通用夹具与普通车床及专用车床相同。专用夹具是专门为加工某一指定零件的某一工序而设计的夹具。选择夹具时通常优先考虑选用通用夹具。

数控车削加工中有时会遇到一些形状复杂和不规则的零件,不能用三爪卡盘或四爪卡盘装夹,需要借助其他工装夹具,如花盘、角铁等。下面介绍几种典型的数控车床夹具。

1. 三爪卡盘

三爪卡盘如图 2-10 所示,是最常用的车床通用夹具。三爪卡盘可以自动定心,夹持范围大,但定心精度存在误差,不适用于同轴度要求高的零件的二次装夹。常见的三爪卡盘有机械式和液压式两种,液压式三爪卡盘装夹迅速、方便。

三爪自动夹紧拨盘如图 2-11 所示,用于在车床上加工轴类零件,操作简便、迅速。当该拨盘旋转时,离心力使具有偏心曲线的三个齿形卡爪摆动而卡住零件,最后由切削力将零件夹紧。停车时,拉簧使齿形卡爪复位,此时可卸下零件。该拨盘能实现自动夹紧,提高生产效率。

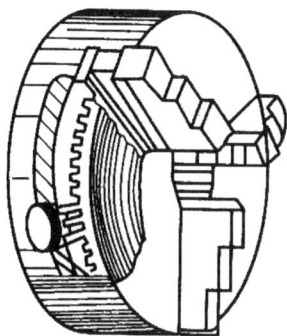

图 2-10　三爪卡盘图

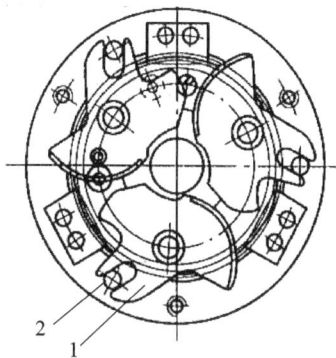

图 2-11　三爪自动夹紧拨盘
1—齿形卡爪;2—拉簧

2. 花盘

加工表面的回转轴线与基准面垂直、外形复杂的零件可以装夹在花盘上加工。图 2-12 所示为用花盘装夹双孔连杆的方法。

3. 角铁

加工表面的回转轴线与基准面平行、外形复杂的零件可以装夹在角铁上加工。角铁的安装方法如图 2-13 所示。

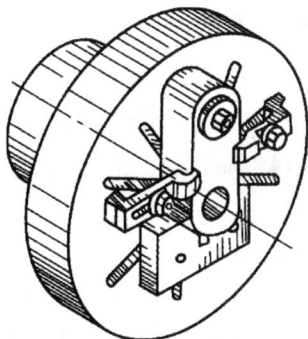

图 2-12　用花盘装夹双孔连杆的方法

图 2-13　角铁的安装方法

2.1.2.6　切削用量的选择

数控编程时，编程人员必须确定每道工序的切削用量，并以指令的形式写入程序中。切削用量包括主轴转速（切削速度）、背吃刀量和进给速度（进给量）。

1. 背吃刀量的确定

背吃刀量根据机床、零件和刀具的刚度来决定。在刚度允许的条件下，应尽可能使背吃刀量等于零件的加工余量，这样可以减少走刀次数，提高生产效率。加工表面粗糙度和精度要求较高的零件时，要留有足够的精加工余量。数控加工的精加工余量可比使用通用机床加工时留出的余量小一些，一般取为 0.2～0.5 mm。

2. 主轴转速的确定

1）车光轴时的主轴转速

主轴转速 n 主要根据机床和刀具允许的切削速度 v_c 来确定。切削速度确定后，用下式计算主轴转速：

$$n = \frac{1\,000v_c}{\pi d} \tag{2-1}$$

式中：n 为主轴转速，r/min；v_c 为切削速度，由刀具的耐用度决定，m/min；d 为零件待加工表面的直径，mm。

在确定主轴转速时，还应考虑以下几点：

（1）应尽量避开积屑瘤产生的区域；

（2）断续切削时，为减小冲击和热应力，要适当降低切削速度；

（3）在易发生振动的情况下，切削速度应避开自激振动的临界速度；

（4）加工大件、细长件和薄壁零件时，应选用较低的切削速度；

（5）加工带外皮的零件时，应适当降低切削速度。

2）车螺纹时的主轴转速

在车螺纹时，数控车床的主轴转速将受到螺纹螺距（或导程）的大小、驱动电动机的升降频率特性及螺纹插补运算速度等多种因素的影响，不能过高。一般数控车床推荐车螺纹时的主轴转速为

$$n \leqslant \frac{1\,200}{P} - k \tag{2-2}$$

式中：n 为主轴转速，r/min；P 为螺纹导程，mm；k 为安全系数，一般取 80。

3. 进给量（进给速度）的确定

进给量 f（单位为 mm/r）是指零件每旋转一周，车刀沿进给方向移动的距离。进给量主要根据零件的加工精度要求、表面粗糙度要求、刀具及零件的材料性质选取。最大进给量受机床、刀具、零件系统刚度、进给驱动与控制系统的限制。

当加工精度、表面粗糙度要求高时，进给量应选小些，一般取为 0.1～0.3 mm/r。粗加工时，为缩短切削时间，进给量可以选大些，一般取为 0.3～0.8 mm/r。切断时，进给量宜取 0.05～0.2 mm/r。零件材料较软时，可选取较大的进给量；反之，应选取较小的进给量。

进给速度是指在单位时间里，刀具沿进给方向移动的距离（单位为 mm/min）。

4. 选择切削用量时应注意的几个问题

（1）粗车时，一般以提高生产效率为主，但也应考虑经济性和加工成本，宜选择较大的背吃刀量、较大的进给量（增大进给量，有利于断屑）、较低的切削速度，以减少刀具消耗，降低加工成本。

（2）半精车或精车时，加工精度和表面粗糙度要求较高，加工余量不大且均匀，在保证加工质量的前提下，通常选择较小的背吃刀量和进给量，并选用切削性能高的刀具材料和合理的几何参数，以尽可能地提高切削速度，保证零件加工精度和表面粗糙度。

（3）在安排粗、精车切削用量时，应注意机床说明书给定的允许切削用量范围。对于主轴采用交流变频调速的数控车床而言，由于主轴在低转速时扭矩降低，尤其应注意此时的切削用量选择。表 2-3 为数控车削切削用量推荐表，供编程时参考。

表 2-3　数控车削切削用量推荐表

工件材料	加工方式	背吃刀量/mm	切削速度/(m/min)	进给量/(mm/r)	刀具材料
碳素钢 $\sigma_b > 600$ MPa	粗加工	5～7	60～80	0.2～0.4	YT 类
	粗加工	2～3	80～120	0.2～0.4	
	精加工	0.2～0.3	120～150	0.1～0.2	
	车螺纹	由导程和切削次数确定	70～100	导程	
	钻中心孔	半径的一半	8～15	0.02～0.12	W18Cr4V
	钻孔	半径的一半	6～30	0.1～0.2	
	切断（宽度<5 mm）		70～110	0.1～0.2	YT 类
合金钢 $\sigma_b = 1470$ MPa	粗加工	2～3	50～80	0.2～0.4	YT 类
	精加工	0.1～0.15	60～100	0.1～0.2	
	切断（宽度<5 mm）		40～70	0.1～0.2	
铸铁 200 HBS 以下	粗加工	2～3	50～70	0.2～0.4	YG 类
	精加工	0.1～0.15	70～100	0.1～0.2	
	切断（宽度<5 mm）		50～70	0.1～0.2	
铝	粗加工	2～3	600～1 000	0.2～0.4	YG 类
	精加工	0.2～0.3	800～1 200	0.1～0.2	
	切断（宽度<5 mm）		600～1 000	0.1～0.2	
黄铜	粗加工	2～4	400～500	0.2～0.4	YG 类
	精加工	0.1～0.15	450～600	0.1～0.2	
	切断（宽度<5 mm）		400～500	0.1～0.2	

2.1.3　数控车床编程特点

（1）在一个程序段中，既可以采用绝对坐标编程（X、Z），也可以采用增量坐标编程（U、W），

2-3　数控车床编程特点

或者采用混合坐标编程。

（2）为了方便编程和增加程序的可读性，X 坐标采用直径尺寸编程，即程序中 X 坐标以直径值表示；采用增量坐标编程时，以径向实际位移量的 2 倍值表示，并附以方向符号（正号可省略）。

（3）车削常用的毛坯为棒料或锻件，加工余量大。为简化编程，数控系统具有不同形式的固定循环功能，可进行多次重复循环切削，如外圆切削固定循环、端面切削固定循环、车槽循环、螺纹切削循环及复合切削循环等。

（4）编程时常认为车刀刀尖为一个点。而实际上，为了提高刀具寿命和零件的表面质量，车刀刀尖通常为一个半径不大的圆弧。因此，为了提高零件的加工精度，当用圆头车刀加工时，需要对刀尖圆弧半径进行补偿。

（5）换刀一般在换刀点进行，也可以选择在机床参考点进行，但均应注意将换刀点选择在零件之外安全的地方。

以上为数控车床编程的共同特点。实际使用中，不同的数控车床、不同的数控系统，编程方式略有不同，需要参照具体机床的编程手册。

2.1.4　数控车床常用功能指令

1. 准备功能指令

准备功能指令又称 G 指令或 G 代码，是建立机床工作方式或控制数控系统工作方式的一种指令。这类指令需在数控装置插补运算之前预先规定，为插补运算、刀补运算、固定循环等做好准备。G 指令由字母 G 和其后两位数字组成。不同的数控车床，指令系统也不尽相同。采用 FANUC 0i 数控系统的数控车床常用的准备功能指令如表 2-4 所示。

表 2-4　数控车床常用的 G 指令

代码	组别	功能	代码	组别	功能
▼G00	01	快速定位	G70	00	精加工复合循环
G01	01	直线插补	G71	00	外圆/内孔粗加工复合循环
G02	01	顺时针圆弧插补	G72	00	端面粗加工复合循环
G03	01	逆时针圆弧插补	G73	00	固定形状粗加工复合循环
G04	00	进给暂停	G74	00	端面切槽/钻孔复合循环
G20	06	英制输入	G75	00	外圆切槽复合循环
▼G21	06	公制输入	G76	00	螺纹复合循环切削
G32	01	螺纹切削	G92	01	螺纹循环切削
▼G40	07	取消刀尖圆弧半径补偿	G96	02	主轴恒线速度控制
G41	07	刀尖圆弧半径左补偿	▼G97	02	主轴恒转速度控制
G42	07	刀具圆弧半径右补偿	G98	05	每分钟进给
G50	00	坐标系设定,主轴最大转速设定	▼G99	05	每转进给

注：① 有标记"▼"的指令为开机时即已被设定的指令。

② 属于 00 组别的 G 指令是非模态指令，只在指定的程序段中有效。

③ 一个程序段中可使用若干个不同组别的 G 指令，在 FANUC 0i 系统中，若使用一个以上同组别的 G 指令，则最后一个 G 指令有效。

表 2-4 中除了 00 组别的指令之外,其他的指令均为模态指令。模态指令又称续效指令,这类指令一旦被应用就会一直有效,如果后续程序段中还需要使用该指令,则可以省略不写,直到出现同组的其他指令时该指令才被取代。非模态指令又称程序段式指令,该类指令只在它指定的程序段中有效,如果下一程序段还需使用,则应重新写入程序段中。

2. 辅助功能指令

辅助功能指令又称 M 指令或 M 代码,作用是控制机床或系统的辅助功能动作。M 指令由字母 M 和其后两位数字组成。采用 FANUC 0i 控制系统的数控车床常用的辅助功能指令如表 2-5 所示。

表 2-5 数控车床常用的 M 指令

指令	功能	指令	功能
M00	程序停止	M08	冷却液开
M01	程序选择停止	M09	冷却液关
M02	程序结束并返回到程序开头	M30	程序结束并返回到程序开头
M03	主轴正转	M98	调用子程序
M04	主轴反转	M99	子程序结束并返回主程序
M05	主轴停转		

1) 程序停止指令 M00

当 CNC 执行 M00 指令时,机床的主轴停转、进给停止、冷却液关、程序执行停止。若欲继续执行后续程序,只需重按操作面板上的"循环启动"键即可。M00 指令主要用于零件在加工过程中需要停机检查、测量零件或零件掉头等。

2) 程序选择停止指令 M01

M01 指令与 M00 指令相似,不同的是必须在操作面板上预先按下"选择停止"键。预先按下"选择停止"键,当执行完 M01 指令后程序执行停止;不预先按下"选择停止"按钮,则 M01 指令无效。M01 指令主要用于加工零件的抽样检查、清理切屑等。

3) 程序结束指令 M02

M02 指令用在主程序的最后一个程序段,表示程序结束。当 CNC 执行到 M02 指令时,机床的主轴、进给及冷却液全部停止。使用 M02 指令的程序结束后,若要重新执行该程序,就必须重新调用该程序。

4) 程序结束并返回到程序开头指令 M30

M30 指令与 M02 指令功能基本相同,只是 M30 指令还兼有控制返回到程序开头的作用。若要重新执行该程序,只需再次按操作面板上的"循环启动"键即可。

5) 主轴控制指令 M03、M04 和 M05

M03 指令为主轴正转指令,M04 指令为主轴反转指令,M05 指令为主轴停转指令。从主轴的后端往前端看,顺时针旋转为正转,逆时针旋转为反转。

6) 冷却液开关指令 M08、M09

M08 指令为冷却液开指令,M09 指令为冷却液关指令。其中,M09 指令为缺省功能指令。

2-4 数控车床常用编程指令

注意：在 FANUC 0i 数控系统中，同一个程序段中最多支持 5 个 M 指令。

3. 其他功能指令

除了具备准备功能 G 指令和辅助功能 M 指令外，数控系统还应具有以下功能指令。

1）F 功能

F 功能也称进给功能，作用是指定执行元件（如刀架、工作台等）的进给速度。程序中，F 指令用 F 和其后面的数字组成。在 FANUC 数控系统中，F 指令用 G98 和 G99 指令来设定进给单位。

（1）G99：指定数控车床的进给量，表示主轴每转一转刀具的移动距离，单位为 mm/r，如：

G99 G01 X50 Z－20 F0.2；

该程序段表示主轴转一转，刀具移动 0.2 mm，即进给量为 0.2 mm/r。

（2）G98：指定数控车床的进给速度，表示刀具在每分钟内的移动距离，单位为 mm/min，如：

G98 G01 X50 Z－20 F100；

该程序段表示刀具的进给速度为 100 mm/min。

G98 和 G99 指令为同一组的模态指令，可以相互取代。机床开机默认指令一般为 G99指令。

2）S 功能

S 功能也称主轴转速功能，作用是指定主轴的旋转速度。主轴转速有两种表示方式，分别用 G97 和 G96 来指定。

（1）G97：称为主轴恒转速控制指令，用来指定主轴转速，以 r/min 为计量单位。例如，"G97 S2500；"表示主轴转速为 2 500 r/min，切削过程中转速恒定，不随零件的直径大小而变化。该指令用在零件直径变化较小及车削螺纹的场合。

（2）G96：称为主轴恒线速控制指令，用来指定切削的线速度，以 m/min 为计量单位。例如，"G96 S100；"表示切削线速度为 100 m/min。恒定的线速度更有利于获得好的表面质量。

在车削零件的端面、锥面或圆弧等直径变化较大的表面时，希望切削速度不受零件径向尺寸变化的影响，因而要用 G96 指令指定恒线速度。恒线速度一经指定，零件上任一点的切削速度都是一样的，转速则随零件直径的大小而发生变化。由公式 $v_c=\pi dn/1\,000$ 可知，当零件直径变小（刀具沿 X 轴运动）时，主轴转速随之自动提高，特别是刀具接近零件中心时，机床主轴转速会变得越来越高。为了防止飞车，此时应限制主轴的最高转速。因此，在用 G96 指令指定恒线速度的同时，还要用 G50 指令来限制主轴的最高转速。编程格式如下：

G50 S2000；　　主轴最高转速 $n=2\,000$ r/min

G96 S100；　　恒线速度加工，$v=100$ m/min

3）T 功能

T 功能也称为刀具功能，作用是指定刀具号码和刀具补偿号码，用 T 和其后的数字表示。

（1）T××：为 2 位表示方法，如 T08 表示第 8 把刀。刀具补偿号由地址符 D 或 H 指定。这种 T 功能的表示方法一般用在数控铣床编程中。

（2）T××××：为 4 位表示方法，是数控车床中使用最多的一种表示方法。前两位数字为刀具号，后两位数字则表示相应刀具的刀具补偿号。例如，T0101 表示 1 号刀具的 1 号补正；T0115 表示 1 号刀具的 15 号补正。

通常使用的刀具序号应与刀架上的刀位号相对应，以免出错。刀具补偿号与数控系统刀具补偿显示页上的序号是对应的，它只是补偿量的序号，真正的补偿量是该序号设置的值。为了方便,通常使刀具序号与刀具补偿号一致,如 T0202。

若要取消刀具补偿,可采用 T××00。例如,T0200 表示取消 2 号刀具的刀具补偿。

2.1.5 数控车床坐标系

图 2-14 所示为数控车床的规定坐标系。数控车床的坐标系以纵向即主轴方向为 Z 轴,指向尾座的方向为 Z 轴的正方向;刀具所在的径向方向为 X 轴方向,使刀具离开零件的方向为 X 轴的正方向。图 2-14(a)所示为刀架前置,向下为 X 轴的正方向。图 2-14(b)所示为刀架后置,向上为 X 轴的正方向。

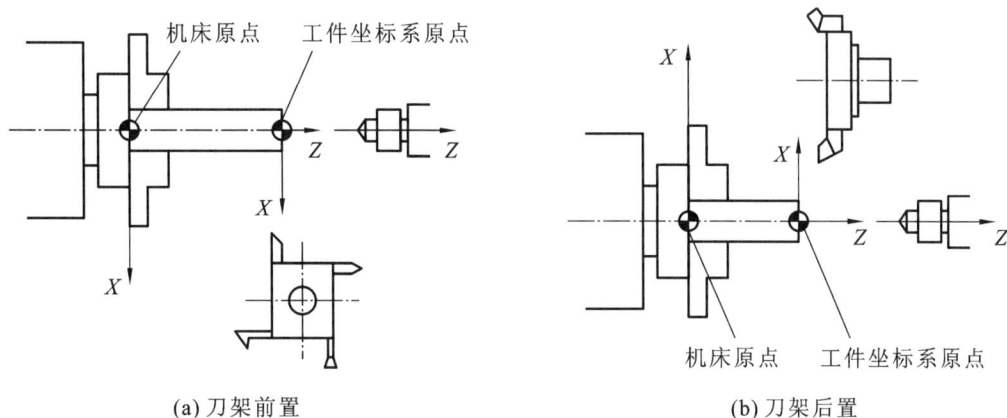

(a) 刀架前置   (b) 刀架后置

图 2-14　数控车床的坐标系

1. 机床坐标系

机床坐标系是以机床原点为坐标原点建立起来的 X-Z 直角坐标系,如图 2-14 所示。机床坐标系是机床安装、调整的基础,也是设置零件坐标系的依据。机床坐标系在机床出厂前已调整好,一般情况下不允许用户随意调整。

2-5　数控车床坐标系

2. 零件坐标系

零件坐标系也称编程坐标系,是以零件上的某一点为坐标原点建立起来的 X-Z 直角坐标系,设定的依据是要符合图样加工要求。为了计算方便、简化编程,通常将零件坐标系的原点选在零件的回转中心上,具体位置可考虑设置在零件的左、右端面上,尽量使编程基准与设计基准、定位基准重合。不同数控系统建立零件坐标系的方式不同,FANUC 0i 数控系统建立零件坐标系的方法有以下两种。

1) G50 建立零件坐标系

编程格式:

G50X ＿ Z ＿;

通过设置起刀点相对零件坐标系的坐标值,来设定零件坐标系。起刀点是加工开始时刀位点所处的位置,即刀具相对零件运动的起始点。该点必须与零件的定位基准有一定的坐标尺寸关系。用此方法设定零件坐标系之前,应通过对刀,使刀具的刀位点位于起刀点。

如图 2-15 所示,建立零件坐标系的程序段可写为:

G50 X80 Z100;

程序段中的坐标(80,100)是起刀点在零件坐标系中的坐标值。

用"G50 X __ Z __;"建立的坐标系,是一个以零件原点为坐标原点,确定刀具所在位置的零件坐标系。这个坐标系的特点是:①X轴方向的坐标零点在主轴回转中心线上;②Z轴方向的坐标零点可以根据图样技术要求,设在右端面或设在左端面,也可以设在其他位置。

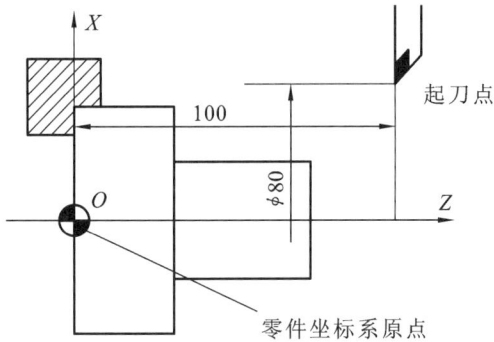

图 2-15 设定零件坐标系

2）G54～G59 选择零件坐标系

编程格式：

G54;

G55;

G56;

G57;

G58;

G59;

在某些零件的编程过程中,为了避免尺寸换算,需建立多个零件坐标系。数控机床一般可以预先设定 6 个零件坐标系,这些坐标系的坐标原点在机床坐标系中的坐标值（机械坐标值）可用手动输入数据方式输入并存储在机床存储器内,在机床重开机时仍然有效,在程序中可以分别选取其中之一使用。零件坐标系如图 2-16 所示。

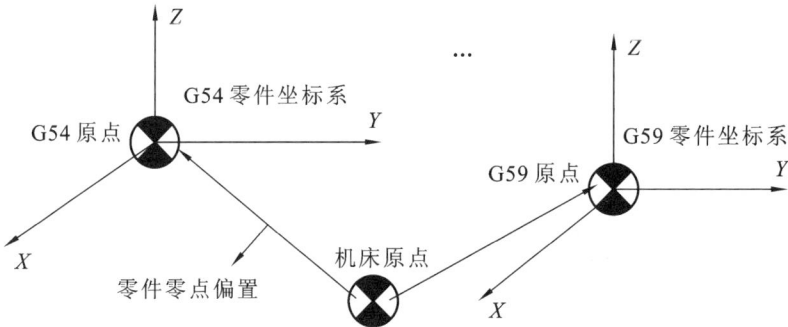

图 2-16 零件坐标系

一旦指定了 G54～G59 零件坐标系中的一个,则该零件坐标系原点即为当前程序的原点,后续程序段中的零件绝对坐标均为相对此程序原点的值,如:

…

N10 G54 G00 G90 X30 Z40;

N20 G59;

N30 G00 X30 Z30;

…

执行 N10 段时,系统会选定 G54 零件坐标系;执行 N20 段时,系统又会选定 G59 零件坐标系。

3）G50 指令与 G54～G59 指令的差别及使用方法

应注意比较 G50 指令与 G54～G59 指令之间的差别及使用方法,详细说明如下。

G50 指令须后续坐标指定当前零件坐标系,因此必须单独用一个程序段指定。尽管该程序段中有位置指令,但并不产生运动。G50 指令是非模态指令,一般作为第一条指令放在整个程序的前面。但在指定了一个 G50 零件坐标系以后,直到下一个 G50 指令到来之前,这个设定的零件坐标系一直是有效的。另外,使用 G50 指令前,必须保证机床处于加工起始点,也就是对刀点。

G54~G59 指令是模态指令,可以单独指定(见上面 N20 程序段),也可以与其他指令同段指定(见上面 N10 程序段),且如果该段中有位置指令就会产生运动。使用 G54~G59 指令前,先用 MDI 方式将相应的零件坐标系原点的机械坐标值输入机床相应的存储器当中,在程序中使用对应的 G54~G59 指令,就可以建立相应的零件坐标系,并可以使用定位指令自动定位到加工起始点。

3. 坐标平面选择指令 G17、G18、G19

编程格式:

G17;

G18;

G19;

坐标平面选择指令用于指定一个加工平面,在此平面进行直线插补、圆弧插补和刀具半径补偿。其中,G17 指令指定 XY 平面,G18 指令指定 ZX 平面,G19 指令指定 YZ 平面,如图 2-17 所示。G17、G18、G19 指令为模态指令,数控车床系统默认指令为 G18 指令。

注意:移动指令与平面的选择无关。例如,执行"G17 G01 Z10;"时,Z 轴照样会移动。

4. 尺寸单位选择指令 G20、G21

编程格式:

G20;

G21;

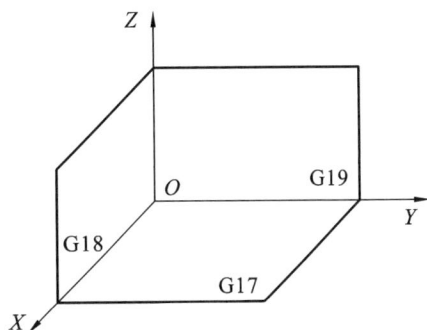

图 2-17 加工平面的设定

其中:G20 为英制输入,线性轴尺寸单位为 in;G21 为公制输入,线性轴尺寸单位为 mm。两种单位制下的旋转轴单位均为°。

尺寸单位必须在程序开头坐标系设定前用单独的程序段指定,一经指定不允许在程序中途切换。

5. 坐标值编程方式

数控车床编程时,可以采用绝对坐标编程方式、增量坐标编程方式或混合坐标编程方式。

1) 绝对坐标编程

绝对坐标编程是用刀具移动的终点位置的坐标值进行编程的方法,用绝对坐标指令 X、Z 进行编程。

编程格式:

X __ Z __;

其中:X、Z 为绝对坐标,并且地址 X 后的数字为直径值。

2) 增量坐标编程

增量坐标编程是用刀具移动量直接编程的方法,程序段中的轨迹坐标是相对前一位置坐标的增量尺寸,用 U、W 及其后面的数字分别表示 X 轴、Z 轴方向的增量尺寸。

编程格式:

U __ W __；

其中：U、W 为增量坐标，并且地址 U 后的数字为 X 轴方向移动量的 2 倍值。

3）混合坐标编程

在同一程序段中，可以混合使用绝对坐标（X 或 Z）和增量坐标（U 或 W）进行编程。

编程格式：

X __ W __

或

U __ Z __；

【例 2-1】 如图 2-18 所示，要求刀具按顺序从 1 点移动到 2、3、4 点，然后回到 1 点。

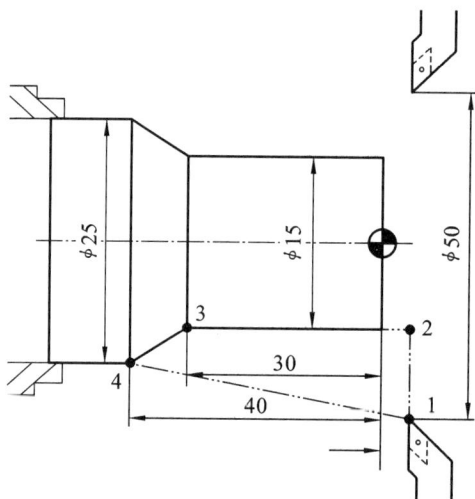

图 2-18　坐标编程方式举例

绝对坐标编程：

O0001
N10 T0101；
N20 M03 S640；
N30 G00 X15 Z2；
N40 G01（X15）Z－30；
N50 X25 Z－40；
N60 G00 X50 Z2；
N70 M30；

增量坐标编程：

O0001
N10 T0101；
N20 M03 S640；
N30 G00 U－35（Z0）；
N40 G01（U0）W－32；
N50 U10 W－10；
N60 G00 U25 W42；
N70 M30；

混合坐标编程：

O0001
N10 T0101；
N20 M03 S640；
N30 G00 X15 Z2；
N40 G01（U0）W－32；
N50 X25 W－10；
N60 G00 U25 Z2；
N70 M30；

◀ 2.2　项目1：台阶类零件的编程与加工 ▶

【学习目标】

1. 掌握数控系统 G00、G01、G71、G70 等指令的编程格式及应用

2. 能正确选择设备、刀具、夹具与切削用量,能编制数控加工工艺卡
3. 能使用数控系统的基本指令正确编制台阶类零件的数控加工程序
4. 能正确运用数控系统仿真软件校验程序,并虚拟加工零件

2.2.1 项目导入

在数控车床上加工零件,要经过 4 个主要的工作环节,即确定工艺方案、编写加工程序、实际数控加工、零件测量检验。本项目主要学习台阶类零件的数控加工工艺制订和程序编制,以及零件的虚拟加工。

图 2-19 所示为一阶梯轴,已知材料为 45 热轧圆钢,毛坯为 $\phi50$ mm×105 mm 的棒料。要求制订零件的加工工艺,编写零件的数控加工程序,并通过数控加工仿真软件调试、优化程序,最后进行零件的虚拟加工。

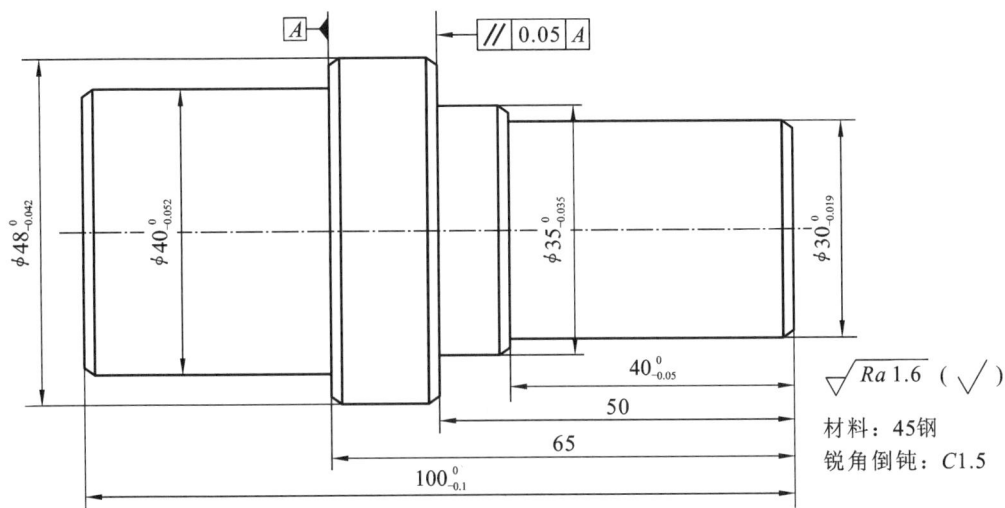

(a)

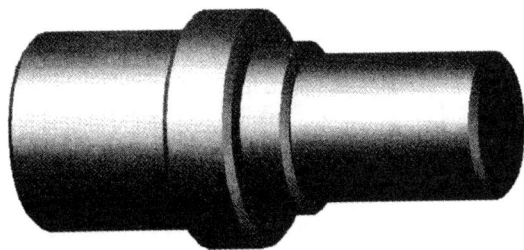

(b)

图 2-19 台阶类零件图

2.2.2 相关知识

台阶类零件是数控车削加工中的典型零件。这个项目中要学习 G00、G01、G71、G70 等指令,利用相关指令编写出零件的数控加工程序,并使用海宇龙数控加工仿真软件进行数控加工程序的校验和虚拟加工。

2-6　快速定位指令 G00

1. 快速定位指令 G00

编程格式：

G00 X(U)＿ Z(W)＿；

其中：X、Z 为快速定位终点坐标值的绝对值，U、W 为快速定位终点相对于起点的位移增量，不运动的坐标可以省略。

使用时请注意以下几点。

（1）G00 指令指定刀具相对于零件以各坐标轴预先设定的速度，从当前位置快速移动到程序段指定的定位目标点，如图 2-20 所示。刀具快速移动的速度由机床参数设定，不能用 F 指令指定，但可以用操作面板上的快速进给速率调整旋钮来调整。

（2）G00 指令用于加工前的快速定位或加工后的快速退刀。粗加工前刀具快速靠近零件时应与零件保持一小段间距，避免刀具直接切入零件毛面引起刀具崩刃。

（3）在快速定位方式下，刀具的运动是一个加速—匀速—减速的过程。由于各坐标轴以各自设定的速度移动，因而联动直线轴的合成轨迹不一定是直线。使用 G00 指令时应先了解所使用的数控系统的刀具移动轨迹情况，避免刀具与零件发生碰撞。

图 2-20 中刀具快速移动的程序段应写为"G00 X50 Z6；"或"G00 U－70 W－84；"。

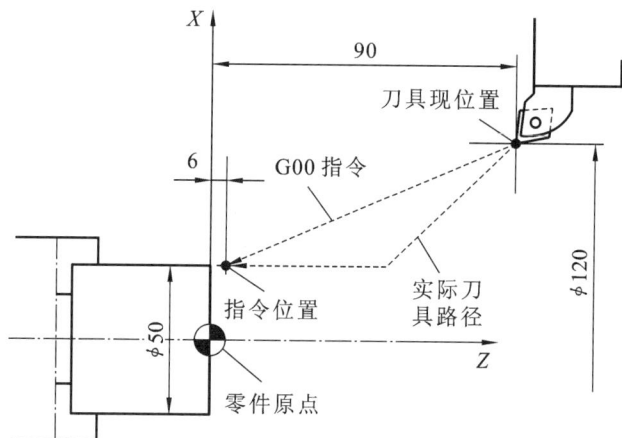

图 2-20　快速定位指令 G00

2. 直线插补指令 G01

编程格式：

G01 X(U)＿ Z(W)＿ F ＿；

其中：X、Z 为直线插补终点坐标值的绝对值，U、W 为直线插补终点相对于起点的位移增量，F 为进给速度，不运动的坐标可以省略。

使用时请注意以下两点。

（1）G01 指令指定刀具从当前位置，以两轴或三轴联动方式向给定目标按 F 功能指定的进给速度运动，加工出任意斜率的平面或直线。

（2）在没有新的 F 替代前，指令中的 F 一直有效。

2-7　直线插补指令 G01

【例 2-2】 如图 2-21 所示，刀具移动的程序为

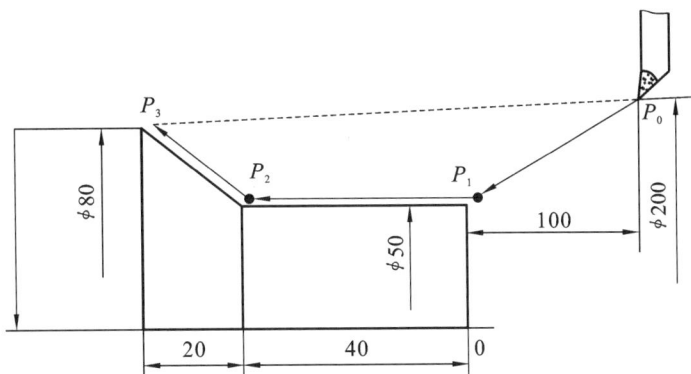

图 2-21 直线插补指令 G01

绝对坐标编程：		增量坐标编程：
⋯	⋯	⋯
G00 X50 Z2；	P_0P_1 段（快速进刀）	G00 U－150 W－98；
G01 Z－40 F100；	P_1P_2 段（直线插补）	G01 W－42 F100；
X80 Z－60；	P_2P_3 段（直线插补）	U30 W－20；
G00 X200 Z100；	P_3P_0 段（快速退刀）	G00 U120 W160；
⋯	⋯	⋯

3. 外圆/内孔粗加工复合循环指令 G71

在数控车床上对圆柱表面、端面、螺纹等表面进行粗加工时,刀具往往要多次反复地执行相同的动作,直至将零件切削到所需尺寸。为了简化编程,数控系统可以用一个程序段来设置刀具反复切削,这就是循环功能。

G71 为外圆/内孔粗加工复合循环指令,用在零件轴向尺寸较大的场合,内、外径皆可使用,加工外圆时刀具循环路线如图 2-22 所示。刀具先由 A 点退至 C 点,径向进刀(一个背吃刀量)后,沿轴向对毛坯进行切削,切削终点的位置由精加工程序及 Z 轴方向的精加工余量确定。45°方向退刀后,沿 Z 轴正方向退刀,随即进行下一次循环加工。切削至最后一次径向进刀量小于程序中设定的每一次的背吃刀量时,刀具沿与精加工路线相同但与精加工路线的距离为精加工余量的路线完成最后一次粗车循环加工,回到 A 点。

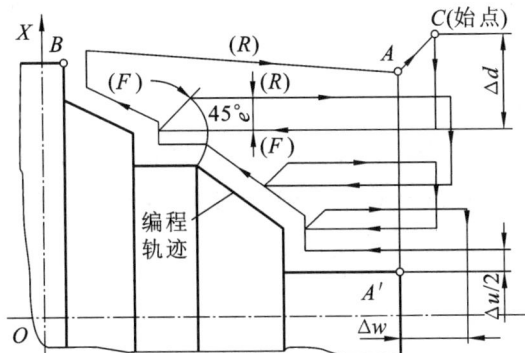

图 2-22 G71 外圆粗车循环指令

图 2-22 中的 A 点是粗车循环起点,也是粗车完成后的终点,一般选择在 X 坐标略大于毛坯外径、Z 坐标稍长于端面的位置上。C 点与 A 点的距离在 X 轴和 Z 轴方向均为各自的精加工余量,其中 X 轴方向的精加工余量为直径值。在程序中,只要给出 $A \rightarrow A' \rightarrow B$ 间的精加工路线及径向精车余量 $\Delta u/2$、轴向精车余量 Δw、每次循环的背吃刀量 Δd 和退刀量 e,即可完成 $AA'BA$ 区域的精车加工。粗车后的零件形状及粗车刀具路径由数控系统根据精加工尺寸及相关参数自动设定。

1) 程序格式

编程格式:

2-8　G71 的加工路线

G71 U(Δd)R(e);

G71 P(ns) Q(nf) U(Δu) W(Δw) F(f);

N(ns);

…

N(nf);

2-9　G71 编程格式

其中:Δd 为每一次循环的径向背吃刀量,半径值,没有正负号;e 为每次切削径向退刀量,半径值,无正负号;ns 为指定精加工路线的第一个程序段的程序段号;nf 为指定精加工路线的最后一个程序段的程序段号;Δu 为 X 轴方向上的精加工余量(直径值);Δw 为 Z 轴方向上的精加工余量;f 为刀具粗车循环时的进给量。

2) 注意事项

使用时请注意以下几点。

(1) 零件轮廓(从 $A' \rightarrow B$ 的刀具轨迹)在 X 轴、Z 轴方向上必须符合单调递增或单调递减的形式。

(2) 循环结束后,刀具快速退回循环起点。

(3) 从 A 到 A' 的刀具轨迹是 ns 程序段,移动指令只能是 G00 或 G01,运动轨迹必须垂直于 Z 轴,且不能出现 Z 轴的运动指令。

(4) 在 ns~nf 之间的程序段不能调用子程序,其间指定的 F、S、T 功能对粗车循环无效。

(5) 在粗车循环期间,刀尖圆弧半径补偿功能无效。

(6) 精加工余量的符号与刀具轨迹移动的方向有关。如果 X 轴方向坐标单调增加,Δu 为正,反之 Δu 为负(即加工内孔时,Δu 为负);如果 Z 轴方向坐标单调减小,则 Δw 为正,反之 Δw 为负(即向左切削为正,向右切削为负)。

4. 精加工复合循环指令 G70

使用 G71 指令粗车完毕后,所得轮廓与精加工轮廓相比还留有精加工余量,可使用精加工复合循环指令 G70,使刀具进行 $A \rightarrow A' \rightarrow B \rightarrow A$ 的精加工,去掉精加工余量,如图 2-22 所示。

1) 程序格式

编程格式:

G70　P(ns) Q(nf);

指令中的 ns、nf 的词义与 G71 中的相同。在 G70 状态下,刀具从循环起点位置沿着由 ns~nf 程序段给出的零件精加工轨迹进行单次的精加工,G70 循环结束时,刀具返回循环起点

A 并执行 G70 程序段后的下一个程序段。

2）注意事项

指令说明如下：

（1）G70 指令不能单独使用，只能配合 G71、G72、G73 指令使用，完成精加工固定循环；

（2）G70 的循环点与 G71、G72、G73 中的循环点是同一个点；

（3）精加工时，只有在 ns～nf 程序段中指定的 F、S、T 才有效；当 ns～nf 程序段中没有指定 F、S、T 时，粗车循环中指定的 F、S、T 有效。

3）实例

【例 2-3】 用 G70、G71 指令编程，如图 2-23 所示，要求直径精加工余量 0.3 mm，端面精加工余量 0.1 mm，程序如下：

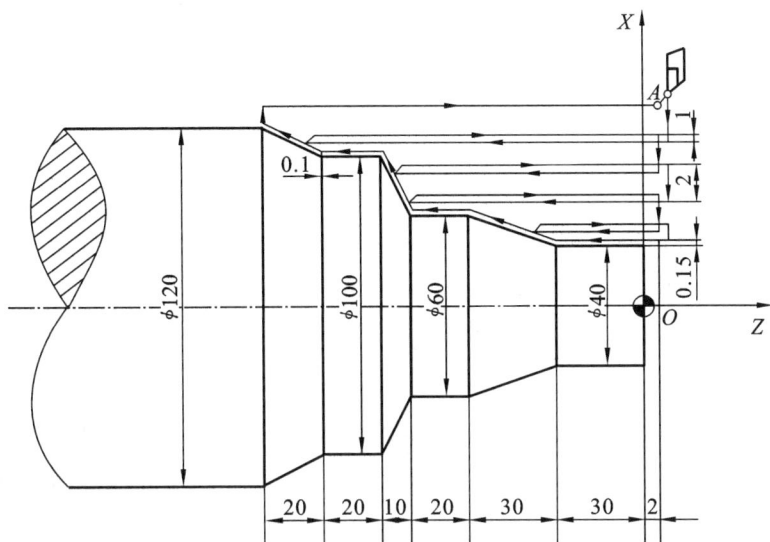

图 2-23　G70、G71 循环实例

O2003

N010 G99 G97;	设置初始化
N020 T0101;	换粗车刀
N030 S800 M03;	
N040 M08;	
N050 G00 X122 Z2;	快速定位至循环起点
N060 G71 U2 R1;	粗车循环
N070 G71 P80 Q150 U0.3 W0.1 F0.3;	
N080 G00 X40;	精加工第一个程序段
N090 G01 Z−30 F0.15;	
N100 X60 W−30;	
N110 W−20;	
N120 X100 W−10;	
N130 W−20;	
N140 X120 W−20;	

2-10　G70 及加工实例

2-11　G71 仿真运动轨迹

2-12　仿真加工零件

N150 G00 X122；　　　　　　　　　　精加工最后一个程序段

N160 X200 Z100 M05 M09；　　　　　　快退至换刀点

N165 M00；

N170 T0202；　　　　　　　　　　　　换上精车刀

N180 G50 S1800；　　　　　　　　　　限定主轴最高转速

N190 G96 S120 M03；　　　　　　　　　恒线速切削

N200 G00 X122 Z2 M08；　　　　　　　快速定位至循环起点

N210 G70 P80 Q150；　　　　　　　　　精车循环

N220 G00 X200 Z100；

N230 M30；

2.2.3　项目实施

2.2.3.1　加工工艺分析

1．零件图样分析

如图 2-19 所示，该零件为典型的阶梯轴零件，包含了 $\phi30_{-0.019}^{0}$ mm、$\phi35_{-0.035}^{0}$ mm、$\phi40_{-0.052}^{0}$ mm、$\phi48_{-0.042}^{0}$ mm四个外圆。$\phi30_{-0.019}^{0}$ mm 外圆的长度为 $40_{-0.05}^{0}$ mm，$\phi35_{-0.035}^{0}$ mm 外圆的长度由 50 mm 和 $40_{-0.05}^{0}$ mm 这两个长度确定，$\phi48_{-0.042}^{0}$ mm 外圆的长度由 65 mm 和 50 mm 这两个长度确定，$\phi40_{-0.052}^{0}$ mm 外圆的长度由总长和 65 mm 这两个长度确定。四个外圆端面处都有 C1.5 倒角，四个外圆表面都有严格的质量要求，表面粗糙度 Ra 值为 1.6 μm。同时，$\phi48_{-0.042}^{0}$ mm 外圆右端面对左端面还有平行度要求。零件尺寸标注完整，轮廓描述清楚，零件材料为 45 钢，无热处理和硬度要求，适合在数控车床上加工。

图 2-19 所示的零件虽然形状比较简单，计算量比较少，程序编制比较容易，但四个台阶有严格的尺寸精度和表面质量要求。该零件的加工难点在于如何确保这四个台阶的尺寸精度和表面质量要求，以及 $\phi48_{-0.042}^{0}$ mm 外圆右端面的平行度要求。

2．零件的装夹及加工路线确定

编制加工工序时，应按粗、精加工分开原则进行。先夹住毛坯外圆，粗、精加工零件左端轮廓，然后掉头夹住 $\phi40_{-0.052}^{0}$ mm 外圆，加工零件右端轮廓。掉头装夹时，应使 $\phi48_{-0.042}^{0}$ mm 外圆左端面紧贴卡爪端面，并用百分表找正，以保证 $\phi48_{-0.042}^{0}$ mm 外圆右端面满足平行度要求。通过上述分析，可制订以下加工路线：

（1）以三爪卡盘夹持毛坯外圆，粗、精车零件左端轮廓（端面、倒角、外圆）至尺寸要求；

（2）掉头装夹，以零件 $\phi48_{-0.042}^{0}$ mm 外圆及左端面定位，用铜皮包住，并用百分表找正，用三爪卡盘夹持 $\phi40_{-0.052}^{0}$ mm 外圆，车平右端面，保证总长尺寸；

（3）粗、精车右端轮廓（端面、倒角、外圆）至尺寸要求。

3．数控加工刀具卡

数控加工刀具卡如表 2-6 所示。

表 2-6 阶梯轴数控加工刀具卡

产品名称或代号		×××		零件名称	×××	零件图号	××
序号	刀具号	刀具规格名称	数量	加工表面	刀尖圆弧半径/mm		备注
1	T0101	95°硬质合金偏刀	1	零件外轮廓粗车	0.4		20×20
2	T0202	95°硬质合金偏刀	1	零件外轮廓精车	0.2		20×20
编制		审核		批准		年　月　日　共　页	第　页

4. 数控加工工艺卡

数控加工工艺卡如表 2-7 所示。

表 2-7 阶梯轴数控加工工艺卡

单位名称	×××	产品名称或代号		零件名称		零件图号	
		×××		×××		××	
工序号	程序编号	夹具名称		使用设备		车间	
001	×××	三爪卡盘		CK6136		数控	
工步号	工步内容	刀具号	刀具规格/mm	主轴转速/(r/min)	进给量/(mm/r)	背吃刀量/mm	备注
用三爪卡盘夹持毛坯外圆,粗、精车零件左端轮廓							
1	车左端面	T0101	20×20	600	0.2	1	手动对刀
2	粗车左外轮廓	T0101	20×20	600	0.3	2	自动
3	精车左外轮廓	T0202	20×20	1 000	0.1	0.25	自动
掉头装夹,以零件 $\phi 48_{-0.042}^{0}$ mm 左端面定位,用铜皮包住,三爪卡盘夹持 $\phi 40_{-0.052}^{0}$ mm 外圆,粗、精车零件右端轮廓							
4	车右端面	T0101	20×20	600	0.2	1	手动
5	粗车右外轮廓	T0101	20×20	600	0.3	2	自动
6	精车右外轮廓	T0202	20×20	1 000	0.1	0.25	自动
编制		审核		批准		年　月　日　共　页	第　页

2.2.3.2 编制加工程序

1. 编制左端轮廓加工程序

1) 建立零件坐标系

夹持毛坯外圆,将零件坐标系原点设在左端面的中心,如图 2-24 所示。

2) 基点坐标

左端基点的坐标值如表 2-8 所示。

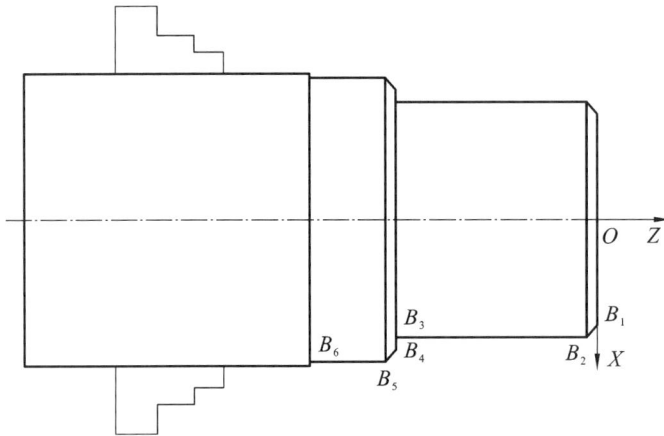

图 2-24　加工左端轮廓时的零件坐标系及基点

表 2-8　左端基点的坐标值

基点	坐标值(X,Z)	基点	坐标值(X,Z)
B_1	$(37,0)$	B_4	$(45,-35)$
B_2	$(40,-1.5)$	B_5	$(48,-36.5)$
B_3	$(40,-35)$	B_6	$(48,-50)$

3）参考程序

参考程序如表 2-9 所示。

表 2-9　阶梯轴加工程序（第一次装夹，加工左端）

FANUC 0i 数控系统数控加工程序	注释
O1001	程序名
N10 G97 G99；	设置初始化
N20 T0101 S600 M03；	设置刀具及主轴转速
N30 G00 X52 Z2 M08；	快速到达循环起点，开冷却液
N40 G71 U2 R1； N50 G71 P60 Q130 U0.5 W0 F0.3；	调用毛坯外圆粗车循环，设置加工参数
N60 G00 X37； N70 G01 Z0 F0.1； N80 X40 Z−1.5； N90 Z−35； N100 X45； N110 X48 Z−36.5； N120 Z−52； N130 X52；	轮廓精加工程序段
N140 G00 X100 Z100 M05；	刀具快速退至换刀点，主轴停
N150 M09；	关冷却液

续表

FANUC 0i 数控系统数控加工程序	注释
N160 M00；	程序暂停
N170 T0202 S1000 M03；	调用精车刀
N180 G00 X52 Z2 M08；	刀具快速靠近零件
N190 G70 P60 Q130；	采用精车循环进行精车
N200 G00 X100 Z100；	快速退至换刀点
N210 M30；	程序结束

2. 编制右端轮廓加工程序

1）设置零件坐标系

将零件坐标系原点设在零件右端面轴线上，如图 2-25 所示。

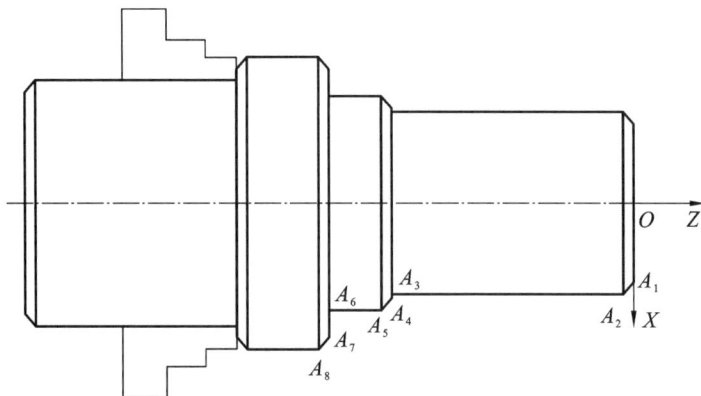

图 2-25 加工右端轮廓时的零件坐标系及基点

2）基点坐标

右端基点的坐标值如表 2-10 所示。

表 2-10 右端基点的坐标值

基点	坐标值(X,Z)	基点	坐标值(X,Z)
A_1	$(27,0)$	A_5	$(35,-41.5)$
A_2	$(30,-1.5)$	A_6	$(35,-50)$
A_3	$(30,-40)$	A_7	$(45,-50)$
A_4	$(32,-40)$	A_8	$(48,-51.5)$

3）参考程序

参考程序如表 2-11 所示。

表 2-11　阶梯轴加工程序（第二次装夹，加工右端）

FANUC 0i 数控系统数控加工程序	注释
O1002	程序名
N10 G99 G97；	设置初始化
N20 T0101 S600 M03；	设置刀具及主轴转速
N30 G00 X52 Z2 M08；	快速到达循环起点
N40 G71 U2 R1；	调用毛坯外圆粗车循环，设置加工参数
N50 G71 P60 Q150 U0.5 W0 F0.3；	
N60 G00 X27；	
N70 G01 Z0 F0.1；	
N80 X30 Z−1.5；	
N90 Z−40；	
N100 X32；	
N110 X35 Z−41.5；	轮廓精加工程序段
N120 Z−50；	
N130 X45；	
N140 X48 Z−51.5；	
N150 X52；	
N160 G00 X100 Z100 M05；	回到换刀点，主轴停
N170 M09；	关冷却液
N180 M00；	程序暂停
N190 T0202 S1000 M03；	换精车刀
N200 G00 X52 Z2 M08；	快速靠近零件
N210 G70 P60 Q150；	采用 G70 进行精加工
N220 G00 X100 Z100；	快速退至换刀点
N230 M30；	主程序结束

2.2.3.3　仿真加工

1. 进入仿真系统

单击"开始"菜单→"程序"→"数控仿真系统"→"快速登录"，运行仿真系统（宇龙数控加工仿真软件 V5.0），如图 2-26 所示。

2. 选择机床

单击"机床"菜单→"选择机床"，本项目选择的是 FANUC 0i 数控系统标准型（平床身前置刀架），如图 2-27 所示。

2-13　选择机床、开机

3. 启动系统

单击启动键 启动机床，单击 键松开急停按钮 。

图 2-26 宇龙数控加工仿真软件

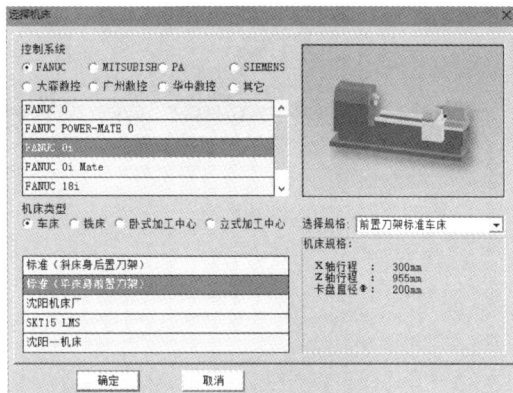

图 2-27 选择车床界面

4. 机床回参考点

单击回原点按钮，将 X 轴和 Z 轴分别回原点。

单击按钮、，至 X 轴原点指示点亮，表示 X 轴已经回了原点，CRT 上 X 坐标为 600；单击按钮、，至 Z 轴原点指示点亮，表示 Z 轴已经回了原点，CRT 上 Z 绝对坐标为 1010。此时 CRT 界面如图 2-28 所示。

5. 定义/装夹毛坯

单击"零件"菜单→"定义毛坯"，打开"定义毛坯"对话框，如图 2-29 所示。本项目选择的毛坯材料为 45 钢，尺寸为 $\phi50$ mm×105 mm，单击"确定"。单击"零件"菜单→"放置零件"，选择要安装的零件，如图 2-30 所示，单击"安装零件"。可以根据需要用方向键移动零件，改变零件的装夹位置，如图 2-31 所示。

2-14 设定毛坯，安装刀具

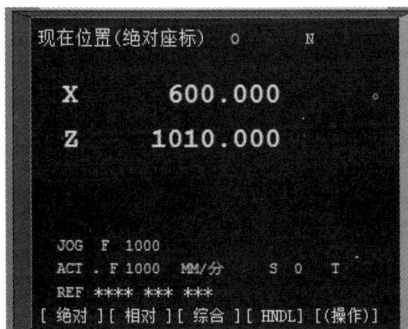

图 2-28 X、Z 轴回参考点界面

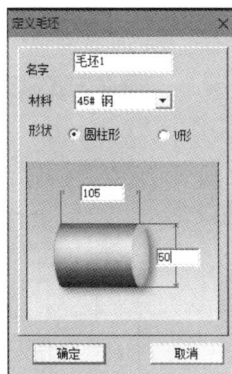

图 2-29 "定义毛坯"对话框

6. 刀具的选择及安装

单击"视图"菜单→"俯视图"，或单击，以便于观察加工情况。

单击"机床"菜单→"选择刀具"，打开"刀具选择"对话框，选择刀尖角度为 55°、刃长为 11 mm、刀尖圆弧半径为 0.2 mm、主偏角为 95° 的外圆左向横柄粗车刀和刀尖角度为 35°、刃长为 16 mm、刀尖圆弧半径为 0.2 mm、主偏角为 95° 的外圆左向横柄精车刀，将这两把刀具分别安装在 1 号和 2 号刀位上，如图 2-32 所示，单击"确定"退出。

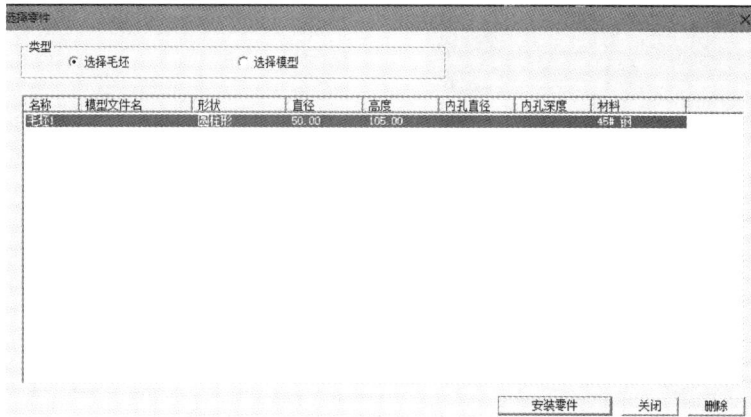

图 2-30　选择毛坯

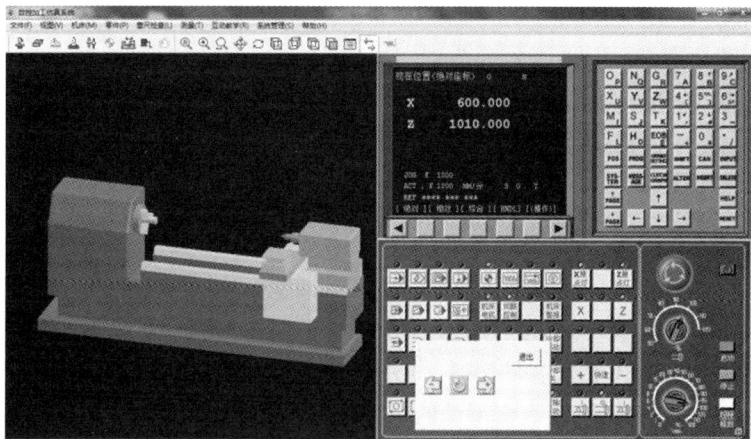

图 2-31　安装毛坯

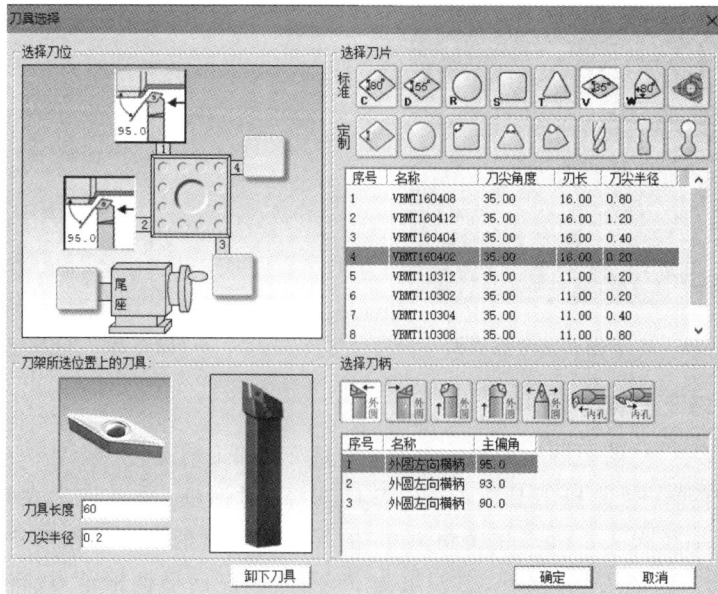

图 2-32　"刀具选择"对话框

7. 对刀（设定零件坐标系）

编写数控加工程序时坐标的计算以零件坐标系为基准，加工时刀具的移动以机床坐标系为基准，对刀的过程就是建立零件坐标系与机床坐标系之间的关系的过程。这里对刀方法采用的是试切法。

1）Z 向对刀

（1）试切端面。单击操作面板上的手动按钮，机床进入手动操作模式。单击控制面板上的或按钮，配合或按钮，使机床沿 X 轴或 Z 轴方向移动，单击快速移动按钮可实现快速移动。配合菜单下面的缩放按钮及视图按钮，调整零件和刀具的相对位置，以方便观察，如图 2-33 所示。

2-15　对刀

单击操作面板上的"主轴正转"按钮，使主轴转动。操纵刀具沿 X 轴负方向移动，手动切削零件的端面，如图 2-34 所示；再使刀具沿 X 轴正方向移动，退出、离开零件，保持 Z 轴位置不动。

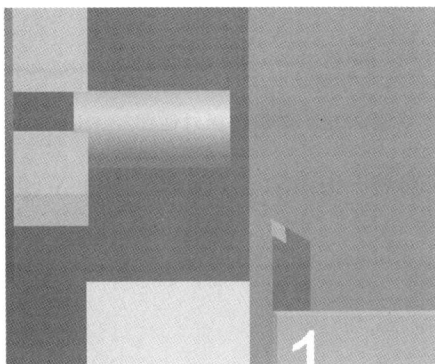

图 2-33　采用手动方式移动刀架至适当位置　　　　图 2-34　试切端面

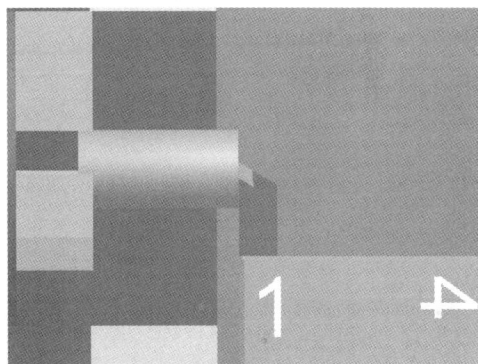

（2）测量。单击"主轴停止"按钮，使主轴停止转动。单击 MDI 键盘上的键，至出现图 2-35 所示的画面。输入"Z0"，单击菜单软键中的"测量"，自动计算出 Z 轴坐标值并填入，完成 Z 轴的对刀，如图 2-36 所示。

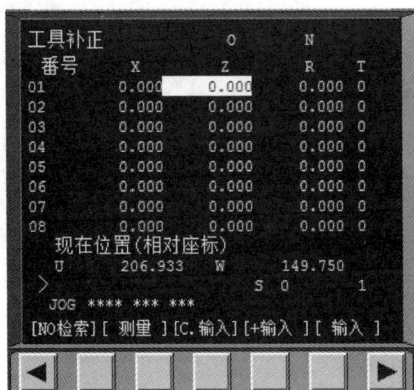

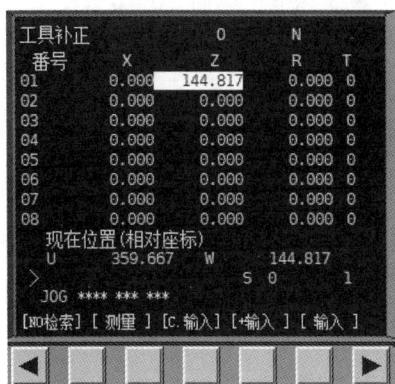

图 2-35　刀具补正　　　　图 2-36　Z 轴对刀界面

2）X 向对刀

（1）试切外圆。单击操作面板上的"主轴正转"按钮，使主轴转动。操纵刀具沿 Z 轴负方向移动,手动切削零件外圆,如图 2-37 所示;再使刀具沿 Z 轴正方向移动,退出、离开零件,保持 X 轴位置不动。

（2）测量。单击"主轴停止"按钮■,使主轴停止转动。单击菜单"测量"→"剖面图测量",弹出选择对话框,如图 2-38 所示。选择"否",出现"车床零件测量"界面。单击试切外圆柱面轮廓线段,轮廓线变成黄色,可以看到尺寸线及测量的尺寸,如图 2-39 所示。记下对应的 X 值,单击"退出"。

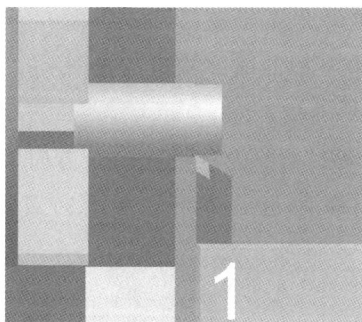

图 2-37　试切外圆

图 2-38　测量选择对话框

单击 MDI 键盘上■键,输入"X48.098",单击菜单软键中的"测量",自动计算出 X 轴坐标值并填入,完成 X 轴的对刀,如图 2-40 所示。

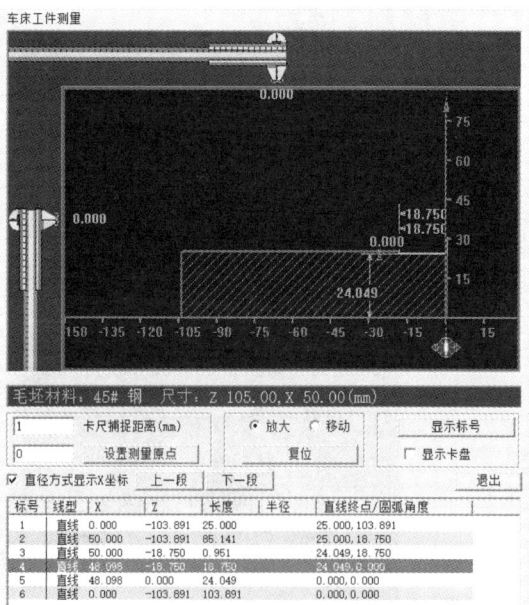

图 2-39　车床零件测量界面

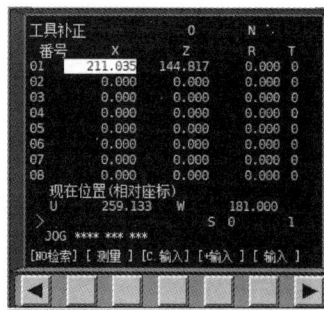

图 2-40　对刀界面

3）换刀及第二把刀对刀

（1）换刀。沿 X 轴和 Z 轴正方向移动刀具至安全位置进行换刀。单击键盘上的"程序"键■,操作面板上的"MDI"按钮■→在 CRT 上键入刀号 T0202→单击插入按钮■→单击"循环启动"按钮■,则出现如图 2-41 所示的画面,即完成了换刀操作。

图 2-41　换上第二把刀

（2）对第二把刀。X 轴方向的对刀和第一把刀类似，这里不再赘述。Z 轴方向不能采用试切端面的方法，而是用刀尖试着接触已切好的右端面。单击"视图"菜单→"局部放大"，或单击📷，局部放大至最大，单击"手动脉冲"按钮🔳，单击右下角的"显示手轮"按钮⊡，出现手轮操作界面，如图 2-42 所示。单击鼠标的左键或右键选择手轮脉冲运动的坐标轴、运动方向及进给倍率，至刀尖与右端面轻轻接触，有切屑飞出。

输入"Z0"→单击"测量"，如图 2-43 所示，第二把刀对刀完成。单击右下角的"隐藏手轮"按钮🔳，取消手动脉冲操作。

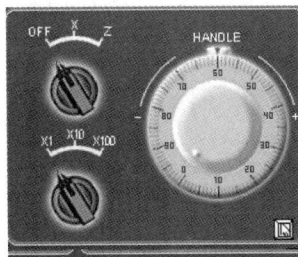

图 2-42　手轮操作界面

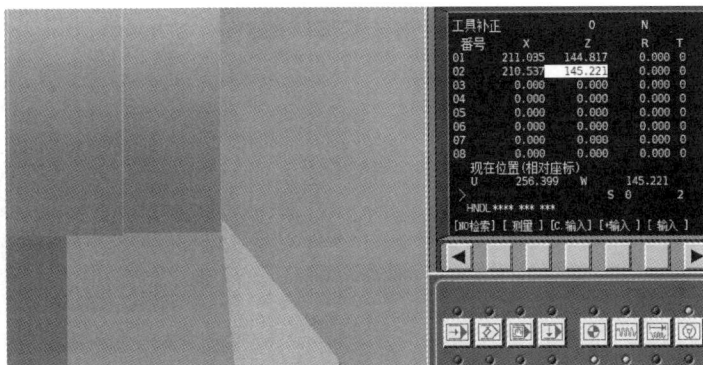

图 2-43　第二把刀对刀界面

8. 输入程序

（1）手动录入程序。单击操作面板上的"编辑"按钮🔳，再点击键盘上的"程序"按钮🔳，在 CRT 上直接用键盘录入程序。

2-16 程序调入
模拟及加工

（2）自动调入程序。单击操作面板上的"编辑"按钮 ▓ →键盘上的"程序"按钮 ▓，单击菜单软键中的"操作"→"REWIND"→"F 检索"，检索到程序后单击"打开"，在 CRT 上输入一个程序名（至关重要），如 O0089，单击软键"READ"→EXEC，则所调入的程序出现在 CRT 上，如图 2-44 所示。

9. 自动加工

（1）程序校验。程序录入（或调入）完毕，选择前视图 ▓，单击操作面板上的"自动运行"按钮 ▓ →MDI 键盘上的草图键 ▓ →"循环启动"按钮 ▓，可以检查程序的运行轨迹，校验程序是否正确，如图 2-45 所示。单击草图键 ▓，取消草图模式。

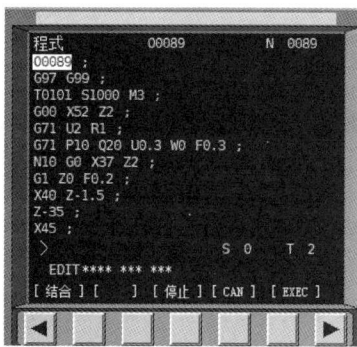

图 2-44 程序调入

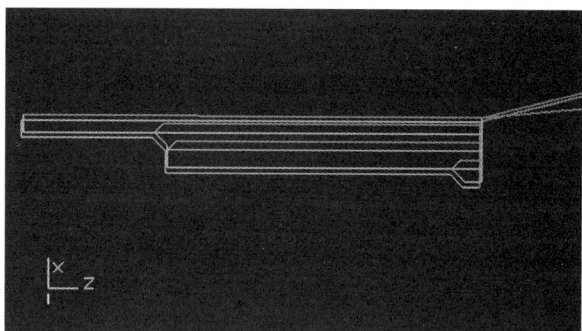

图 2-45 程序校验

2-17 掉头加工
另一端

（2）加工左端。单击操作面板上的"自动运行"按钮 ▓ →"循环启动"按钮 ▓，进行零件左端的自动加工，如图 2-46（a）所示。加工后需进行测量，以确定已加工尺寸是否合格，如图 2-46（b）所示。

（3）掉头。本项目零件左端加工完毕，测量合格后，零件需要掉头，加工右端轮廓。单击菜单"零件"→"移动零件"，单击 ▓ 键，则零件自动掉头装夹，夹持部分的长度与加工零件左端时相同，如图 2-47 所示。

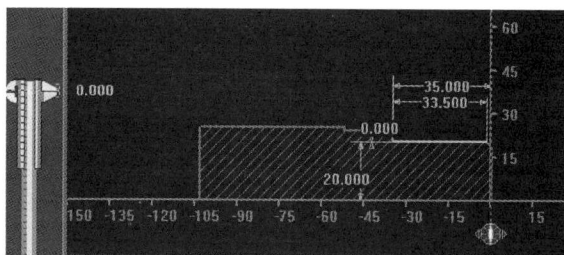

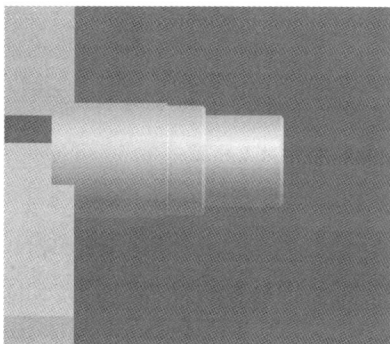

(a)

(b)

图 2-46 零件左端加工并进行测量

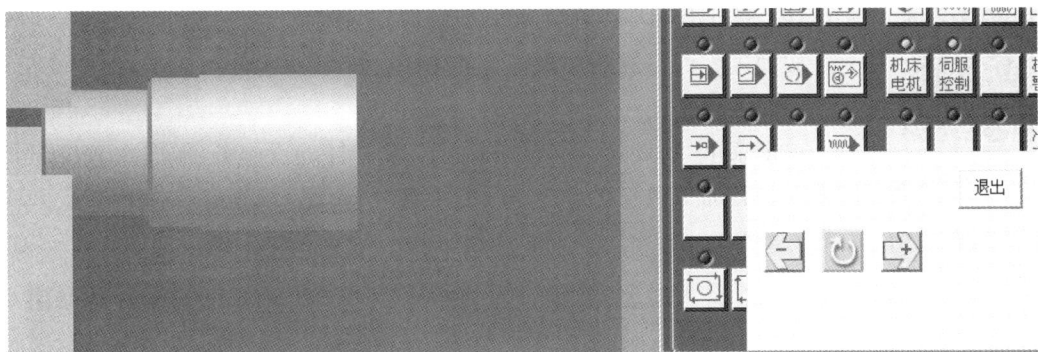

图 2-47 零件掉头装夹

（4）平端面保持总长。

① 测量零件总长。单击菜单"测量"→"剖面图测量"，测得零件总长，如图 2-48 所示。计算要切掉的长度尺寸余量。

② 调整刀具的 Z 轴位置补偿。为满足零件总长的要求，需要在平端面时切除长度方向的余量。掉头后的零件坐标系原点设定在零件右端面的中心处，因此需要对每把刀具的 Z 轴位置补正进行调整，即 Z 轴的原点需要向左移动一定的距离。单击 键至出现图 2-49 所示"工具补正/摩耗"界面，在 Z 轴位置输入负的零件总长的余量。例如，若零件总长长了 3.891 mm，则键入"-3.891"→单击"输入"。这一点非常重要。

③ 平端面，保持总长。这一步骤可以手动进行，也可以编一个小程序自动加工，例如：

```
O0015
T0101 S1000 M03；
G00 X52 Z0；
G01 X-2 F0.2；
G00 X100 Z100；
M30；
```

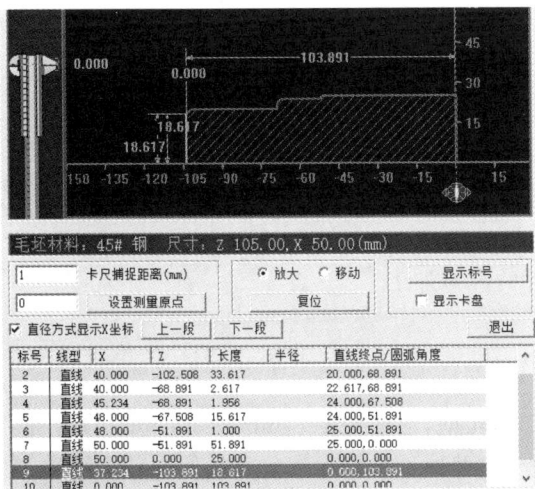

图 2-48 测量零件总长

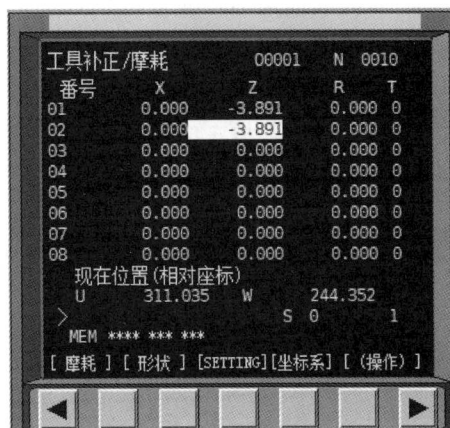

图 2-49 刀具 Z 轴位置补正

2-18 工件的测量

10. 零件右端加工并测量

按加工零件左端的步骤录入或调用程序,进行自动加工,如图 2-50(a) 所示。

单击菜单"测量"→"剖面图测量",对零件进行测量,如图 2-50(b)所示。测得零件有加工误差时,可以修改"工具补正/磨耗"界面中相应的 Z 轴或 X 轴的位置补偿值,也可以直接在"工具补正"中键入补偿值。

(a)

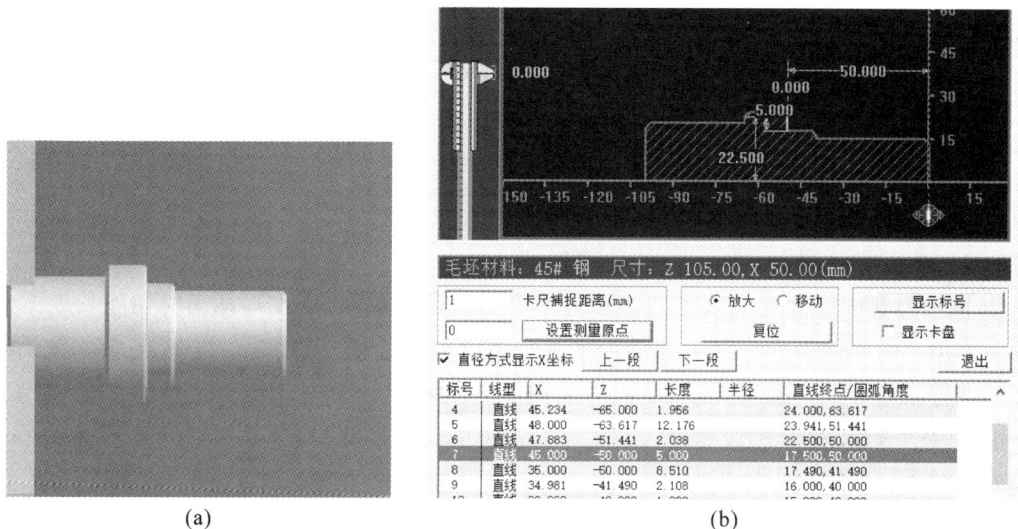

(b)

图 2-50　加工零件右端并测量

◀ 2.3　项目 2:圆弧类零件的编程与加工 ▶

【学习目标】

1. 掌握和应用圆弧插补指令 G02、G03 和刀尖圆弧半径补偿指令 G41、G42、G40
2. 理解刀具的位置补偿和刀尖的方位参数
3. 逐步掌握编程技巧
4. 初步掌握数控车床加工的主要步骤和合理刀具路径的确定,并能对零件的加工质量进行正确分析处理
5. 能正确运用数控系统仿真软件进行零件的虚拟加工

2.3.1　项目导入

圆弧类零件如图 2-51 所示,已知材料为 45 热轧钢,毛坯为 $\phi50$ mm×115 mm 的棒料。要求分析零件的加工工艺,编写零件的数控加工程序,并通过数控加工仿真软件进行虚拟加工。

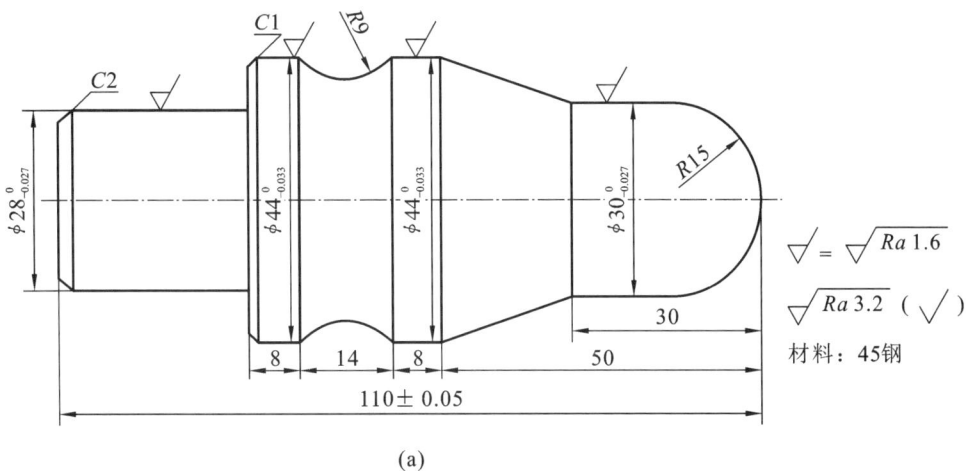

(a)

(b)

图 2-51　圆弧类零件图

2.3.2　相关知识

圆弧类零件是数控车削加工中的典型零件。这个项目的完成需要应用到在项目 1 中所学的 G00、G01、G71 和 G70 等指令,还要学习 G02、G03、G41、G42、G40 等新指令,通过分析零件图样、设计加工工艺方案、填写工艺文件、编制加工程序、虚拟加工等来实现。下面使用宇龙数控加工仿真软件进行说明。

2.3.2.1　圆弧插补指令 G02、G03

编程格式:
G02/G03　X(U)__ Z(W)__ R __ F __;
G02/G03　X(U)__ Z(W)__ I __ K __ F __;
其中:G02 为顺时针圆弧插补指令,G03 为逆时针圆弧插补指令;X、Z 为圆弧插补终点坐标值的绝对值;U、W 为圆弧插补终点相对于起点的位移增量;R 为圆弧半径;I、K 为圆弧圆心相对于圆弧起点的增量坐标;F 为进给量。

1. 圆弧旋向的判断

圆弧旋向的判断原则是,从垂直于插补平面的第三轴的正方向朝原点或朝负方向观察,顺时针方向为 G02,逆时针方向为 G03,如图 2-52 所示。

由于数控车床的刀架有前置和后置之分，因此圆弧旋向的判断更为重要，如图 2-53 所示。图 2-53（a）为刀架后置，第三轴（Y 轴）的正方向是向外的，因此观察方向为由外向内。图 2-53（b）为刀架前置，观察方向正好相反。最简单的判断方法就是，不管刀架位置如何，一律以后置刀架判断旋向。

2-19 圆弧插补
指令 G02、G03

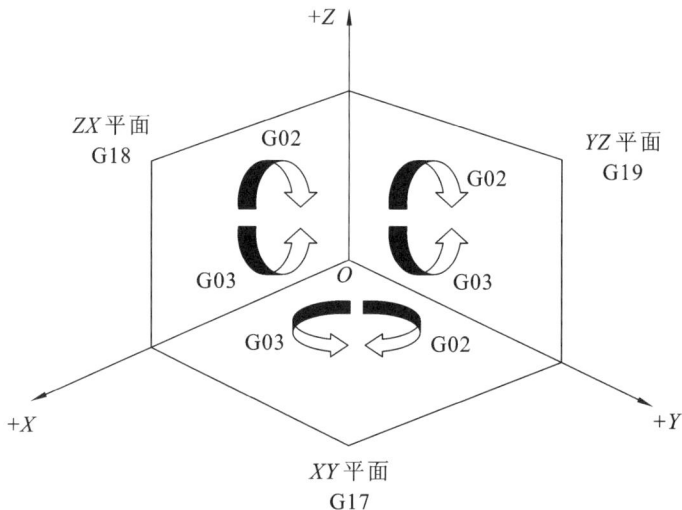

图 2-52 圆弧插补方向图

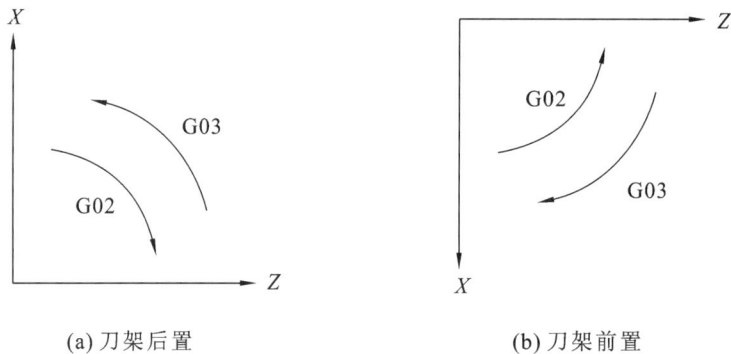

(a) 刀架后置   (b) 刀架前置

图 2-53 圆弧插补的顺逆判断

2. 半径 R 的使用

R 为圆弧半径，当圆弧对应的圆心角为 $0°\sim180°$ 时，R 取正值；当圆弧对应的圆心角为 $180°\sim360°$ 时，R 取负值；当圆弧对应的圆心角为 $180°$ 时，R 可为正也可为负。

注意：由于在数控车床上加工圆球面时，起点到终点所对应的圆心角始终小于 $180°$，因此 R 一般都为正值。

3. 圆心的增量坐标 I、K

I、K 为圆心相对于圆弧起点在 X 轴、Z 轴方向的增量，其中 I 为半径值。I、K 也可看作从圆弧起点到圆心的矢量在各坐标轴上的分矢量，如图 2-54 所示。或者，I 为圆心的 X 坐标与圆弧起点的 X 坐标的差值一半，K 为圆心的 Z 坐标与圆弧起点的 Z 坐标的差值，即：$I=(X_{圆心}-X_{起点})/2$，$K=Z_{圆心}-Z_{起点}$。

4. 注意事项

（1）在同一程序段中，同时编入 R 与 I、K 时，只有 R 有效。

（2）整圆弧不能用 R 指定，只能用 I、K 编程，其原因是整圆的起点与终点是同一个点，只指定 R 而不确定圆心，所描述的圆不是唯一的。

【例 2-4】 图 2-55 所示圆弧加工的程序段可写为：

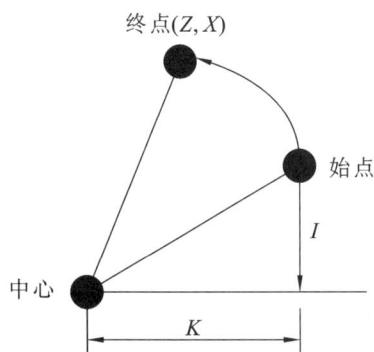

图 2-54 I、K 的含义

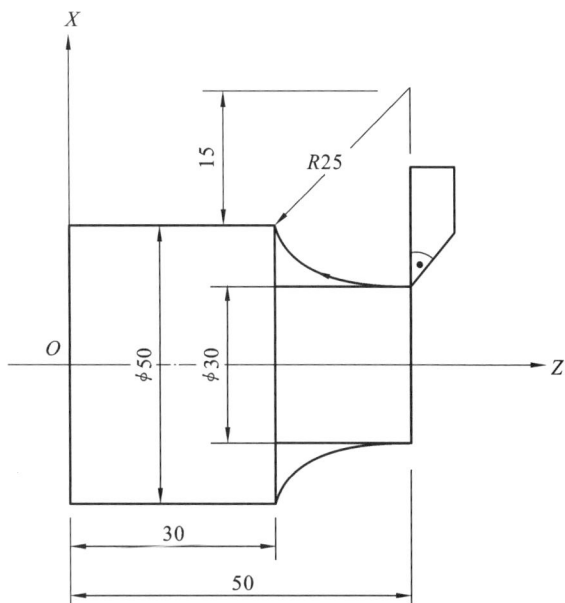

图 2-55 圆弧插补实例

G02 X50 Z30 R25；   绝对坐标编程，用半径描述

G02 X50 Z30 I25 K0；   绝对坐标编程，用圆心坐标描述

G02 U20 W−20 R25；   增量坐标编程，用半径描述

G02 U20 W−20 I25 K0；   增量坐标编程，用圆心坐标描述

2.3.2.2 刀具位置补偿

在机床坐标系中，CRT 或 LCD 上显示的 X、Z 坐标值是刀架左侧中心相对机床原点的距离；在零件坐标系中，X、Z 坐标值是车刀刀尖（刀位点）相对零件原点的距离，而且机床在运行加工程序时，数控系统控制刀尖的运动轨迹，这就需要进行刀具位置补偿。

刀具位置补偿包括刀具几何尺寸补偿和刀具磨损补偿，前者用于补偿刀具形状或刀具附件位置上的偏差，后者用于补偿刀尖的磨损。刀具功能指令（T××××）中后两位数字所表示的刀具补偿号从 01 开始，00 表示取消刀补，编程时一般习惯于刀具号与刀具补偿号相同。

在数控车床上加工一个零件，往往需要使用不同尺寸的若干把刀具，一般将其中的一把刀具作为基准刀具，以该刀具的刀尖位置设定零件坐标系，其他刀具转到加工位置时，其刀尖位置与基准刀具的刀尖存在偏差，利用刀具位置补偿功能可以对此偏差进行补偿。图 2-56 所示为某数控车削中心的回转刀架，共有 12 个刀位。设 03 号刀具为基准刀具，05 号刀具为镗孔刀，通过试切或其他测量方法测出 05 号刀具在加工位置与基准刀具的偏差值，在 MDI 操作模式下，通过功能键进入刀具位置补偿设置画面，将 ΔX、ΔZ 值输入 05 号刀具的刀补存储器中，如图 2-57 所示。当程序执行了刀具位置补偿功能后,05号刀具刀尖的实际位置与基准刀具的刀尖位置重合。

刀具位置补偿注意事项如下:

(1) 刀具位置补偿一般在换刀指令后,刀具快速趋近零件的程序段中执行;

(2) 取消刀具位置补偿在加工完毕返回换刀点的程序段中执行。

2-20 刀具位置补偿及刀尖方位参数

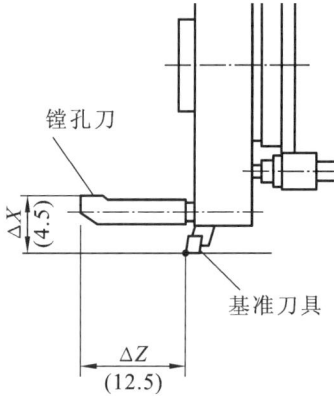

图 2-56 刀具位置补偿

图 2-57 刀具位置补偿设置画面

2.3.2.3 刀尖方位参数

具备刀具半径补偿功能的数控系统,还应根据刀尖相对于刀尖圆弧圆心的位置,指定假设刀尖方位号,以此来自动计算补偿量。假想刀尖的方位有8种位置可以选择,如果按刀尖圆弧中心编程,则选择0或9。

对于后置刀架结构形式而言,按图 2-58 所示指定刀尖方位号。由于 X 轴正方向与图 2-59 所示方向相反,所以后置刀架刀尖方位号也以 Z 轴为轴线旋转 180°。

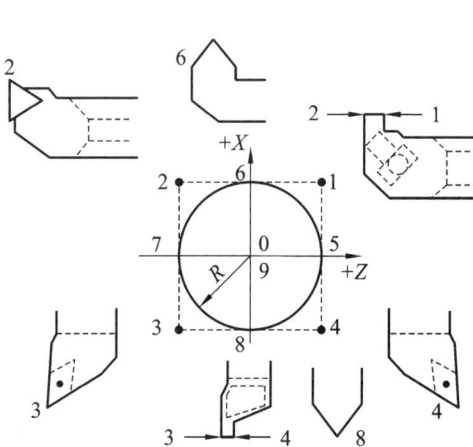

图 2-58 后置刀架刀尖方位号的确定

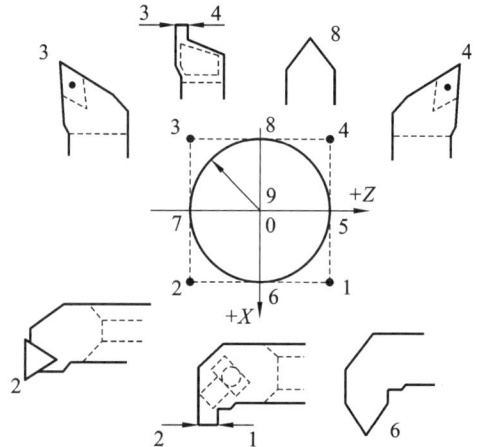

图 2-59 前置刀架刀尖方位号的确定

2.3.2.4 刀尖圆弧半径补偿指令 G41、G42、G40

任何一把刀具,不论制造或刃磨得如何锋利,在其刀尖部分都存在一个刀尖圆弧,它的半径值是一个难以准确测量的值,如图 2-60 所示。

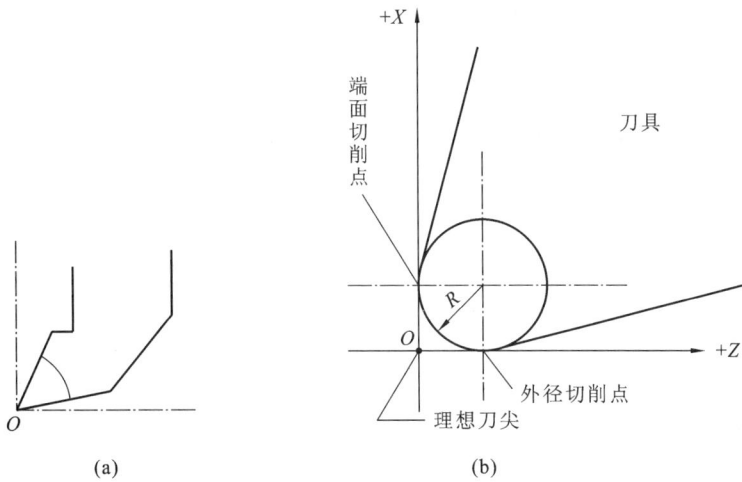

图 2-60　刀尖圆弧半径

1. 刀尖圆弧半径补偿的作用

编程时,若以假想刀尖位置为切削点,则编程很简单。但任何刀具都存在刀尖圆弧,当车削外圆柱表面或端面时,刀尖圆弧的存在对加工尺寸不会产生影响,但车倒角、锥面、圆弧或曲面时,就将影响加工精度。总之,数控车床用圆头车刀加工时,只要两轴同时运动,用假想刀尖编程,就会产生误差;而沿一个轴运动加工时,不会因用假想刀尖编程而产生误差。图 2-61 所示为刀尖圆弧对零件圆弧面和锥面加工的影响。若零件要求不高或留有精加工余量,则可忽略此误差。

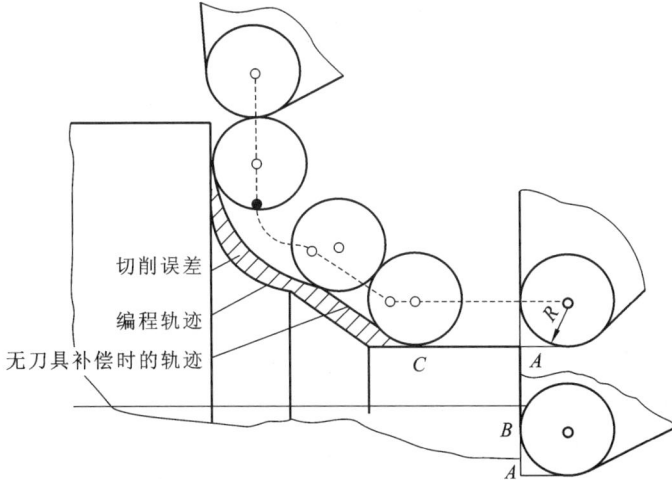

图 2-61　刀具圆弧对零件圆弧面和锥面加工的影响

有刀尖圆弧半径补偿功能的数控系统,编程时不需要计算刀具中心的运动轨迹,只需按零件轮廓编程。使用刀尖圆弧半径补偿指令(G41、G42、G40)编程,并在控制面板上手工输入刀具半径,数控装置便能自动地计算出刀具中心轨迹,并按刀具中心轨迹运动。

2. 编程格式

$$\begin{Bmatrix} G41 \\ G42 \\ G40 \end{Bmatrix} \begin{Bmatrix} G00 \\ G01 \end{Bmatrix} X(U)\underline{\quad} Z(W)\underline{\quad}$$

其中：G41 为刀尖圆弧半径左补偿指令，表示刀具在零件的左边运动；G42 为刀尖圆弧半径右补偿指令，表示刀具在零件的右边运动；G40 为取消刀尖圆弧半径补偿指令；X(U)、Z(W) 为刀尖圆弧半径补偿建立或取消直线段的终点坐标，X、Z 为绝对坐标，U、W 为增量坐标或相对坐标。

刀尖圆弧半径补偿方向的判断原则是：①从垂直于加工平面的第三轴的正方向往负方向观察；②沿着刀具的运动方向观察。

图 2-62 所示为根据刀具与零件的相对位置及刀具的运动方向选用 G41 或 G42 指令。

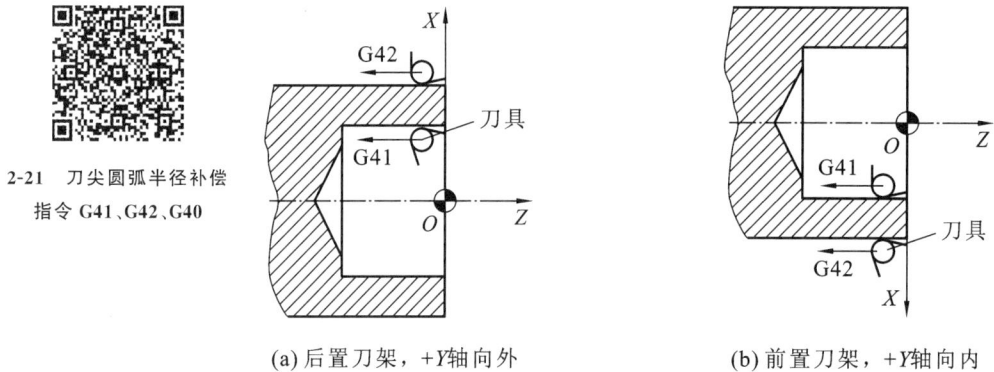

2-21　刀尖圆弧半径补偿
指令 G41、G42、G40

(a) 后置刀架，+Y 轴向外　　　　　　　(b) 前置刀架，+Y 轴向内

图 2-62　刀尖圆弧半径补偿方向的判断

3. 注意事项

（1）G40、G41、G42 指令只能与 G00 或 G01 直线运动指令结合编程，不允许与 G02、G03 等其他指令结合编程。

（2）在刀尖圆弧半径补偿建立或取消程序段中，X 或 Z 值至少有一个值要变化。

（3）调用新的刀具前必须取消刀具圆弧半径补偿。

【例 2-5】　应用刀尖圆弧半径补偿功能编制图 2-63 所示零件的精加工程序。

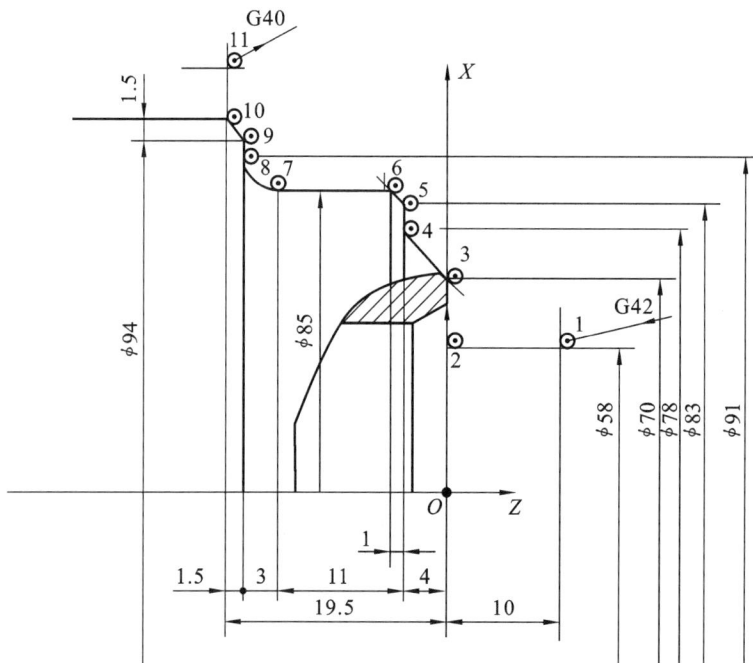

图 2-63　刀具圆弧半径补偿示例

```
O3002
N010 G99 G97；                        设置初始化
N020 T0101；                          调用 01 号刀具的 01 号刀补
N030 S1500 M03；                      主轴正转,1 500 r/min
N040 G00 G42 X58 Z10 M08；            建立刀尖圆弧半径补偿(至 1 点),切削液开
N050 G01 Z0 F1.5；                    直线插补,至 2 点
N060 X70 F0.2；                       加工端面,至 3 点
N070 X78 Z—4；                        加工锥面,至 4 点
N080 X83；                            加工端面,至 5 点
N090 X85 Z—5；                        加工倒角,至 6 点
N100 Z—15；                           加工圆柱面,至 7 点
N110 G02 X91 Z—18 R3 F0.15；          顺时针圆弧插补,至 8 点
N120 G01 X94；                        加工端面,至 9 点
N130 X97 Z—19.5；                     加工倒角,至 10 点
N140 G00 G40 X100；                   快速退刀,至 11 点,取消刀尖圆弧半径补偿
N150 X200 Z175；                      快退至刀具起点
N160 M30；                            程序结束
```

2.3.3 项目实施

2.3.3.1 加工工艺分析

1. 图样分析

如图 2-51 所示,该零件主要由 4 个圆柱体、1 个凹弧体、1 个半球体和 1 个锥体组成。零件左端为带有倒角的圆柱体,倒角为 C2,直径为 $\phi 28_{-0.027}^{0}$ mm,长度由总长 110 mm±0.05 mm 和 50 mm、8 mm、14 mm、8 mm 等五个尺寸确定。中间是直径为 $\phi 44_{-0.033}^{0}$ mm 的两个圆柱体,长度均为 8 mm,两圆柱体由半径为 R9 mm 的凹弧体连接。锥体大端直径为 $\phi 44_{-0.033}^{0}$ mm,小端直径为 $\phi 30_{-0.027}^{0}$ mm,长度由尺寸 50 mm 和 30 mm 确定。零件右端为半径为 R15 mm 的半球体。半球体与锥体通过直径为 $\phi 30_{-0.027}^{0}$ mm 的圆柱体连接,圆柱体长度由 30 mm 和半球体半径确定。该零件尺寸标注完整,轮廓描述清楚。零件材料为 45 钢,无热处理和硬度要求,适合在数控车床上加工。

图 2-51 所示的零件虽然形状相对简单,但中间为一凹弧体,且外圆体、锥体、半球体等加工轮廓都有严格的尺寸精度和表面质量要求,因此,该零件的加工难点一个是如何加工凹弧体,另一个是如何确保圆弧体、锥体的表面质量和外圆的尺寸精度要求。

2. 零件装夹及加工路线确定

为了解决第一个加工难点,需要更换成精车刀。若采用 80°或 55°车刀加工凹弧体,有可能造成过切或欠切现象,因此采用 35°菱形偏刀加工凹弧。

因为 G71 和 G70 指令只能加工直径尺寸单调变化的零件,所以用 G71 指令进行粗加工时暂不加工凹弧体,换上精车刀后再进行凹弧体的粗加工。零件左端的精加工不使用 G70 指令,

直接利用精加工路线完成包括凹弧体的精加工。

为了解决第二个加工难点，可以采取以下工艺措施。

（1）编制加工工序时，应按粗、精加工分开原则进行。先夹住毛坯外圆，粗、精加工零件左端轮廓，然后掉头夹住 $\phi 28_{-0.027}^{0}$ mm 外圆，平端面，保持总长，加工零件右端轮廓。掉头装夹时，应使 $\phi 44_{-0.033}^{0}$ mm 左端面紧贴卡爪端面，并用百分表找正。

（2）为了保证锥体和圆弧表面粗糙度要求，精加工时，采用恒线速度切削。

（3）用带有刀尖圆弧半径的刀具加工圆弧时，存在加工误差。在编制加工程序时，采用刀尖圆弧半径补偿功能，这样可以避免刀尖圆弧对尺寸的影响，同时在编制程序时可按零件轮廓进行。

2-22 项目2实施

3. 数控加工刀具卡

数控加工刀具卡如表 2-12 所示。

表 2-12 圆弧类零件数控加工刀具卡

产品名称或代号		×××	零件名称	×××	零件图号	××
序号	刀具号	刀具规格名称	数量	加工表面	刀尖圆弧半径/mm	备注
1	T0101	55°硬质合金偏刀	1	零件外轮廓粗车	0.4	20×20
2	T0202	35°菱形偏刀	1	零件外轮廓精车	0.2	20×20
编制		审核		批准		年 月 日 共 页 第 页

4. 数控加工工艺卡

数控加工工艺卡如表 2-13 所示。

表 2-13 圆弧类零件数控加工工艺卡

单位名称	×××	产品名称或代号	零件名称	零件图号
		×××	×××	××
工序号	程序编号	夹具名称	使用设备	车间
001	×××	三爪卡盘	CK6140	数控

工步号	工步内容	刀具号	刀具规格/mm	主轴转速/(r/min)	进给量/(mm/r)	背吃刀量/mm	备注
用三爪卡盘夹持毛坯外圆，平端面，粗、精车零件左端轮廓							
1	平端面	T0101	20×20	600	0.2	1.5	手动
2	粗车左外轮廓	T0101	20×20	600	0.3	1.5	自动
3	精车左外轮廓	T0202	20×20	G96 S200	0.2	0.25	自动
掉头装夹，夹住 $\phi 28_{-0.027}^{0}$ mm 外圆，平端面，保持总长，粗、精车右端轮廓							
4	粗车右外轮廓	T0101	20×20	600	0.3	1.5	自动
5	精车右外轮廓	T0202	20×20	G96 S200	0.2	0.25	自动
编制		审核		批准		年 月 日	共 页 第 页

2.3.3.2 编制数控加工程序

1. 编制左端轮廓加工程序

1）建立零件坐标系

夹持毛坯外圆,零件坐标系原点设在零件左端面中心,如图 2-64 所示。

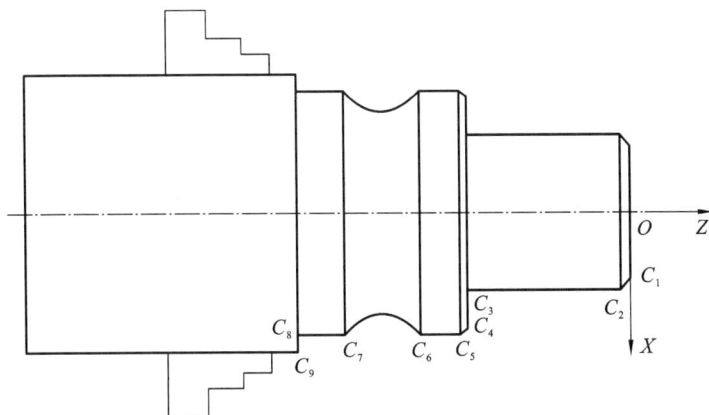

图 2-64 加工左端轮廓时零件坐标系及基点

2）基点坐标

左端基点的坐标值如表 2-14 所示。

表 2-14 左端基点的坐标值

基点	坐标值 (X, Z)	基点	坐标值 (X, Z)
O	$(0, 0)$	C_5	$(44, -31)$
C_1	$(24, 0)$	C_6	$(44, -38)$
C_2	$(28, -2)$	C_7	$(44, -52)$
C_3	$(28, -30)$	C_8	$(44, -60)$
C_4	$(42, -30)$	C_9	$(52, -60)$

3）参考程序

参考程序如表 2-15 所示。

表 2-15 圆弧轴加工程序（第一次装夹,加工左端）

FANUC 0i 数控系统数控加工程序	注释
O2001	程序名
N10 G99 G97； N20 T0101 S600 M03； N30 G00 X52 Z2；	设置初始化 设置刀具及主轴转速 快速到达循环起点
N40 G71 U1.5 R0.5； N50 G71 P60 Q130 U0.5 W0 F0.3；	调用毛坯外圆循环,设置加工参数
N60 G00 G42 X24； N70 G01 Z0 F0.2； N80 X28 Z−2；	轮廓精加工程序段

续表

FANUC 0i 数控系统数控加工程序	注释
N90 Z－30； N100 X42； N110 X44 Z－31； N120 Z－52； N130 X52；	轮廓精加工程序段
N140 G00 X100 Z100 M05；	刀具快速退至换刀点，主轴停
N150 M09；	关冷却液
N160 M00；	程序暂停
N170 T0202 G96 S200 M03；	调用精车刀，采用恒线速度切削
N180 G50 S2000；	限制主轴最高转速
N190 G00 G42 X46 Z－38；	刀具快速靠近零件，建立刀尖圆弧半径补偿
N200 G1 X44.5 F0.2；	到达圆弧车削起点
N210 G02 W－14 R9；	粗车 R9 mm 圆弧
N220 G00 X52；	X 向退刀
N230 Z2；	Z 向进刀
N235 X24；	
N240 G01 Z0 F100；	刀具到达倒角起点
N250 X28 Z－2；	倒角 C2
N260 Z－30；	精车 ϕ28 mm 外圆柱表面
N270 X42；	精车端面
N280 X44 Z－31；	倒角 C1
N290 Z－38；	精车 ϕ44 mm 外圆柱表面
N300 G02 W－14 R9；	精车 R9 mm 圆弧
N310 G01 W－10；	精车 ϕ28 mm 外圆柱表面
N320 X52；	X 向退刀
N330 G00 G40 X100 Z100；	快速退至换刀点
N340 M30；	程序结束

2. 编制右端轮廓加工程序

1）设置零件坐标系

掉头装夹，夹持 ϕ28$^{\ 0}_{-0.027}$ mm 外圆，粗、精车右端轮廓。零件坐标系原点设在零件端面轴线上，如图 2-65 所示。

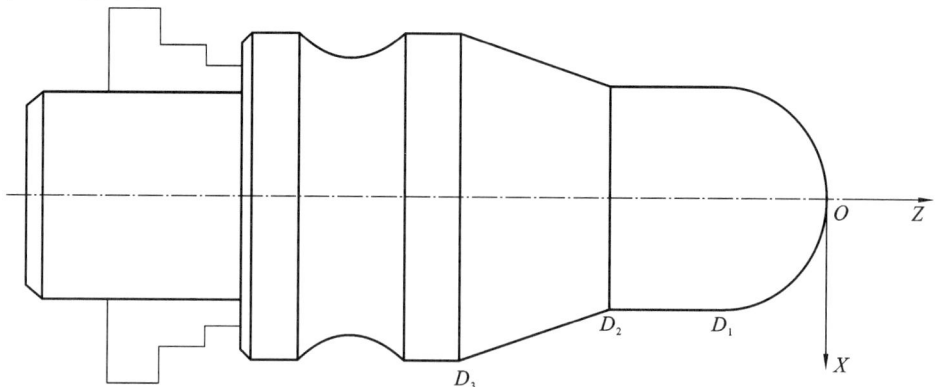

图 2-65 加工右端轮廓时零件坐标系及基点

2）基点坐标

右端基点的坐标值如表 2-16 所示。

表 2-16 右端基点的坐标值

基点	坐标值(X,Z)	基点	坐标值(X,Z)
O	$(0,0)$	D_2	$(30,-30)$
D_1	$(30,-15)$	D_3	$(44,-50)$

3）参考程序

参考程序如表 2-17 所示。

表 2-17 圆弧轴加工程序（第二次装夹，加工右端）

FANUC 0i 数控系统数控加工程序	注释
O2002	程序名
N10 G97 G99;	设置初始化
N20 T0101 S600 M03;	设置刀具及主轴转速
N30 G00 X52 Z2 M08;	快速到达循环起点,开冷却液
N40 G71 U1.5 R1;	调用毛坯外圆粗车循环,设置加工参数
N50 G71 P60 Q110 U0.5 W0 F0.3;	
N60 G00 G42 X0;	
N70 G01 Z0 F0.2;	
N80 G03 X30 Z-15 R15;	轮廓精加工程序段,建立刀尖圆弧半径补偿
N90 G01 Z-30;	
N100 X44 Z-50;	
N110 G40 X52;	退刀,取消刀尖圆弧半径补偿
N120 G00 X100 Z100 M05;	快速至换刀点,主轴停
N130 M09;	关冷却液
N140 M00;	程序暂停
N150 T0202 G96 S200 M03;	换精车刀,恒线速切削
N160 G50 S2000;	限制主轴最高转速
N170 G00 X52 Z2 M08;	快速靠近零件,开冷却液
N180 G70 P60 Q110;	采用 G70 进行精加工
N190 G00 X100 Z100;	快速退至换刀点
N200 M30;	主程序结束

2.3.3.3 仿真加工

仿真加工步骤如下。

（1）进入仿真系统。

（2）选择机床。

（3）启动系统。

（4）机床回参考点。

（5）毛坯的定义及装夹。

（6）刀具的选择及安装。

2-23 换刀及对刀

2-24 项目 2 左端加工

2-25 项目2
右端加工

（7）对刀。

刀尖圆弧对圆弧面和锥面的加工精度有影响,除了在程序中正确使用刀尖圆弧半径补偿指令 G41 和 G42 外,还需要在"工具补正"界面输入相应刀具的刀尖圆弧半径值和刀尖方位参数代号。根据项目2选用的刀具,粗车刀的刀尖圆弧半径是 0.4 mm,精车刀的刀尖圆弧半径是 0.2 mm,刀尖方位参数代号都是3,如图 2-66 所示。

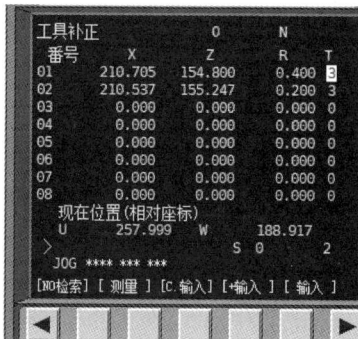

图 2-66 刀尖圆弧半径及刀尖方位参数

（8）程序录入。

（9）自动加工。

（10）零件测量。

◀ 2.4 项目3:螺纹轴类零件的编程与加工 ▶

【学习目标】

1. 会分析螺纹轴类零件的工艺,能正确选择设备、刀具、夹具与切削用量,能编制数控加工工艺卡

2. 掌握数控车削加工螺纹的工艺知识和 G32、G92、G76、G04 等编程指令

3. 熟练使用复合循环指令 G71、G70

4. 能正确运用数控加工仿真软件,校验编写的零件数控加工程序,并虚拟加工零件

2.4.1 项目导入

螺纹是轴套类零件上的常见结构,本项目以典型零件为载体,分析螺纹结构的数控加工工艺设计与程序编制,使学习者具备使用螺纹加工指令和编制零件的数控车削程序的能力。

螺纹轴如图 2-67 所示,已知毛坯规格为 $\phi45$ mm×120 mm 的棒料,材料为 45 钢,要求制订零件的加工工艺,编写零件的数控加工程序,并通过数控加工仿真软件加工调试、优化程序,若有条件,可以进行零件的实体加工和检验。

2.4.2 相关知识

数控系统提供的螺纹加工指令包括单一螺纹加工指令和螺纹固定循环加工指令。不同的数控系统,螺纹加工指令有差异,实际应用时按所使用的数控机床的要求编程。完成本项目需

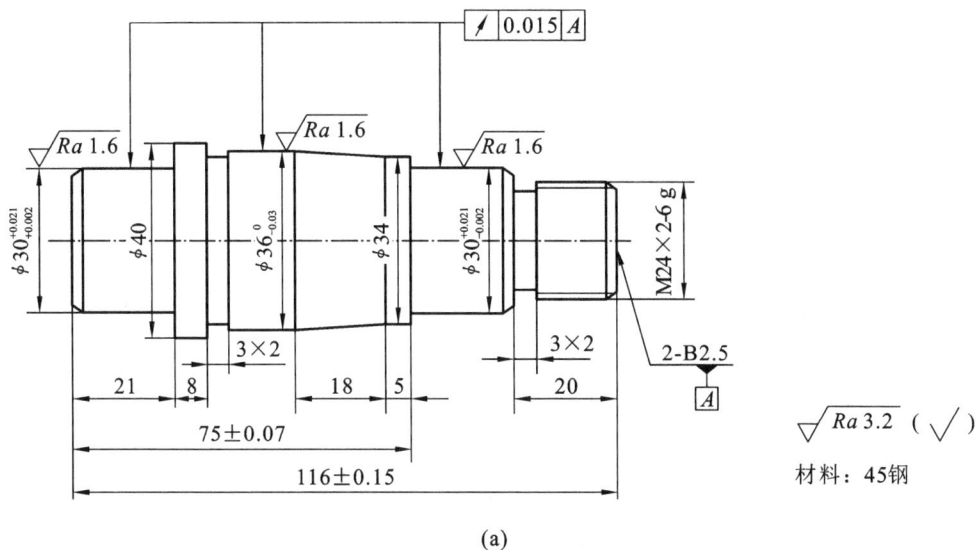

图 2-67　螺纹轴零件图

要学习 G32、G92、G76、G04 等指令。

2.4.2.1　数控车床加工螺纹的注意事项

1. 引入、引出距离

加工螺纹时,由于伺服系统本身具有滞后特性,刀具在发生位移的起始段和停止段,都将受到伺服驱动系统升降频率和数控装置插补运算速度的约束。由于若升降频率特性满足不了加工需要等原因,则可能因进给运动产生出的"超前"和"滞后"而导致部分螺纹的螺距不符合要求,因此应考虑刀具的引入长度 δ_1 和超越长度 δ_2,如图 2-68 所示。δ_1 和 δ_2 通常按经验值选取,一般取 $\delta_1 = 1.5P$,$\delta_2 = P$,P 为螺纹的螺距;或者 δ_1 在 2~5 mm 之间取值,δ_2 约取 δ_1 的二分之一;有退刀槽的螺纹,δ_2 取退刀槽宽度的一半。

2-26　螺纹加工注意事项

2. 主轴转速

切削螺纹时,一定要保证主轴转速不变,故不能用 G96 指令。主轴转速的计算参见式(2-2)。

3. 走刀次数及背吃刀量

螺纹加工中的走刀次数和背吃刀量会直接影响螺纹的加工质量,所以,每次的切入量及切削次数一定要计算好,以保证加工精度和避免崩刀。车削加工螺纹时的走刀次数和背吃刀量可参考表 2-18 确定,也可以依据个人经验选择,选择原则为:切入量逐次递减;导程越大,切削次数越多。

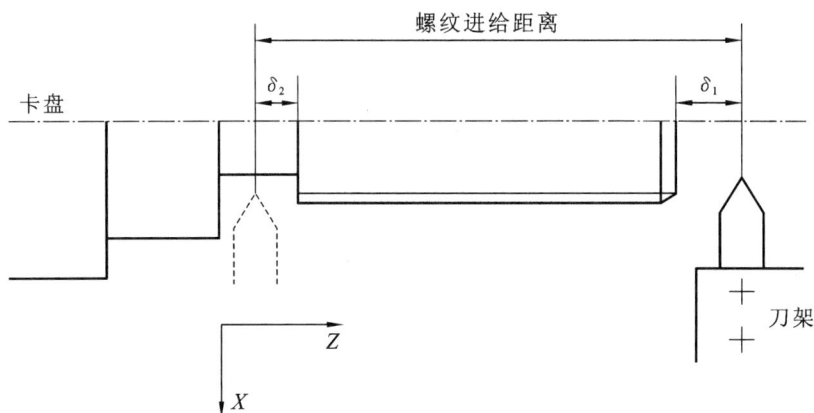

图 2-68　切螺纹时的引入、引出距离

表 2-18　常用螺纹切削的进给次数与背吃刀量

米制螺纹							
螺距/mm	1.0	1.5	2.0	2.5	3	3.5	4
牙深(半径量)/mm	0.649	0.974	1.299	1.624	1.949	2.273	2.598
切削次数及背吃刀量(直径值,mm)	1 次	0.7	0.8	0.9	1.0	1.2	1.5	1.5
	2 次	0.4	0.6	0.6	0.7	0.7	0.7	0.8
	3 次	0.2	0.4	0.6	0.6	0.6	0.6	0.6
	4 次		0.16	0.4	0.4	0.4	0.6	0.6
	5 次			0.1	0.4	0.4	0.4	0.4
	6 次				0.15	0.4	0.4	0.4
	7 次					0.2	0.2	0.4
	8 次						0.15	0.3
	9 次							0.2

英制螺纹							
牙/in	24	18	16	14	12	10	8
牙深(半径量)/mm	0.678	0.904	1.016	1.162	1.355	1.626	2.033
切削次数及背吃刀量(直径值,mm)	1 次	0.8	0.8	0.8	0.8	0.9	1.0	1.2
	2 次	0.4	0.6	0.6	0.6	0.6	0.7	0.7
	3 次	0.16	0.3	0.5	0.5	0.6	0.6	0.6
	4 次		0.11	0.14	0.3	0.4	0.4	0.5
	5 次				0.13	0.4	0.4	0.5
	6 次					0.21	0.16	0.4
	7 次							0.17

4. 尺寸计算

普通螺纹各基本尺寸计算如下。

1）外螺纹

车削塑性材质外螺纹时,螺纹大径尺寸因受车刀挤压而变大,所以车螺纹前,大径一般应车得比公称直径小些,以保证车好后的螺纹牙顶有 $0.125P$ 的宽度。外螺纹大径和螺纹牙深(直径值) a_p 可按下列近似公式计算:

$$外螺纹大径＝螺纹公称直径－(0.1～0.13)P$$
$$a_p \approx 1.3P$$

2）内螺纹

车削内螺纹时,内孔直径会缩小,所以车削内螺纹前的孔径要比内螺纹的小径略大些。内孔直径可按下列近似公式计算:

车削塑性金属材质内螺纹时,

$$D_孔 \approx D-P$$

车削脆性金属材质内螺纹时,

$$D_孔 \approx D-1.05P$$

2.4.2.2　单一螺纹切削指令 G32

G32 是单一螺纹切削指令,需要 4 个程序段才能完成一个螺纹切削循环。

编程格式:

G32 X(U)＿ Z(W)＿ F ＿;

其中:X(U)、Z(W)为螺纹加工终点坐标,F 为螺纹导程。

2-27　单一螺纹切削
指令 G32

G32 可以用于加工圆柱螺纹、圆锥螺纹和端面螺纹。G32 和 G01 的根本区别是:G32 能使刀具在直线移动的同时,与主轴旋转按一定的关系保持同步,即主轴转一转,刀具移动一个螺纹导程;而 G01 不能保证刀具和主轴旋转之间的同步关系。因此,用 G01 加工螺纹时,会产生螺距混乱的现象。

【例 2-6】 加工图 2-69 所示的圆柱螺纹,螺距为 2 mm,车削螺纹前的零件直径为 $\phi 48$ mm,分 5 次车削,背吃刀量分别为 0.9 mm、0.6 mm、0.6 mm、0.4 mm 和 0.1 mm,采用绝对坐标编程。其加工程序为:

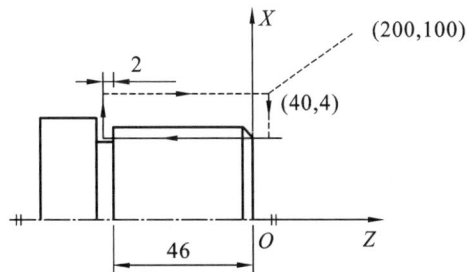

图 2-69　圆柱螺纹加工

```
O3007;
N005 T0303;
N010 G97 S600 M03;
N020 M08;
N030 G00 X40 Z4;
N040 X29.1;
```

```
N140 G32 Z－48 F2;
N150 G00 X40;
N160 Z4;
N170 X27.5;
N180 G32 Z－48 F2;
```

N050 G32 Z－48 F2；

N060 G00 X40；

N070 Z4；

N080 X28.5；

N090 G32 Z－48 F2；

N110 G00 X40；

N120 Z4；

N130 X27.9；

N190 G00 X40；

N100 Z4；

N200 X27.4；

N210 G32 Z－48 F2；

N220 G00 X40；

N230 Z4；

N240 G00 X100 Z100

N250 M30；

2.4.2.3 螺纹循环切削指令 G92

2-28 螺纹循环切削指令 G92

螺纹加工时一般需要进行多次切削,使用 G32 进行加工程序会很长,而走刀路线又基本相似,因此,我们引入了螺纹循环切削指令 G92。

G92 可以用于切削圆柱螺纹,也可以用于切削圆锥螺纹,能自动完成 X 轴方向进刀→Z 轴方向切削螺纹→X 轴方向退刀→Z 轴方向退至循环起点等矩形或梯形的循环路线,只用一个程序段就能完成一次螺纹切削循环,如图 2-70 所示。使用 G92 加工螺纹能缩短较大导程螺纹的加工程序。

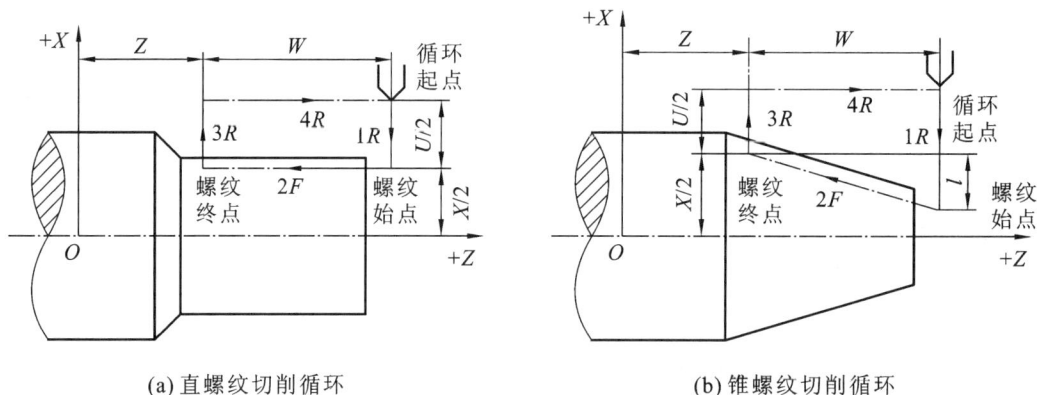

(a) 直螺纹切削循环   (b) 锥螺纹切削循环

图 2-70 G92 螺纹切削循环

编程格式：

切削直螺纹时,

G92 X(U)__ Z(W)__ F __；

切削锥螺纹时,

G92 X(U)__ Z(W)__ R __ F __；

其中：X(U)、Z(W) 为螺纹加工循环终点坐标；R 为锥螺纹的锥度,其值为锥螺纹加工起始端半径与终止端半径之差；F 是螺纹的导程。

G92 采用直进式进刀,两侧切削刃同时工作,切削力大,排屑困难,刀刃易磨损,从而影响螺纹中径精度,但所加工的螺纹牙型精度较高,因此常用于小螺距、高精度的螺纹加工。

【例 2-7】 用 G92 加工如图 2-71 所示的普通圆柱螺纹,螺纹小径为 27.4 mm,螺距为 2 mm。加工程序如下。

O3008

N010 T0303；

N020 G97 S600 M03；

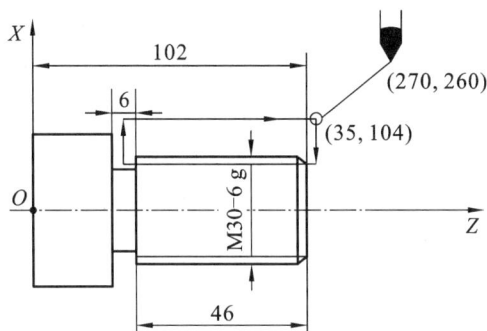

图 2-71 用 G92 加工圆柱螺纹

N030 M08；

N040 G00 X35 Z104；

N050 G92 X29.1 Z53 F2

N060 X28.5；

N070 X27.9；

N080 X27.5；

N090 X27.4；

N100 X27.4；

N110 G00 X270 Z260；

N120 M30；

2.4.2.4 螺纹复合循环切削指令 G76

当螺纹导程更大时,需要完成更多次的切削循环,采用 G32 与 G92 编程都显烦琐,而采用螺纹切削循环指令 G76,只用一条指令就可以进行多次切削,如图 2-72 所示。

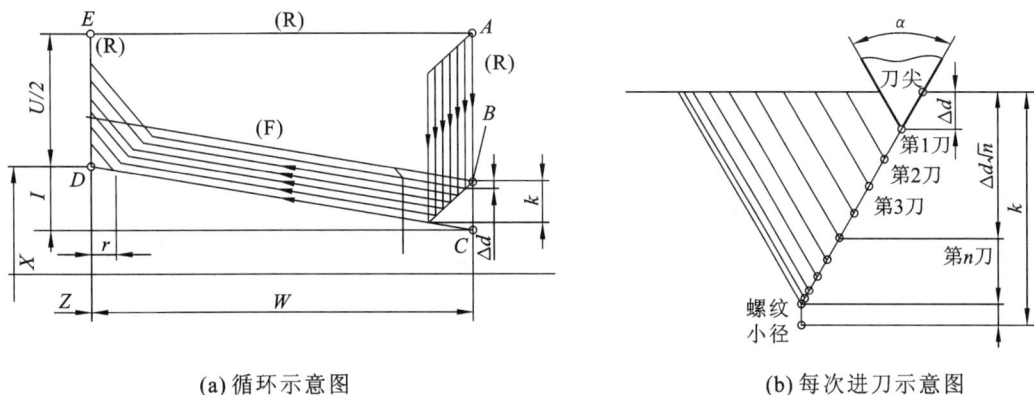

(a) 循环示意图　　　　　　　　　(b) 每次进刀示意图

图 2-72 螺纹车削复合循环指令 G76

编程格式:

G76　P(m)(r)(a) Q(Δd_{min}) R(d)；

G76　X(U)__ Z(W)__ R(i) P(k) Q(Δd) F(f)；

其中:m 为精加工重复次数(1~99);r 为螺纹斜向退尾量,由 00~99 区间内的两位数设定,分别表示(0.0~9.9)倍螺纹导程的斜向退刀量;a 为刀尖角

2-29 螺纹复合循环
切削指令 G76

度,可选择 80°、60°、55°、30°、29°、0°共六种,用两位数指定;Δd 为第一次的背吃刀量(半径值),单位为 μm,如图 2-72(b)所示,背吃刀量为递减式,第 n 次的背吃刀量为($\Delta d \sqrt{n} - \Delta d \sqrt{n-1}$),小于 Δd_{min} 时,背吃刀量为 Δd_{min};Δd_{min} 为最小背吃刀量(半径值),单位为 μm;d 为精车余量(半径值);i 为螺纹部分的半径差,如果 i＝0,则为圆柱螺纹切削;k 为螺纹牙高(X 轴方向半径值),对于外螺纹,牙高为 0.649 6P,P 为螺距),通常为正;单位为 μm;f 为螺纹导程;X(U)、Z(W)为螺纹终点的绝对值坐标(或相对循环起点 A 的增量坐标)。

G76 采用斜进式进刀,如图 2-72(b)所示。加工时只有一侧切削刃进行切削,单侧切削刃容易磨损,加工的螺纹面直线性较差,牙型精度不高。但加工时刀具的负载较小,排屑顺畅。G76 适用于大螺距、低精度螺纹的加工。如需加工高精度的大螺距螺纹,可先用 G76 进行螺纹粗加工,再用 G92 进行螺纹精加工。粗、精加工时,螺纹车刀的起刀点要相同,以防产生乱牙。

【例 2-8】 写出车削图 2-73 所示螺纹的 G76 程序段。取精加工次数为 1 次;斜向退刀量为 6 mm,即一个螺纹导程;刀尖为 60°;最小切深为 0.1 mm;精加工余量为 0.2 mm;螺纹半径差为 0 mm;螺纹高度按螺距计算为 3.897 mm;第一次切深为 1.8 mm;导程即螺距为 6 mm;螺纹小径为60.64 mm,D 点坐标(60.206,25)。程序段如下。

```
...
G97 S600 T0202;
G00 X80 Z145;
G76 P011060 Q100 R0.2;
G76 X60.206 Z25 R0 P3897 Q1800 F6;
...
```

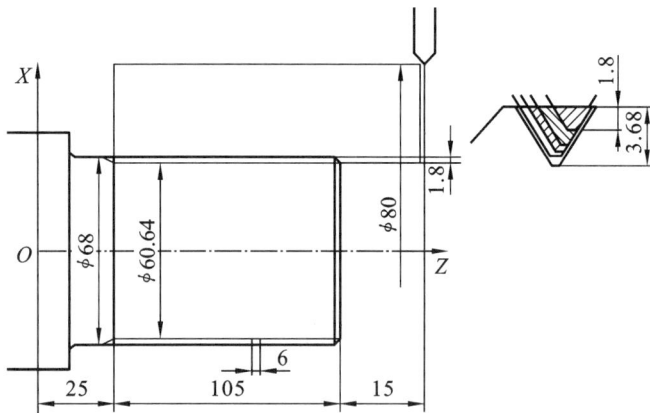

图 2-73　G76 的应用

2.4.2.5　进给暂停指令 G04

使刀具在指令规定的时间内停止进给的功能为暂停功能。暂停功能的作用为:①切槽或钻孔时将切屑及时切断并充分排出,以利于继续切削;②横向车槽加工至凹槽底部时,刀具进给暂停,使凹槽底部能切除未切齐的部分,保证凹槽底部平整。

编程格式:

G04 X(U)__;

2-30　进给暂停指令 G04

或

G04 P ＿＿；

其中：X、U 的单位为 s，P 的单位为 ms。

例如，要暂停 2.5 s，可以指定为"G04 X2.5；"或"G04 P2500；"。

注意：使用 P 时，不能有小数点；G04 是非模态指令，只在指定程序段中有效。

2.4.2.6　子程序

在编制加工程序时，有时会遇到一组程序段在一个程序中多次出现，或者在几个程序中都要使用它的情形。这个典型的加工程序可以做成固定程序，并单独加以命名，这就是子程序。使用子程序可以减少不必要的重复编程，从而达到简化编程的目的。

1. 子程序的构成

与主程序一样，子程序也由程序名、程序主体和程序结束符构成。其中，子程序的程序名和程序段的构成与主程序相同，M99 表示子程序结束，并返回到主程序。

2. 子程序的调用

子程序的调用格式为：

M98 P□□□　□□□□；

其中：□□□为子程序连续调用的次数，当该项被省略时，子程序仅被调用一次；□□□□为子程序的程序号。

不但主程序可以调用子程序，子程序也可以调用下一级子程序，子程序相当于一个固定循环。子程序调用下一级子程序，称为子程序的嵌套。子程序可以嵌套多少层，由具体的数控系统决定，在 FANUC $0i/18i$ 数控系统中，只能实现两层嵌套。

2-31　子程序及其应用

【例 2-9】　加工零件如图 2-74 所示，已知毛坯直径为 $\phi32$ mm，长度为 50 mm，一号刀为外圆车刀，二号刀为宽度为 2 mm 的切断刀。加工程序如下。

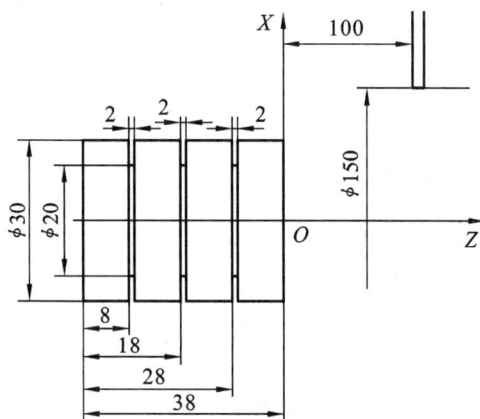

2-32　子程序仿真

图 2-74　子程序应用

主程序：

O3010

N010 T0101；

N020 G50 S2500；

N030 G96 S150 M03；

N040 M08；

N050 G00 X35 Z0；

N060 G98 G01 X0 F100；　　　　　　车右端面

N070 G00 Z2；

N080 X30；

N090 G01Z－40 F100；　　　　　　　车外圆

N100 G00 X150；

N110 Z100；

N112 T0202；

N112 G00 X32 Z0；

N120 M98 P0031008；　　　　　　　连续切三槽

N130 G00 W－10；

N140 G01 X0 F60；　　　　　　　　　切断

N150 G04 X2；　　　　　　　　　　　暂停2 s

N160 G00 X150 Z100；

N170 M30；

子程序：

O1008

N300 G00 W－10；

N310 G01 U－12 F60；

N320 G04 X2；

N330 G00 U12；

N340 M99；

【例2-10】　利用子程序编程加工图2-75所示零件中的M50×4/4四线螺纹（导程为4 mm，螺距为1 mm）。加工程序如下。

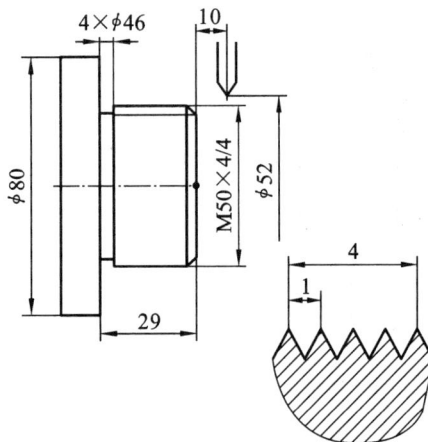

图2-75　用子程序加工多头螺纹

主程序：

O3011

N010 T0202；

N020 G97 S700 M03；

N030 M08；

N040 G00 X52 Z10；　　　　　　　　第一条螺纹的循环起点

N050 M98 P0007；　　　　　　　　　加工第一条螺纹

N060 G00 Z11；　　　　　　　　　　第二条螺纹的循环起点

N070 M98 P0007；　　　　　　　　　加工第二条螺纹

N080 G00 Z12；　　　　　　　　　　第三条螺纹的循环起点

N090 M98 P0007；　　　　　　　　　加工第三条螺纹

N100 G00 Z13；　　　　　　　　　　第四条螺纹的循环起点

N110 M98 P0007；　　　　　　　　　加工第四条螺纹

N120 G00 X150 Z150；

N130 M30；

子程序：

O0007

N020 G92 X49.3 Z−27 F4；

N030 X48.9；

N040 X48.7；

N050 X48.7；

N060 M99；

2.4.3 项目实施

2.4.3.1 加工工艺分析

1. 零件图样分析

2-33 项目 3 实施

图 2-67 所示的螺纹轴包括 2 个 $\phi 30^{+0.021}_{+0.002}$ mm、1 个 $\phi 36^{0}_{-0.03}$ mm、1 个 $\phi 34$ mm、1 个 $\phi 40$ mm 4 个圆柱面，1 个圆锥面，2 个 3×2 沟槽，1 个 M24×2-6g 普通三角螺纹。零件两端 $\phi 30^{+0.021}_{+0.002}$ mm 和中间 $\phi 36^{0}_{-0.03}$ mm 的外圆尺寸精度要求较高，表面粗糙度 $Ra \leqslant 1.6$ μm。同时，为保证螺纹轴的传动平稳性，圆跳动误差须控制在公差范围内。

2. 零件的装夹及加工路线确定

为了保证位置公差要求，螺纹轴加工需装夹两次，分别采用三爪卡盘和一顶一夹的定位安装方式。采用设计基准作为定位基准，符合基准重合原则。

1）第一道工序

加工左端外轮廓：

（1）用三爪卡盘夹持毛坯外圆，伸出约 40 mm，平端面，以端面中心为原点建立零件坐标系，钻中心孔；

（2）粗、精车 $\phi 30^{+0.021}_{+0.002}$ mm 外圆、$\phi 40$ mm 外圆。

2）第二道工序

加工右端外轮廓：

（1）零件掉头，用铜皮包 $\phi30^{+0.021}_{+0.002}$ mm 外圆，并用三爪卡盘夹持，零件伸出约 95 mm，找正 $\phi30^{+0.021}_{+0.002}$ mm 外圆并夹紧零件，以保证圆跳动的精度要求，同时，平端面取总长，以零件右端面中心作为零件坐标系原点，重新设置零件坐标系；

（2）打右端面中心孔；

（3）采用一夹一顶装夹，粗、精车右端外轮廓；

（4）切两槽至尺寸要求；

（5）车螺纹 M24×2 至尺寸要求。

3. 数控加工刀具卡

数控加工刀具卡如表 2-19 所示。

表 2-19　螺纹轴零件数控加工刀具卡

产品名称或代号		×××		零件名称	×××	零件图号	××
序号	刀具号	刀具规格名称	数量	加工表面	刀尖圆弧半径/mm	备注	
1	T0101	55°硬质合金偏刀	1	零件外轮廓粗车	0.4	20×20	
2	T0202	35°菱形偏刀	1	零件外轮廓精车	0.2	20×20	
3	T0303	切槽刀	1	切槽	0.2	20×20	
4	T0404	60°外螺纹车刀	1	切削螺纹	0.2	20×20	
5	T05	中心钻	1	钻中心孔			
编制		审核		批准		年　月　日	共　页　第　页

4. 数控加工工艺卡

数控加工工艺卡如表 2-20 所示。

表 2-20　螺纹轴零件数控加工工艺卡

单位名称	×××	产品名称或代号		零件名称		零件图号	
		×××		×××		××	
工序号	程序编号	夹具名称		使用设备		车间	
001	×××	三爪卡盘		CK6140		数控	
工步号	工步内容	刀具号	刀具规格/mm	主轴转速/（r/min）	进给量/（mm/r）	背吃刀量/mm	备注
用三爪卡盘夹持毛坯外圆,平端面,钻中心孔,粗、精车零件左端轮廓							
1	平端面	T0101	20×20	800	0.2	1.5	手动
2	钻中心孔	T05		800	0.2		手动
3	粗车左外轮廓	T0101	20×20	800	0.3	2	自动
4	精车左外轮廓	T0202	20×20	1 200	0.2	0.25	自动

续表

工步号	工步内容	刀具号	刀具规格/ mm	主轴转速/ (r/min)	进给量/ (mm/r)	背吃刀量/ mm	备注
掉头装夹,夹住$\phi 30^{+0.021}_{+0.002}$ mm外圆,平端面,保持总长。钻中心孔,一夹一顶装夹,粗、精车右端轮廓,切槽,切削螺纹							
5	平端面	T0101	20×20	800	0.2		手动
6	钻中心孔	T05		800	0.2		手动
7	粗车右外轮廓	T0101	20×20	800	0.3	1.5	自动
8	精车右外轮廓	T0202	20×20	1 200	0.2	0.25	自动
9	切槽	T0303	20×20	500	0.1		自动
10	切削螺纹	T0404	20×20	500	2		自动
编制		审核		批准		年　月　日　共　页　第　页	

2.4.3.2　编制加工程序

1. 编制左端轮廓加工程序

参考程序如表 2-21 所示。

表 2-21　螺纹轴零件加工程序(第一次装夹,加工左端)

零件号	03	零件名称	螺纹轴	编程原点	安装后右端面中心
程序号	O3001	数控系统	FANUC 0*i*	编制	
程序内容			简要说明		

程序内容	简要说明
N005 G99 G97;	设置初始化
N010 T0101;	换 1 号刀,执行 1 号刀补
N030 M03 S800;	主轴正转,800 r/min
N040 G00 X48 Z2 M08;	快速定位到循环起点(48,2),开冷却液
N050 G71U1.5 R1;	用 G71 粗加工外轮廓
N060 G71 P70 Q120 U0.5 W0 F0.3;	
N070 G00 G42 X22;	精加工轮廓程序段 N070~N120
N080 G01X30 Z−2 F0.2;	
N090 Z−21;	
N100 X40;	
N110 W−10;	
N120 G40 X48;	
N130 G00 X150 Z150 M05;	返回换刀点,主轴停
N140 M09;	关冷却液
N150 M00;	程序暂停
N160 T0202 S1200 M03;	换 2 号刀,执行 2 号刀补,主轴转速 1 200 r/min,正转
N170 G00 X48 Z2 M08;	快速定位到循环起点,开冷却液
N180 G70 P70 Q120;	用 G70 精加工外轮廓
N190 G00 X150 Z150;	返回换刀点
N200 M30;	程序结束

2. 编制右端轮廓加工程序

参考程序如表 2-22 所示。

表 2-22　螺纹轴零件加工程序（第二次装夹，加工右端）

零件号	03	零件名称	螺纹轴	编程原点	安装后右端面中心
程序号	O3002	数控系统	FANUC 0i	编制	

程序内容	简要说明
N005 G99 G97；	设置初始化
N010 T0101；	换 1 号刀，执行 1 号刀补
N015 M03 S800；	主轴正转，转速 800 r/min
N020 G00 X48 Z2 M08；	快速定位到循环起点（X48，Z2），开冷却液
N025 G71 U1.5 R1；	用 G71 粗加工外轮廓
N030 G71 P35 Q85 U0.2 W0 F0.3；	
N035 G00 G42 X16；	精加工轮廓程序段 N070～N170
N040 G01 X23.8 Z−2 F0.2；	
N045 Z−20；	
N050 X26；	
N055 X30 W−2；	
N060 Z−41；	
N065 X34；	
N070 W−5；	
N075 X36 W−18；	
N080 Z−87；	
N085 G40 X48；	
N090 G00 X150 Z150 M05；	返回换刀点，主轴停
N095 M09；	关冷却液
N100 M00；	程序暂停
N105 T0202 S1200 M03；	换 2 号刀，执行 2 号刀补，主轴转速 1 200 r/min，正转
N110 G00 X48 Z2 M08；	快速定位到循环起点，开冷却液
N115 G70 P35 Q85；	用 G70 精加工外轮廓
N120 G00 X150 Z150 M05；	
N125 M09；	
N130 M00；	
N135 T0303 S500 M03；	换 3 号刀，执行 3 号刀补，主轴转速 500 r/min
N140 G00 X35 Z−20 M08；	定位到车槽起刀点
N145 G01 X20 F0.1；	车 3×2 槽
N150 G04 P2000；	进给暂停
N155 G00 X45；	
N160 Z−87；	
N165 G01 X32 F0.1；	车 3×2 槽
N170 G04 P2000；	进给暂停
N175 G01 X45；	

续表

程序内容	简要说明
N180 G00 X150 Z150 M05；	返回换刀点，主轴停
N185 M09；	关冷却液
N190 M00；	程序暂停
N195 T0404 S800 M03；	换 4 号刀，执行 4 号刀补，主轴转速 800 r/min，主轴正转
N200 X30 Z5 M08；	定位到循环起点，开冷却液
N205 G92 X23 Z－18.5 F2；	用 G92 循环加工螺纹
N210 X22.3；	
N215 X21.8；	
N220 X21.5；	
N225 X21.4；	
N230 X21.4；	
N235 G00 X150 Z150；	返回到换刀点
N240 M30；	程序结束

2.4.3.3 仿真加工

仿真加工步骤如下。

（1）进入仿真系统。

（2）选择机床。

（3）启动系统。

（4）机床回参考点。

（5）毛坯的定义及装夹。

（6）刀具的选择及安装。

① 切槽刀的选择。按照所加工槽的宽度选择切槽刀。本项目选择方头切槽刀片，宽度 3 mm，刀尖圆弧半径 0.2 mm，外圆切槽柄，切槽深度为 8 mm。

② 螺纹刀的选择。本项目选择 60°螺纹刀，刀尖角度为 60°，刃长为 11 mm，外螺纹刀柄。

（7）对刀。

① 切槽刀对刀。切槽刀对刀时以左侧的刀尖为刀位点，对刀方法同精车刀对刀。

② 螺纹刀对刀。利用手轮调整螺纹刀的刀尖对齐零件的右端面，在"刀具补正"界面中键入"Z0"，单击"测量"设置 Z 轴的位置补偿，如图 2-76 所示。X 轴的位置补偿同精车刀对刀。

切槽刀的刀尖方位参数是 3，螺纹刀的刀尖方位参数是 8。由于两者的刀尖圆弧半径对所加工尺寸的精度不会产生影响，因此可以省略。

（8）程序录入。

（9）自动加工。

（10）零件测量。

2-34 切槽刀、螺纹刀对刀

2-35 项目 3 左端加工

2-36 项目 3 右端加工

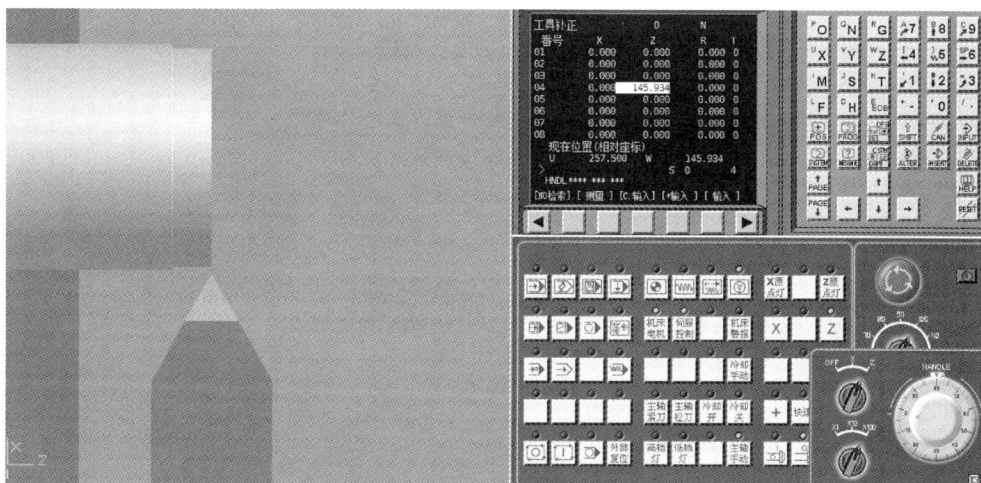

图 2-76　螺纹刀对刀

◀ **2.5　项目 4:盘套类零件的编程与加工** ▶

【学习目标】

1. 掌握盘套类零件的结构特点和加工工艺特点,正确编制盘类零件的加工工艺
2. 学习使用 G72、G73、G74、G75 等指令进行编程,掌握盘套类零件的手工编程方法
3. 能正确对内孔进行编程加工

2.5.1　项目导入

盘类零件如图 2-77 所示,毛坯为 $\phi 210$ mm$\times 60$ mm 空心棒料,材料为 45 钢,内孔直径为 $\phi 75$ mm。要求分析零件的加工工艺,编制数控加工程序,并实现零件的仿真加工。

2.5.2　相关知识

盘套类零件一般是指径向尺寸比轴向尺寸(即厚度)大,且最大内外圆直径与最小内外圆直径相差较大,以端面面积大为主要特征的零件。机器上各种齿轮、带轮、衬套、轴承套等都属于盘套类零件,因支承和配合的需要,盘套类零件一般有内孔。

盘套类零件在车削工艺上与轴类零件大体相似,只是盘套类零件需要加工的形状相对比较复杂。由于结构上的特点,有内孔是盘套类零件最主要的特征,因此,盘套类零件在车削工艺上的特点主要是孔加工。完成本项目需要学习 G72、G73、G74、G75 等指令,内孔加工仍使用 G71 和 G70 指令。

2.5.2.1　端面粗加工复合循环 G72

G72 用在零件径向尺寸较大的场合,功能与 G71 基本相同,不同之处是刀具路线按纵向循环,从外径方向往轴心方向切削端面,沿 Z 向分层切削,如图 2-78 所示。

2-37　端面粗加工复合循环指令 G72

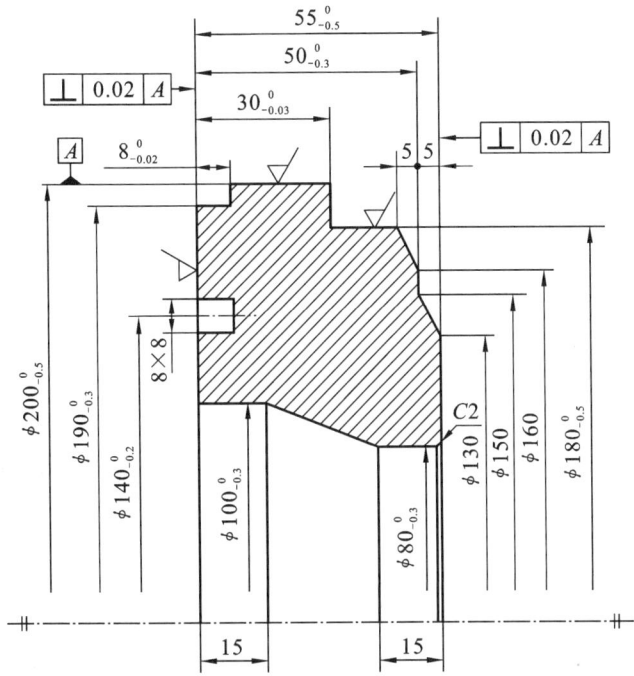

(a)

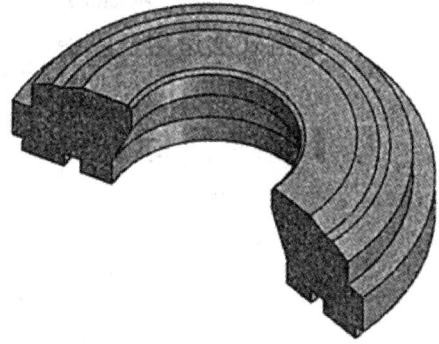

(b)

图 2-77　盘类零件

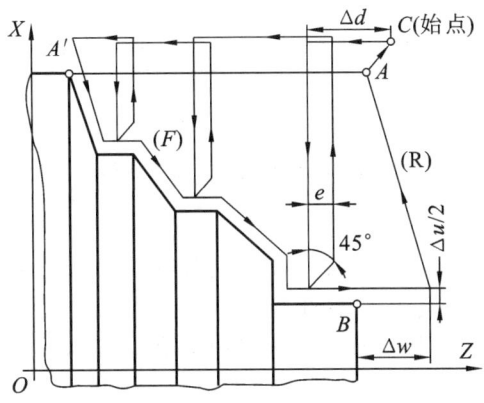

图 2-78　端面粗加工复合循环指令 G72

刀具在循环 A 点定位，先退至 C 点，然后沿 Z 轴方向移动一个背吃刀量（进刀），再沿 X 轴方向对毛坯进行切削。至 X 向终点后沿 45°方向退刀、沿 X 轴方向退刀，再沿 Z 轴方向移动下一个背吃刀量，重复进行端面粗车加工。至最后一次 Z 向移动量小于指令设定的背吃刀量时，刀具沿与精加工轮廓相似，但与精加工轮廓相距一个精加工余量的路线，由左向右进行加工，再回到 A 点。

编程格式：

G72 W(Δd)R(e)；

G72 P(ns) Q(nf) U(Δu)W(Δw)F(f)；

N(ns)；

…

N(nf)；

其中：Δd 为每一次循环轴向背吃刀量，没有正负号；e 为每次轴向切削退刀量，无正负号；其余参数的含义同 G71 指令。

使用时应注意以下事项。

(1) 使用 G72 加工的轮廓形状必须为单调递增或单调递减的形式。

(2) 顺序号"ns"程序段的运动轨迹必须垂直于 X 轴，且不能出现 X 轴的运动指令。

(3) 精加工余量的符号与刀具轨迹移动的方向有关。当 X 轴方向坐标值单调减小时，Δu 为正，反之 Δu 为负；当 Z 轴方向坐标值单调增加时，Δw 为正，反之 Δw 为负。

(4) 与精加工复合循环指令 G70 配合使用。

2.5.2.2　固定形状粗加工复合循环指令 G73

G73 指令与 G71，G72 指令功能相似，只是刀具路线无论是粗加工还是精加工，都是按零件精加工轮廓进行循环。使用该指令可有效地切削用粗加工、锻造或铸造等方法已初步加工成形的零件，有利于提高工效，走刀路线如图 2-79 所示。

2-38　固定形状粗加工
　　复合循环指令 G73

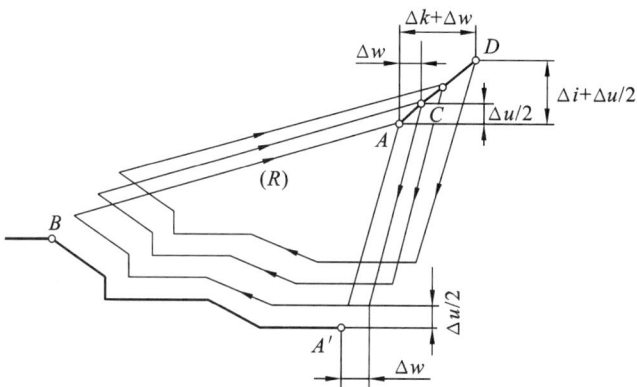

图 2-79　固定形状粗加工复合循环指令 G73

刀具在循环 A 点定位，先退至 D 点。D 点与 A 点的关系由 X 轴、Z 轴方向的总退刀量和两轴方向的精加工余量确定，DA 按照粗加工的次数分成相同的几部分，粗加工要去除材料的总量也分成相同的几部分。刀具由 D 点开始进刀，沿与精加工轮廓相似的路线去除最外一层材料，退刀至 DA 上的第二点。接下来继续进刀加工第二层、第三层……直至完成所有粗加工循环，刀具退回到 A 点。

编程格式：

G73 U(Δi)W(Δk)R(d)；
G73 P(ns)Q(nf)U(Δu)W(Δw)F(f)；
N(ns)；
...
N(nf)；

其中：Δi 为 X 轴方向的总退刀量,由 X 轴方向要去除的材料厚度决定;Δk 为 Z 轴方向的总退刀量,由 Z 轴方向要去除的材料厚度决定;d 为重复加工次数,由要去除的材料厚度和背吃刀量决定;其余参数的含义同 G71 指令。

使用 G73 加工后也使用 G70 完成精加工。

【例 2-11】 用 G73 和 G70 指令编制图 2-80 所示零件的粗、精加工程序。

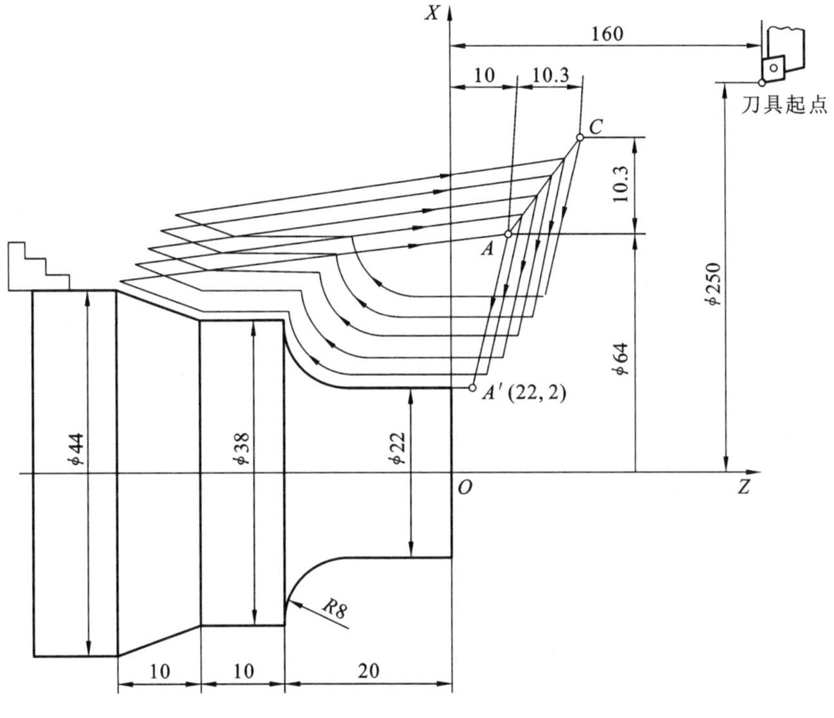

图 2-80 复合切削循环实例

O2004
N010 T0101；
N020 S600 M03；
N040 G00 X64 Z10 M08；
N050 G73 U10.5 W10.5 R5；
N060 G73 P070 Q120 U0.3 W0.1 F0.2；
N070 G00 G42 X22；
N080 G01 W−14 F0.1；
N090 G02 X38 W−8 R8；
N100 G01 W−10；
N110 X44 W−10；
N120 G00 G40 X64；
N130 G00 X250 Z160 M05 M09；

N140 M00；

N150 S1800 M03；

N160 G00 X64 Z10 M08；

N170 G70 P070 Q120；

N180 G00 X250 Z160；

N190 M30；

2.5.2.3 端面切槽/钻孔复合循环指令 G74

该功能适用于切削端面宽大的沟槽和钻孔,加工过程中刀具不断重复进刀与退刀的动作,以便顺利排出切屑。

编程格式：

G74 R ＿；

G74 X ＿ Z ＿ P ＿ Q ＿ F ＿；

其中：X、Z 为终点坐标；R 为每次循环进给后的退刀量；P 为 X 轴方向每次切削移动量,半径值,无正负号；Q 为 Z 轴方向每次切削深度,无正负号；F 为刀具切削进给速度。

G74 的走刀路线为：每切一个深度 Q,即退一个 R；再切削时,从退刀位置开始,进给 Q；一直循环切削至终点后退回起点。第一位置切削至深度尺寸后,退回至循环起始位置,沿 X 轴方向移动 P,再继续进行 Z 轴方向深度切削。

注意：程序段中 P、Q 后的值单位为 μm,不能写为小数；钻孔时,P 项不需要写。

【例 2-12】 加工图 2-81 所示的端面沟槽,切槽刀宽度为 8 mm,加工程序为：

O2005

N010 T0303；

N020 G96 S100 M03；

N030 G50 S2000；

N040 G00 X94 Z5 M08；

N050 G74 R1；

N060 G74 X30 Z－25 P7000 Q3000 F0.05；

N070 G00 X200 Z100；

N080 M30；

2-39 端面切槽/钻孔
复合循环指令 G74

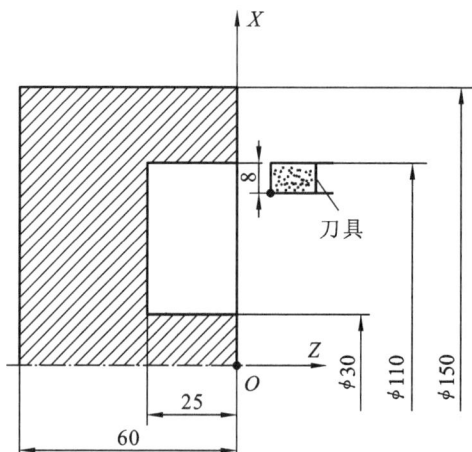

图 2-81 用 G74 加工端面沟槽

2.5.2.4 外径切槽复合循环指令 G75

该功能适用于外圆切槽加工,动作过程与 G74 类似,只是移动方向与 G74 相比旋转了 90°。

编程格式:

G75 R __ ;

G75 X __ Z __ P __ Q __ F __ ;

2-40 外径切槽复合循环指令 G75

其中:X、Z 为终点坐标;R 为每次循环进给后的退刀量;P 为 X 轴方向每次切削深度,半径值,无正负号;Q 为 Z 轴方向每次切削移动量,无正负号;F 为刀具切削进给速度。

G75 的走刀路线为:每切一个深度 P,即退一个 R;再切削时,从退刀位置开始,进给一个深度 P。第一位置切削至直径尺寸后,刀具退到该位置循环起点,在 Z 轴方向移动一个 Q。

2-41 G75 仿真加工

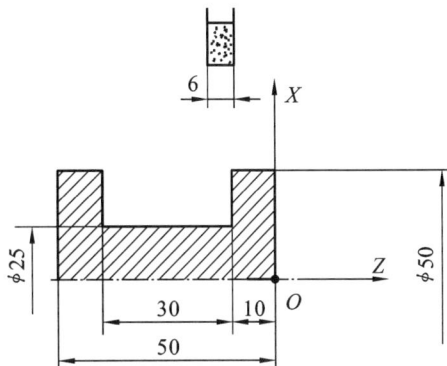

【例 2-13】 图 2-82 是用 G75 加工端面沟槽的示例,切槽刀宽度为 6 mm,加工程序为:

O2006

N010 T0202;

N020 G96 S100 M03;

N030 G50 S1500;

N040 G00 X55 Z−16 M08;

N050 G75 R1;

N060 G75 X25 Z−40 P3000 Q5000 F0.05;

N070 G00 X200 Z100;

N080 M30;

图 2-82 用 G75 实现外径切槽

2.5.3 项目实施

2.5.3.1 加工工艺分析

1. 零件图样分析

图 2-77 所示零件的总体尺寸公差及表面粗糙度要求较高,还有两个端面相对于 $\phi 200_{-0.5}^{0}$ 轴线的垂直度几何公差要求。

2-42 项目 4 实施

零件外圆尺寸公差要求都为负公差,因此可直接按标注直径编程加工;零件内圆尺寸公差要求也为负公差,若按标注直径编程加工,应注意根据机床实际情况,修调内孔车刀的刀具补偿值(将 X 值适当调小),防止因将内圆直径加工得过大而导致报废,或者用另一种方法编程,即用内圆直径中值尺寸编程。

2. 零件的装夹及加工路线确定

经分析毛坯和零件轮廓可知,零件需两次装夹掉头加工。为保证在进行数控加工时零件能可靠定位,先加工零件左端端面、端面沟槽、外圆及内圆各轮廓,再掉头夹持 $\phi 200_{-0.5}^{0}$ mm 外圆加工零件右端端面、外圆及内圆倒角各轮廓。

零件右端轮廓的直径差相对于其轴向长度尺寸要大许多,因此可采用 G72 编程加工。

使用三爪卡盘装夹零件时,注意卡盘的夹紧压力要恰当,防止零件装夹变形,造成零件的形状误差增大。掉头装夹 $\phi 200_{-0.5}^{0}$ mm 外圆时需垫铜片。

1）工序一

（1）用三爪卡盘夹持毛坯外圆，伸出约 35 mm，平端面。

（2）粗、精车 $\phi190_{-0.3}^{0}$ mm、$\phi200_{-0.5}^{0}$ mm 外圆及左端面。

（3）粗、精车内孔。

（4）车端面沟槽。

2）工序二

（1）零件掉头，用铜皮包 $\phi200_{-0.5}^{0}$ mm 外圆，并用三爪卡盘夹持，零件伸出约 30 mm，找正 $\phi200_{-0.5}^{0}$ 外圆并夹紧零件，以保证跳动公差的精度要求。平端面取总长，以零件右端面中心作为零件坐标系原点，重新设置 Z 坐标。

（2）粗、精车右端外轮廓至尺寸要求。

（3）车内孔倒角。

3. 数控加工刀具卡

数控加工刀具卡如表 2-23 所示。

表 2-23　盘类零件数控加工刀具卡

产品名称或代号		×××		零件名称	×××	零件图号	××
序号	刀具号	刀具规格名称	数量	加工表面	刀尖圆弧半径/mm		备注
1	T0101	93°外圆车刀	1	粗、精车外轮廓	0.4		20×20
2	T0202	93°内孔车刀	1	粗、精车内孔	0.4		20×20
3	T0303	8 mm 端面切槽刀	1	切槽			20×20
4	T0404	95°外圆车刀	1	粗、精车外圆	0.4		20×20
编制		审核		批准		年　月　日 共　页 第　页	

4. 数控加工工艺卡

数控加工工艺卡如表 2-24 所示。

表 2-24　盘类零件数控加工工艺卡

单位名称	×××	产品名称或代号		零件名称	零件图号
		×××		×××	××
工序号	程序编号	夹具名称		使用设备	车间
001	×××	三爪卡盘		CK6136	数控
工步号	工步内容	刀具号	刀具规格/mm	主轴转速/(r/min)	进给量/(mm/r)	背吃刀量/mm	备注
用三爪卡盘夹持毛坯外圆，平端面，粗、精车零件左端轮廓，粗、精车内孔，车端面沟槽							
1	平端面	T0101	20×20	800	0.2	1.5	手动
2	粗、精车左端轮廓	T0101	20×20	800/1 000	0.2/0.1	1/0.25	自动
3	粗、精车内孔	T0202	20×20	600/800	0.2/0.1	1/0.25	自动
4	车端面沟槽	T0303	20×20	400	0.05	0.5	自动
调头装夹，夹持 $\phi200_{-0.5}^{0}$ mm 外圆，找正，平端面，保持总长。粗、精车右端轮廓，内孔倒角							

工步号	工步内容	刀具号	刀具规格/ mm	主轴转速/ (r/min)	进给量/ (mm/r)	背吃刀量/ mm	备注
5	平端面	T0101	20×20	800	0.2		手动
6	粗、精车右端轮廓	T0101	20×20	800/1 000	0.2/0.1	1/0.2	自动
7	车内孔倒角	T0202	20×20	1 500	0.1		自动
编制		审核		批准		年　月　日　共　页　第　页	

2.5.3.2 编制加工程序

1. 编制零件左端加工程序

参考程序如表 2-25 所示。

表 2-25　盘类零件加工程序(第一次装夹,加工左端)

零件号	04	零件名称	盘类零件	编程原点	安装后右端面中心
程序号	O4001	数控系统	FANUC 0i	编制	

程序内容	简要说明
G99 G97;	初始设置
T0101 S800 M03;	调用 1 号外圆车刀
G00 X212 Z2 M08;	
G71 U1 R1;	外圆粗车循环
G71 P10 Q20 U0.5 W0.2 F0.2;	
N10 G00 X190;	
G01 Z−8 F0.1;	
X200;	
Z−32;	
N20 X212;	
G00 X220 Z100 M05 M09;	
M00;	
T0101 S1000 M03;	
G00 X212 Z2 M08;	
G70 P10 Q20;	外圆精车循环
G00 X220 Z100 M05 M09;	
M00;	程序暂停
T0202 S600 M03;	调用 2 号内孔车刀,执行 2 号刀补,粗、精车零件内孔
G00 X78 Z2 M08;	
G71 U1 R1;	内孔粗车循环
G71 P30 Q40 U−0.5 W0.2 F0.2;	
N30 G00 G41 X100;	
G01 Z−15 F0.1;	
X80 Z−40;	
Z−57;	
N40 G40 X78;	
G00 X220 Z100 M05 M09;	
M00;	程序暂停
T0202 S800 M03;	

程序内容	简要说明
G00 X58 Z2 M08;	内孔精车循环
G70 P30 Q40;	
G00 X220 Z100 M05 M09;	
M00;	
T0303 S400 M03;	调用 3 号断面切槽刀;
G00 X136 Z5 M08;	切端面沟槽
G74 R1;	切削循环,每次退刀 1 mm
G74 Z−8 Q2 F0.05;	槽深 8 mm,每次切进 2 mm
G00 X220 Z150;	
M30;	程序结束

2. 编制零件右端加工程序

参考程序如表 2-26 所示。

表 2-26　盘类零件加工程序(第二次装夹,加工右端)

零件号	04	零件名称	盘	编程原点	安装后右端面中心
程序号	O4002	数控系统	FANUC 0i	编制	

程序内容	简要说明
G99 G97 G21;	初始设置
T0404 S800 M03;	调用 4 号横夹外圆车刀,执行 4 号刀补
G00 X212 Z2 M08;	
G72 W1 R1;	端面粗车循环
G72 P10 Q20 U0.5 W0.2 F0.2;	
N10 G00 G41 Z−25;	
G01 X180 F0.1;	
Z−10;	
X160 W5;	
X150;	
X130 Z0;	
N20 G40 Z2;	
G00 X220 Z150 M05 M09;	
T0404 S1000 M03;	
G00 X212 Z2 M08;	
G70 P10 Q20;	端面精车循环
G00 X220 Z150 M05 M09;	
M00;	程序暂停
T0202 S1500 M03;	调用 2 号车刀
G00 G41 X88 Z2 M08;	
G01 X76 Z−4 F0.1;	倒内孔角
G00 G40 Z2;	
G00 X220 Z150;	
M30;	程序结束

2.5.3.3　仿真加工

仿真加工步骤如下：

（1）进入仿真系统；

（2）选择机床；

（3）启动系统；

（4）机床回参考点；

（5）毛坯的定义及装夹；

（6）刀具的选择及安装；

（7）对刀；

（8）程序录入；

（9）自动加工；

（10）零件测量。

◀ 2.6　项目 5：轴套类零件的编程与加工 ▶

2.6.1　轴套类零件的编程与加工

2.6.1.1　项目导入

零件如图 2-83 所示,已知毛坯为规格为 $\phi50$ mm×80 mm 的棒料,材料为 45 钢,要求制订零件的加工工艺,编写零件的数控加工程序,并使用数控加工仿真软件调试、优化程序。

2-43　项目 5 实施

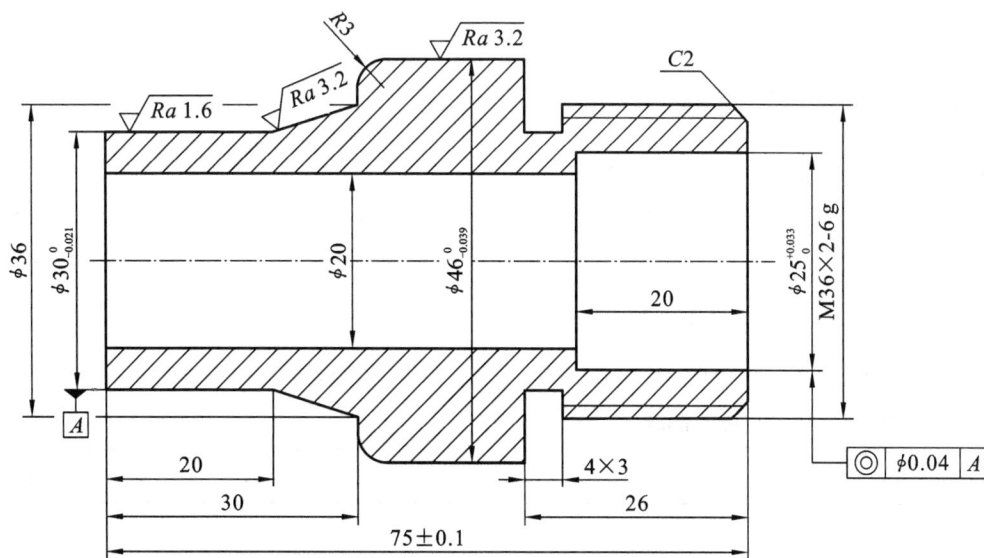

图 2-83　轴套类零件 I

2.6.1.2 项目实施

1. 加工工艺分析

1）零件图样分析

图 2-81 所示的零件由外圆柱面、圆锥面、圆弧面、沟槽、螺纹、内孔等构成，$\phi 30_{-0.021}^{0}$ mm、$\phi 46_{-0.039}^{0}$ mm 外圆柱面和 $\phi 25_{0}^{+0.033}$ mm 内孔精度要求较高。

2）零件的装夹及加工路线确定

经分析毛坯和零件轮廓可知，零件需两次装夹掉头加工。为保证右端内孔轴线与 $\phi 30_{-0.021}^{0}$ mm 外圆柱面轴线的同轴度，应先加工零件左端端面及外轮廓，再掉头夹持 $\phi 30_{-0.021}^{0}$ mm 外圆柱面，加工右端外轮廓，切槽，加工螺纹及内孔。

掉头装夹 $\phi 30_{-0.021}^{0}$ mm 外圆柱面时须垫铜片，并注意三爪卡盘的夹紧力要恰当，防止零件装夹变形或产生较大的加工误差。

（1）工序一。

用三爪卡盘夹持毛坯外圆，使用 $\phi 20$ mm 钻头手工钻通孔。平端面，粗、精车 $\phi 30_{-0.021}^{0}$ mm、$\phi 46_{-0.039}^{0}$ mm 外圆柱面及两外圆柱面之间的圆锥面、圆弧面。

（2）工序二。

零件掉头，用铜皮包 $\phi 30_{-0.021}^{0}$ mm 外圆，并用三爪卡盘夹持，找正 $\phi 30_{-0.021}^{0}$ mm 外圆并夹紧零件，以保证同轴度的精度要求。平端面取总长，以零件右端面中心作为零件坐标系原点，重新设置 Z 坐标。粗、精车右端外轮廓，切槽，车螺纹，镗内孔。

3）数控加工刀具卡

数控加工刀具卡如表 2-27 所示。

表 2-27 轴套类零件数控加工刀具卡

产品名称或代号		×××	零件名称		×××	零件图号	××
序号	刀具号	刀具规格名称	数量		加工表面	刀尖圆弧半径/mm	备注
1	T0101	93°外圆车刀	1		粗、精车外轮廓	0.4	20×20
2	T0202	4 mm 宽切槽刀	1		切退刀槽	0.4	20×20
3	T0303	60°螺纹车刀	1		切螺纹	0.2	20×20
4	T0404	内孔车刀	1		粗、精车内孔	0.4	20×20
5	T05	$\phi 20$ mm 钻头	1		钻通孔	0.4	
编制		审核		批准		年 月 日	共 页 第 页

4）数控加工工艺卡

数控加工工艺卡如表 2-28 所示。

表 2-28 轴套类零件数控加工工艺卡

单位名称	×××	产品名称或代号		零件名称		零件图号	
		×××		×××		××	
工序号	程序编号	夹具名称		使用设备		车间	
001	×××	自定心卡盘		CK6136		数控	
工步号	工步内容	刀具号	刀具规格/mm	主轴转速/(r/min)	进给量/(mm/r)	背吃刀量/mm	备注
用三爪卡盘夹持毛坯外圆,手动钻通孔,平端面,粗、精车零件左端轮廓							
1	钻通孔	T05	$\phi 20$	800	0.1	1.5	手动
2	平端面	T0101	20×20	800	0.2	1.5	手动
3	粗、精车左端轮廓	T0101	20×20	800/1 000	0.3/0.1	2/0.25	自动
掉头装夹,夹住 $\phi 30_{-0.021}^{0}$ mm 外圆,找正,平端面保持总长。粗、精车右端轮廓;切槽;车螺纹;镗内孔							
4	平端面	T0101	20×20	800	0.2	1.5	手动
5	粗车右端轮廓	T0101	20×20	800/1 000	0.3/0.1	2/0.25	自动
6	切槽	T0202	20×20	600	0.1		自动
7	车螺纹	T0303	20×20	500	2		自动
8	粗、精镗内孔	T0404	20×20	600/800	0.2/0.1	1	自动
编制		审核		批准		年 月 日 共 页 第 页	

2. 编制加工程序

（1）编制零件左端的加工程序。

参考程序如表 2-29 所示。

表 2-29 轴套类零件加工程序（第一次装夹,加工左端）

零件号	05	零件名称	轴套类零件	编程原点	安装后右端面中心
程序号	O5001	数控系统	FANUC 0i	编制	
程序内容			简要说明		
G99 G97;			初始设置		
T0101 S800 M03;			调用 1 号外圆车刀		
G00 X52 Z2 M08;					
G71 U2 R1;			外圆粗车循环		
G71 P10 Q20 U0.5 W0 F0.3;					
N10 G00 G42 X30;					
G01 Z−20 F0.1;					
X36 Z−30;					
X40;					
G03 X46 W−3 R3;					

程序内容	简要说明
G01 Z-52；	
N20 X52；	
G00 X100 Z100 M05 M09 G40；	
M00；	
T0101 S1000 M03；	
G00 X52 Z2 M08；	
G70 P10 Q20；	外圆精车循环
G00 X100 Z100；	
M30；	程序结束

（2）编制零件右端的加工程序。

参考程序如表 2-30 所示。

表 2-30　轴套类零件加工程序（第二次装夹，加工右端）

零件号	05	零件名称	轴套类零件	编程原点	安装后右端面中心
程序号	O5002	数控系统	FANUC 0i	编制	

程序内容	简要说明
G99 G97；	初始设置
T0101 S800 M03；	调用 1 号外圆车刀，执行 1 号刀补
G00 X52 Z2 M08；	
G71 U2 R1；	端面粗车循环
G71 P10 Q20 U0.5 W0 F0.3；	
N10 G00 G42 X31.8；	
G01 X35.8 Z-2 F0.2；	
Z-26；	
N20 X52；	
G00 X100 Z100 M05 M09 G40；	端面精车循环
M00；	
T0101 S1000 M03；	
G00 X52 Z2 M08；	
G70 P10 Q20；	
G00 X100 Z100 M05 M09；	
M00；	
T0202 S600 M03；	调用 2 号切槽刀
G00 X50 Z-26 M08；	
G01 X30 F0.1；	车螺纹退刀槽
G04 P2000；	进给暂停
G00 X100；	
Z100 M05 M09；	
M00；	

程序内容	简要说明
T0303 S500 M03； G00 X40 Z5 M08； G92 X35 Z－24 F2； X34.3； X33.8； X33.5； X33.4； X33.4； G00 X100 Z100 M05 M09； M00；	调用 3 号螺纹车刀 车削螺纹
T0404 S600 M03； G00 X20 Z2 M08； G71 U1 R1； G71 P30 Q40 U－0.3 W0 F0.2； N30 G00 G41 X25； G01 Z－20 F0.1； X20 N40 G40 X18； G70 P30 Q40； G00 X100 Z100； M30；	调用 4 号镗孔刀 粗车内孔 精车内孔 程序结束

3. 仿真加工

仿真加工步骤如下。

（1）进入仿真系统。

（2）选择机床。

（3）启动系统。

（4）机床回参考点。

（5）毛坯的定义及装夹。

选择 U 形毛坯，设置毛坯为规格为 φ50 mm×80 mm、包含 φ20 mm 通孔的棒料，如图 2-84(a)所示。单击"选项"键▦，零件显示方式选择"剖面（车床）""全剖"，如图 2-84(b)所示。

（6）刀具的选择及安装。

① 镗孔刀的选择。根据零件的形状确定镗孔刀的加工深度、最小直径和主偏角。选择刃长为 6 mm、刀尖圆弧半径为 0.2 mm 的标准 T 型 TCMT06T102 刀片，以及加工深度为 45 mm、最小加工直径为 15 mm、主偏角为 91°的内孔刀柄。

② 其他刀具的选择同项目 3。

（7）对刀。

① 镗孔刀的对刀。镗孔刀的对刀与精车刀的对刀类似，只是试切的位置是内孔，如图 2-85 所示。由于该零件镗孔余量不大，镗孔刀沿 X 轴方向移动时宜采用手轮操作。

2-44 项目 5 左端加工

2-45 项目 5 左端加工
（设置 R 和 T）

2-46 项目 5 右端加工

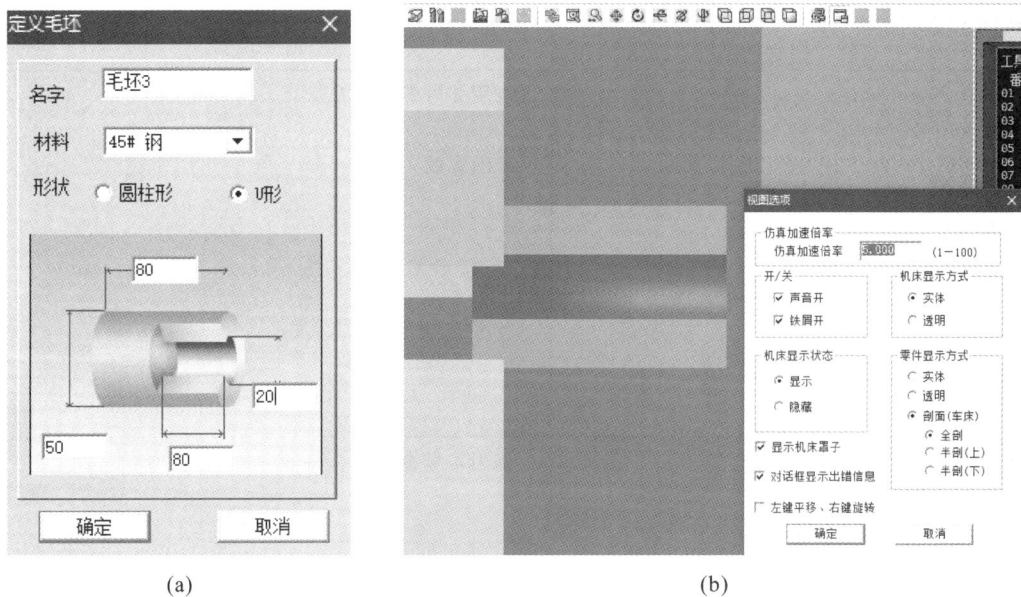

(a)

(b)

图 2-84 U 形毛坯的选择

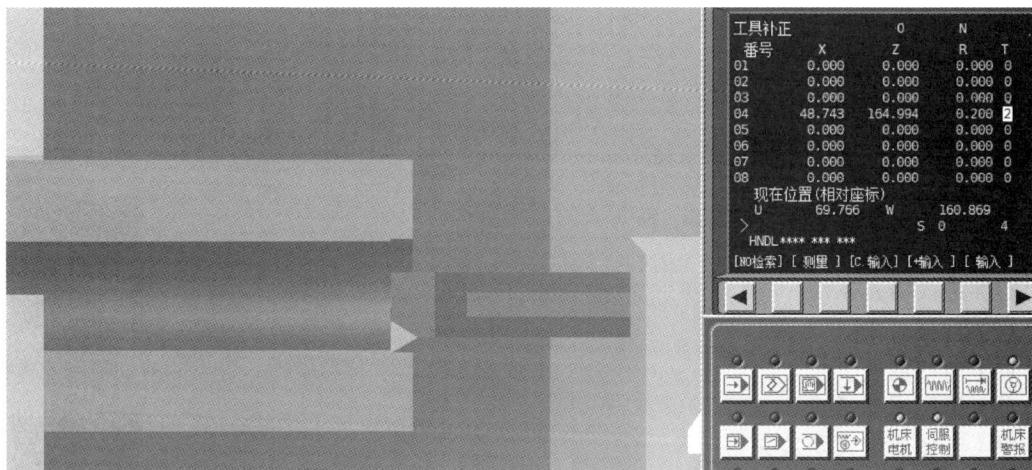

图 2-85 镗孔刀对刀

镗孔刀的刀尖方位参数是 2。

② 其他刀具的对刀同项目 3。

（8）程序录入。

（9）自动加工。

（10）零件测量。

2.6.2 传动轴零件的编程与加工

2.6.2.1 项目导入

传动轴零件如图 2-86 所示，已知毛坯为规格为 $\phi55$ mm×70 mm 的棒料，材料为 45 钢，要求制订零件的加工工艺,编写零件的数控加工程序,并通过数控仿真加工调试、优化程序。

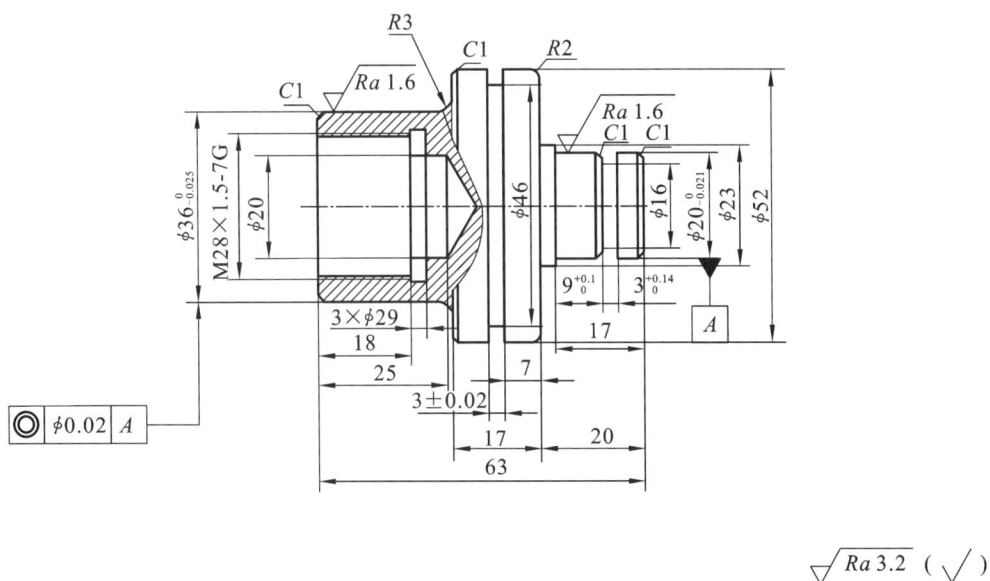

图 2-86　传动轴零件图

技术要求:(1)锐角倒钝 C1.5;(2)未注公差按±0.1 mm 加工;(3)不准使用镗刀、砂布修整零件表面。

2.6.2.2　项目实施

1. 加工工艺分析

1)零件图样分析

图 2-86 所示的传动轴零件由内外圆柱面、内外退刀槽、内螺纹、倒角、倒圆等构成,$\phi36_{-0.025}^{0}$ mm 和$\phi20_{-0.021}^{0}$ mm 外圆柱面精度要求较高,两者还有 $\phi0.02$ mm 的同轴度要求。

2)零件装夹及加工路线的确定

经分析毛坯和零件轮廓可知,零件需两次装夹掉头加工。先加工零件左端端面及外轮廓、镗孔、车内槽及内螺纹,再掉头夹持$\phi36_{-0.025}^{0}$ mm 外圆,加工右端外轮廓、两个 3 mm 宽槽。采用互为基准的原则,保证$\phi36_{-0.025}^{0}$ mm 外圆柱面和$\phi20_{-0.021}^{0}$ mm 外圆柱面的同轴度要求。

掉头装夹$\phi36_{-0.025}^{0}$ mm 外圆时需垫铜片,并注意三爪卡盘的夹紧力要恰当,防止零件装夹变形或产生较大的加工误差。

(1)工序一。

用三爪卡盘夹持毛坯外圆,使用 $\phi20$ mm 钻头手工钻 25 mm 深的孔。平端面,粗、精车$\phi36_{-0.025}^{0}$ mm 和$\phi20_{-0.021}^{0}$ mm 外圆柱面、R3 圆弧、两个 C1 倒角;粗、精镗内螺纹底孔、车退刀槽及 M28×1.5-7G 内螺纹。

(2)工序二。

零件掉头,用铜皮包$\phi36_{-0.025}^{0}$ mm 外圆,并用三爪卡盘夹持,找正$\phi36_{-0.025}^{0}$ mm 外圆并夹紧零件,以保证同轴度的精度要求。平端面取总长,以零件右端面中心作为零件坐标系原点,重新设置 Z 坐标。粗、精车右端外轮廓、切槽。

(3)数控加工刀具卡。

数控加工刀具卡见表 2-31。

表 2-31 传动轴零件数控加工刀具卡

产品名称或代号		×××		零件名称	×××	零件图号	××
序号	刀具号	刀具规格名称	数量	加工表面	刀尖半径/mm	备注	
1	T0101	93°外圆车刀	1	粗、精车外轮廓	0.4	20×20	
2	T0202	3 mm 宽内孔切槽刀	1	车内螺纹退刀槽		20×20	
	T0202	3 mm 宽外圆切槽刀	1	车外圆槽			
3	T0303	60°内螺纹车刀	1	车螺纹	20×20		
4	T0404	内孔车刀	1	粗、精镗内孔	0.0	20×20	
5	T05	ϕ20 mm 钻头	1	钻通孔			
编制		审核		批准		年 月 日	共 页 第 页

（4）数控加工工艺卡。

数控加工工艺卡见表 2-32 所示。

表 2-32 轴套类零件数控加工工艺卡

单位名称	×××	产品名称或代号		零件名称		零件图号	
		×××		×××		××	
工序号	程序编号	夹具名称		使用设备		车间	
001	×××	三爪卡盘		CK6136		数控	
工步号	工步内容	刀具号	刀具规格/mm	主轴转速/(r/min)	进给速度/(mm/r)	背吃刀量/mm	备注
用三爪卡盘夹持毛坯外圆,手动钻通孔,平端面,粗、精车零件左端外轮廓,粗、精镗螺纹底孔,车内螺纹退刀槽,车内螺纹							
1	钻通孔	T05	ϕ20	800	0.1	1.5	手动
2	平端面	T0101	20×20	800	0.2	1.5	手动
3	粗、精车左端外轮廓	T0101	20×20	800/1 200	0.3/0.1	2/0.25	自动
4	粗、精镗螺纹底孔	T0404	20×20	800/1 000	0.3/0.1	1/0.25	自动
5	车内螺纹退刀槽	T0202	20×20	600	0.05		自动
6	车内螺纹	T0303	20×20	500	1.5		自动
掉头装夹,夹住 $\phi36_{-0.025}^{0}$ mm 外圆,找正,平端面保持总长。粗、精车右端轮廓、切槽							
7	平端面	T0101	20×20	800	0.2	1.5	手动
8	粗、精车右端外轮廓	T0101	20×20	800/1 200	0.3/0.1	2/0.25	自动
9	切槽	T0202	20×20	600	0.05		自动
编制		审核		批准		年 月 日	共 页 第 页

2. 编制加工程序

（1）编制零件左端的加工程序。

参考程序见表 2-33 所示。

表 2-33　传动轴零件加工程序（第一次装夹，加工左端）

零件号	05	零件名称	轴套类零件	编程原点	安装后右端面中心
程序号	O5101～O5104	数控系统	FANUC 0*i*	编制	
程序内容			简要说明		
O5101 G99 G97 T0101 M03 S800 G0 X56 Z2 G71 U2 R1 G71 P10 Q20 U0.5 W0 F0.3 N10 G0 X30 Z2 G01 X36 Z−1 F0.1 Z−23 G02 X42 Z−26 R3 G01 X50 X52 Z−27 Z−35 N20 X56 N30 G0 G42 X56 Z2 M03 S1200 G70 P10 Q20 G0 G40 X150 Z150 M30			左端外轮廓加工 初始设置 调用 1 号外圆车刀 外圆粗车循环 外圆精车循环		
O5102 G99 G97 T0202 M03 S800 G0 X20 Z2 G71 U1 R1 G71 P10 Q20 U−0.5 W0 F0.25 N10 G0 X32.5 Z2 G01 X26.5 Z−1 F0.08 Z−21 X20 N20 X20 N30 G0 G41 X20 Z2 M03 S1000 G70 P10 Q20 G0 G40 X150 Z150 M30			左端螺纹底孔加工 镗孔粗车循环 镗孔精车循环		

续表

程序内容	简要说明
O5103 G99 G97 T0202 M03 S400 G0 X25 Z5 G01 Z－21 F0.3 G01 X29 F0.05 G4 P2000 G0 X25 Z150X150 M30	内螺纹退刀槽加工
O5104 G99 G97 T0303 M03 S500 G0 X24.5 Z5 G92 X26.5 Z－19.5 F1.5 X26.9 X27.3 X27.6 X27.8 X27.9 X28 X28 G0 X150 Z150 M30	内螺纹加工

（2）编制零件右端的加工程序。

参考程序见表 2-34。

表 2-34　轴套类零件加工程序（第二次装夹，加工右端）

零件号	05	零件名称	轴套类零件	编程原点	安装后右端面中心
程序号	O5201、O5202	数控系统	FANUC 0i	编制	

程序内容	简要说明
O5201 G99 G97 T0101 M03 S800 G0 X56 Z2 G71 U2 R1 G71 P10 Q20 U0.5 W0 F0.3 N10 G0 X14 Z2 G01 X20 Z－1 F0.1 Z－17 X23	右端外轮廓加工 端面精车循环

程序内容	简要说明
Z－20 X48 G03 X52 Z－22 R2 G01 Z－28 N20 X56 N30 G0 G42 X56 Z2 M03 S1200 G70 P10 Q20 G0 G40 X150 Z150 M30	
O5202 G99 G97 M03 S400 G0 X25 Z－9 G01 X20 F0.05 X18 Z－8 G01 X16 G4 P2000 G0 X54 Z－30 G01 X46 G4 P2 G0 X54 X150 Z150 M30	切槽

3. 仿真加工

仿真加工步骤如下。

(1) 进入仿真系统。

(2) 选择机床。

(3) 启动系统。

(4) 机床回参考点。

(5) 毛坯的定义及装夹。

(6) 刀具的选择及安装。传动轴零件加工需要 6 把刀具。钻头安装在尾座上，其余 5 把车刀不能同时安装在方刀架上。因此，零件左端加工完毕，需用外圆切槽刀替换内孔切槽刀安装在 2 号刀位上。

(7) 对刀。内孔切槽刀和内螺纹车刀的对刀参照内孔镗刀和外螺纹车刀的对刀。

(8) 程序录入。

(9) 自动加工。

(10) 零件测量。

2.7 项目6：华中"世纪星"系统加工轴套类零件

2.7.1 项目导入

如图 2-87 所示零件，已知毛坯规格为 $\phi50$ mm×80 mm 的棒料，材料为 45 钢，要求制订零件的加工工艺，编写零件的数控加工程序，并通过数控仿真加工调试、优化程序。

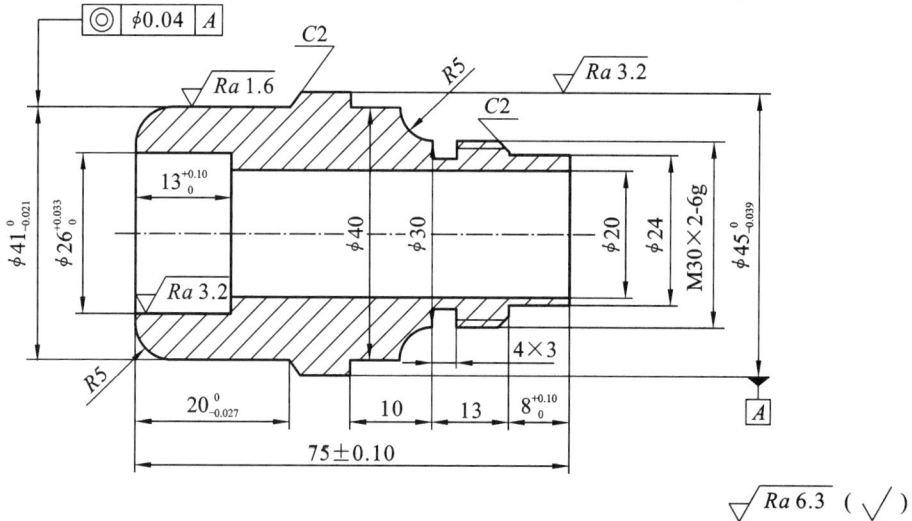

图 2-87 轴套类零件 Ⅱ

2.7.2 相关知识

华中"世纪星"（HNC-21/22T）数控车床编程系统的基本切削指令与前述 FANUC 0i 数控系统大同小异，只是有一些指令在使用过程中存在着差异。

2.7.2.1 基本编程指令的差异

1. 程序名的命名不同

华中"世纪星"数控系统规定，程序名格式为：O××××（O 地址后面跟 1～4 位数字或字母）。系统通过调用程序名来调用程序，进行加工或编辑。

一个零件程序必须包括起始符和结束符。

程序的起始符为%（或 O）符，在%（或 O）后跟程序号，如%1（或 O1）。

程序结束符为 M02 或 M30。

2. 刀具进给速度指令不同

G94 指定刀具的进给速度为每分钟进给速度，单位为 mm/min。

G95 指定刀具的进给速度为每转进给量，单位为 mm/r。

G94、G95 为模态指令，可相互注销，G94 为缺省功能指令。

3. 快速定位指令 G00 的运动轨迹不同

华中"世纪星"数控系统中，快速定位指令 G00 的运动轨迹与 G01 的运动轨迹相同，均为一条直线,指令刀具以不大于每一个轴的快速移动速度在最短的时间内定位。

4. 程序暂停指令 G04 的编程格式不同

在华中"世纪星"数控系统中,G04 的编程格式为:

G04 P ___;

其中:P 为暂停时间,单位为 s。

2.7.2.2 复合循环指令的差异

1. 外圆/内孔粗加工复合循环指令 G71

华中"世纪星"数控系统中的复合循环指令 G71 功能十分强大,既能用于外轮廓的加工,也能用于内孔的加工;既能加工尺寸单调变化的零件,也能加工带有凹槽的零件。

1) 无凹槽加工时

编程格式:

G00 X(α)Z(β);

G 71 U(Δd) R(r) P(ns) Q(nf) X(ΔX) Z(ΔZ) F(f);

指令中的各地址参数与 FANUC 0i 数控系统相仿,不再赘述。华中"世纪星"数控系统与 FANUC 0i 数控系统的不同之处在于:

(1) 华中"世纪星"数控系统 G71 指令为一段式;

(2) 华中"世纪星"数控系统 G71 指令中的 X 轴方向的精加工余量和 Z 轴方向的精加工余量分别用地址 X 和地址 Z 描述,当加工内回转表面时,X 轴方向上的精加工余量为负值;

(3) 华中"世纪星"数控系统无精加工复合循环指令 G70。

【例 2-14】 已知毛坯为 ϕ45 mm×100 mm 的棒料,加工成如图 2-88 所示的零件,材料为 45 钢。要求循环起点在(42,2)处,背吃刀量为 1.5 mm(半径值),退刀量为 1 mm,X 轴方向精加工余量为 0.4 mm,Z 轴方向精加工余量为 0.1 mm,外圆加工工序步骤如表 2-35 所示。

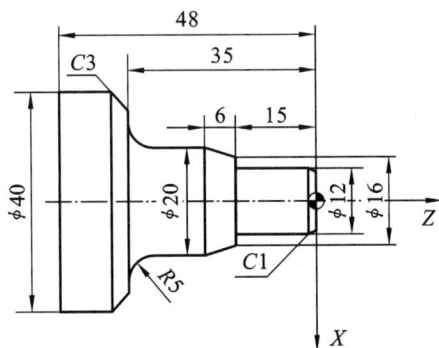

图 2-88 无凹槽复合循环编程实例

表 2-35 外圆加工工序步骤表

机床:数控车床			加工数据表			
工序	加工内容	刀具	刀具类型	主轴转速/(r/min)	进给量/(mm/min)	刀尖圆弧半径补偿
1	粗车外圆	T0101	80°外圆车刀	800	100	无
2	精车外圆			1 000	60	有 R0.8
3	切断	T0202	宽 4 mm 切断刀	500	20	无

程序如下：

O2014	程序名
％2014	程序开始
G94 G97;	设定主轴采用恒转速控制,进给速度单位为 mm/min
T0101 S800 M03;	换 01 号刀,建立零件坐标系,主轴以 800 r/min 正转
G00 X42 Z2 M08;	快进至循环起点,开冷却液
G71 U1.5 R1 P1 Q2 X0.4 Z0.1 F100;	外圆粗加工
T0101 S1000 M03;	主轴提速正转,准备精加工轮廓
N1 G00 G42 X6;	靠近零件端面,并建立刀尖圆弧半径补偿
G01 X12 Z−1 F60;	倒 C1 角
Z−15;	加工 φ12 圆柱面
X16;	加工 φ16 台阶面
X20 W−6;	加工圆锥面
W−9;	加工 φ20 圆柱面
G02 X30 Z−35 R5;	精加工 R5 圆角
G01 X34;	加工 φ34 台阶面
X40 W−3;	加工 C3 倒角
Z−52;	加工 φ40 圆柱面
N2 X42;	轮廓精加工结束
G00 G40 X100 Z100 M05;	退刀至换刀点,取消刀尖圆弧半径补偿,主轴停
M09;	关冷却液
M00;	程序暂停
T0202 S500 M03;	换 02 号刀,主轴以 500 r/min 正转
G00 Z−52 M08;	快速定位于切断处,开冷却液
X47;	快速靠近轮廓
G01 X−1 F20;	切断
G00 X100 Z100;	快速退刀至换刀点
M30;	程序结束

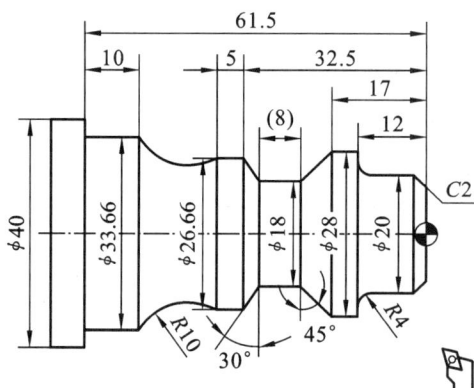

图 2-89　有凹槽复合循环编程实例

2）有凹槽加工时

编程格式：

G00 X(α) Z(β);

G 71 U (Δd) R(r) P(ns) Q(nf) E(e) F(f);

其中：e 为精加工余量,为 X 轴方向的等高距离,外径切削时为正,内径切削时为负;其余各项同前。

【例 2-15】　用有凹槽的外径粗加工复合循环指令编制图 2-89 所示零件的加工程序,毛坯为 φ40 mm × 100 mm 的棒料,加工步骤如表 2-36所示。

表 2-36　有凹槽零件加工工序步骤表

机床:数控车床			加工数据表			
工序	加工内容	刀具	刀具类型	主轴转速/(r/min)	进给量/(mm/min)	刀尖圆弧半径补偿
1	粗车外圆	T0101	80°外圆车刀	800	100	
2	精车外圆	T0202	35°外圆车刀	1 000	60	有 $R0.4$

程序如下:

O2015	
％ 2015	
G97 G94;	设定恒转速,进给速度单位为 mm/min
T0101 M03 S800;	换 01 号刀,建立零件坐标系,主轴以 800 r/min 正转
G00 X42 Z2;	快进至循环起点
G71 U1 R0.5 P1 Q2 E0.3 F100;	外圆粗加工
G00 X100 Z100 M05;	退刀至换刀点,主轴停
M00;	程序暂停
T0202 S1000 M03;	换 02 号刀,主轴正转
N1 G00 G42 X12;	快进至倒角延长线处,建立刀尖圆弧半径补偿
G01 X20 Z−2 F60;	加工 C2 倒角
Z−8;	加工 ϕ20 圆柱面
G02 X28 Z−12 R4;	加工 R4 圆弧
G01 Z−17;	加工 ϕ28 圆柱面
U−10 W−5;	加工下切锥
W−8;	加工 ϕ18 外圆槽
U8.66 W−2.5;	加工上切槽
Z−37.5;	加工 ϕ26.66 外圆
G02 X30.66 W−14 R10;	加工 R10 圆弧
G01 W−10;	加工 ϕ30.66 圆柱面
N2 X42;	加工轮廓结束
G00 G40 X100 Z100;	快速返回换刀点,并取消刀尖圆弧半径补偿
M30;	程序结束

2. 端面粗加工复合循环指令 G72

编程格式:

G00 X(α) Z(β);

G 72 W(Δd) R(r) P(ns) Q(nf) X(ΔX) Z(ΔZ) F(f);

G72 与 G71 的区别与 FANUC 0i 数控系统中的区别相同。

3. 固定形状粗加工复合循环指令 G73

编程格式:

G00 X(α) Z(β)；

G 73 U(Δi) W(Δk) R(r) P(ns) Q(nf) X(ΔX) Z(ΔZ) F(f)；

其中：Δi 为 X 轴方向总的粗加工余量，Δk 为 Z 轴方向总的粗加工余量，r 为粗切削次数，其余各项的含义同 G71 指令。

【例 2-16】 用 G73 编制图 2-90 所示零件的加工程序。设切削循环起点为(46,2)，X 轴、Z 轴方向粗加工余量分别为 3 mm、0.9 mm，粗加工次数为 3，X 轴、Z 轴方向精加工余量分别为 0.6 mm、0.3 mm，加工工序如表 2-37 所示。

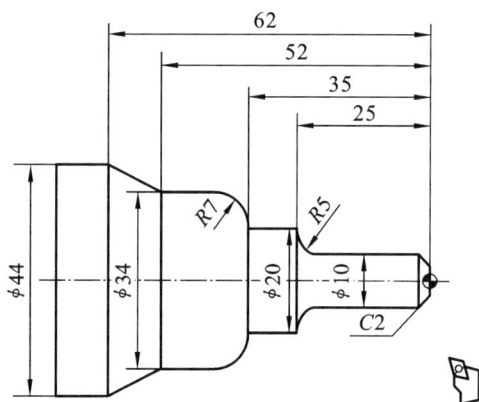

图 2-90　固定形状粗加工复合循环加工实例

表 2-37　用 G73 指令加工零件加工工序步骤表

机床：数控车床			加工数据表			
工序	加工内容	刀具	刀具类型	主轴转速/(r/min)	进给量/(mm/min)	刀尖圆弧半径补偿
1	粗车外圆	T0101	90°外圆车刀	800	120	无
2	精车外圆			1 000	80	有

程序如下：

O2016	
％2016	
G94 G97；	设定恒转速，进给速度单位为 mm/min
T0101 S800 M03；	换 01 号刀，建立零件坐标系，主轴以 800 r/min 正转
G00 X46 Z2；	快进至循环起点
G73 U3 W0.9 R3 P1 Q2 X0.6 Z0.3 F120；	粗加工
T0101 S1000 M03；	主轴提速正转，准备精加工
N1 G00 G42 X4	快速至倒角延长线处
G01 U10 Z−2 F80；	加工 C2 倒角
Z−20；	加工 ϕ10 外圆
G02 X20 W−5 R5；	加工 R5 圆弧
G01 Z−35；	加工 ϕ20 外圆
G03 X34 W−7 R7；	加工 R7 圆弧

G01 Z—52；　　　　　　　　加工 $\phi 34$ 外圆

X44 Z—62；　　　　　　　　加工圆锥面

N2 U10；　　　　　　　　　退刀,精加工轮廓结束

G00 G40 X100 Z100；　　　　返回换刀点

M30；　　　　　　　　　　　程序结束

2.7.2.3 螺纹加工指令的差异

1. 螺纹切削循环指令 G82

编程格式：

G82 X(U)＿ Z(W)＿ R ＿ E ＿ C ＿ P ＿F；

其中：X、Z 在采用绝对坐标编程时为螺纹终点 C 在零件坐标系下的坐标,在采用增量坐标编程时为螺纹终点 C 相对于循环起点 A 的有向距离,图形中用 U、W 表示,符号由轨迹和 Z 的方向确定；R、E 为螺纹切削的斜向退尾量,均为向量,R 为 Z 向斜向退尾量,E 为 X 向斜向退尾量,R、E 可以省略,表示不用斜向退刀；C 为螺纹头数,为 0 或 1 时表示切削单头螺纹,可省略；单头螺纹切削时 P 为主轴基准脉冲处距离切削起始点的主轴转角（缺省值为 0）,多头螺纹切削时 P 为相邻螺纹切削起始点之间对应的主轴转角；F 为螺纹导程。

G82 的循环路线如图 2-91 所示。

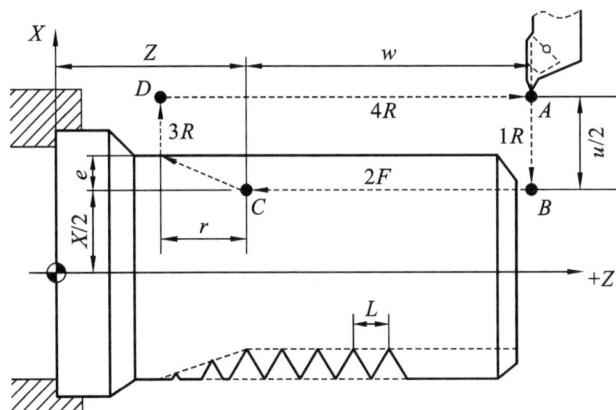

图 2-90　直螺纹切削循环

2. 螺纹切削复合循环指令 G76

编程格式：

G00 X(α) Z(β)；

G 76 C(c) R(r) E(e) A(a) X(X) Z(Z) I(i) K(k) U(d) V(Δd_{min}) Q(Δd) P(p) F(L)；

其中：c 为精车次数（01~99）,必须用两位数表示,为模态值；r 为螺纹 Z 向退尾长度（00~99）,为模态值；e 为螺纹 X 向退尾长度（00~99）,为模态值；a 为刀尖的角度（两位数字）,有 80°、60°、55°、30°、29°和 0°六种,为模态值；X、Z 为螺纹切削终点坐标（绝对坐标或相对坐标）；i 为锥螺纹锥度,即起点与终点的半径差,切削圆柱螺纹时为零或省略；k 为螺纹牙型的高度（用半径值指令 X 轴方向的距离）；Δd_{min} 为最小背吃刀量（半径值）,若自动计算而得的背吃刀量小于 Δd_{min},则背吃刀量设定为 Δd_{min}；d 为精加工余量（半径值）；Δd 为第一次背吃刀量（半径值,无符号）；p

为主轴基准脉冲处距离切削起始点的主轴转角；L 为螺纹的导程。

【例 2-17】 用螺纹切削复合循环指令 G76 编程加工螺纹 ZM60×2，零件尺寸如图 2-92 所示。括弧内尺寸根据标准得到。（tan1.79°＝0.031 25）

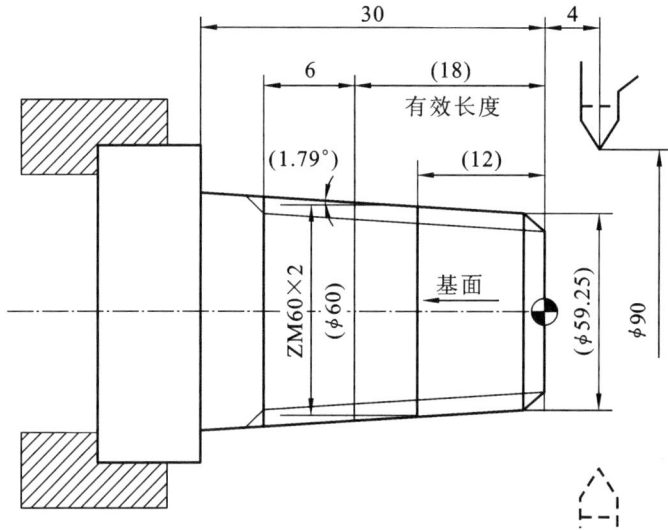

图 2-92 螺纹切削复合循环加工实例

程序如下：

O2017
％2017
G94 G97；
T0101 S500 M03；   换 01 号刀，建立零件坐标系，主轴以 500 r/min 正转
G00 X90 Z4；   快速定位到螺纹循环起点
G76 C2 R－3 E1.3 A60 X58.15 Z－ 用 G76 加工螺纹
24 I－0.085
K1.299 U0.1 V0.1 Q0.9 F2；
G00 X100 Z100；   返回换刀点
M30；   程序结束

2.7.3 项目实施

2.7.3.1 加工工艺分析

1. 零件图样分析

图 2-87 所示的零件由圆柱面、圆锥面、圆弧面、沟槽、螺纹等构成，$\phi41_{-0.021}^{0}$ mm 和 $\phi45_{-0.039}^{0}$ mm 外圆柱面、$\phi26_{0}^{+0.033}$ mm 内孔和 $20_{-0.027}^{0}$ mm 长度尺寸要求较高。

2. 零件装夹及加工路线的确定

经分析毛坯和零件轮廓可知，零件需两次装夹掉头加工。左端 $\phi41_{-0.021}^{0}$ mm 外圆柱面的轴线与 $\phi45_{-0.039}^{0}$ mm 外圆柱面轴线的同轴度要求通过一次装夹加工来保证。加工时应先加工零件左端端面、$\phi41_{-0.021}^{0}$ mm 外圆柱面、$\phi45_{-0.039}^{0}$ mm 外圆柱面、R5 圆弧面及 C2 倒角并镗 $\phi26_{0}^{+0.033}$ mm 内孔,再掉头夹持 $\phi 41_{-0.021}^{0}$ mm 外圆柱面,加工右端外轮廓、切槽及加工螺纹。

掉头装夹 $\phi 41_{-0.021}^{0}$ mm 外圆时须垫铜片,并注意三爪卡盘的夹紧力要恰当,防止零件装夹变形或产生较大的加工误差。

1)工序一

用三爪卡盘夹持毛坯外圆,使用 $\phi 20$ mm 钻头手工钻通孔。平端面,粗、精车 $\phi 41_{-0.021}^{0}$ mm、$\phi 45_{-0.039}^{0}$ mm 外圆柱面及 $R5$ 圆弧面和 $C2$ 倒角。

2)工序二

零件掉头,用铜皮包 $\phi 41_{-0.021}^{0}$ 外圆,并用三爪卡盘夹持,找正 $\phi 41_{-0.021}^{0}$ mm 外圆并夹紧零件。测量后在保证总长度尺寸的情况下平右端面,以零件右端面中心作为零件坐标系原点,重新设置 Z 坐标。粗、精车右端外轮廓,切槽,车螺纹。

3. 数控加工刀具卡

数控加工刀具卡如表 2-38 所示。

表 2-38 轴套类零件数控加工刀具卡

产品名称或代号		×××	零件名称	×××	零件图号	××
序号	刀具号	刀具规格名称	数量	加工表面	刀尖圆弧半径/mm	备注
1	T0101	93°外圆车刀	1	粗、精车外轮廓	0.4	20×20
2	T0202	4 mm 宽切槽刀	1	切退刀槽	0.4	20×20
3	T0303	60°螺纹车刀	1	切螺纹	0.2	20×20
4	T0404	内孔车刀	1	粗、精车内孔	0.4	20×20
5	T05	$\phi 20$ mm 钻头	1	钻通孔	0.4	
编制		审核		批准		年　月　日　共　页　第　页

4. 数控加工工艺卡

数控加工工艺卡如表 2-39 所示。

表 2-39 轴套类零件数控加工工艺卡

单位名称	×××	产品名称或代号		零件名称		零件图号	
		×××		×××		××	
工序号	程序编号	夹具名称		使用设备		车间	
001	×××	三爪卡盘		CK6136		数控	
工步号	工步内容	刀具号	刀具规格/mm	主轴转速/(r/min)	进给量/(mm/r)	背吃刀量/mm	备注
用三爪卡盘夹持毛坯外圆,手动钻通孔,平端面,粗、精车零件左端外轮廓,镗孔							
1	钻通孔	T05	$\phi 20$	800		2/0.25	手动
2	平端面	T0101	20×20	800	0.2	2/0.25	手动
3	粗/精车左端外轮廓	T0101	20×20	800/1 000	0.3/0.2	2/0.25	自动
4	粗/精镗内孔	T0404	20×20	600/800	0.2/0.15	1.5/0.15	自动

续表

工步号	工步内容	刀具号	刀具规格/mm	主轴转速/(r/min)	进给量/(mm/r)	背吃刀量/mm	备注
掉头装夹，夹住 $\phi41_{-0.021}^{0}$ mm 外圆，找正，平端面保持总长。粗、精车右端外轮廓，切槽，车螺纹							
5	平端面	T0101	20×20	800	0.2		手动
6	粗、精车右端外轮廓	T0101	20×20	800/1 000	0.3/0.2	2/0.25	自动
7	切槽	T0202	20×20	600	0.1	1	自动
8	车螺纹	T0303	20×20	500	2		自动
编制		审核		批准		年 月 日	共 页 第 页

2.7.3.2 编制加工程序

1. 编制零件左端的加工程序

参考程序如表 2-40 所示。

表 2-40 轴套类零件加工程序（第一次装夹，加工左端）

零件号	06	零件名称	轴套类零件	编程原点	安装后右端面中心
程序号	O6001	数控系统	华中"世纪星"系统	编制	
程序内容			简要说明		

程序内容	简要说明
G95 G97；	初始设置
T0101 S800 M03；	调用 1 号外圆车刀，粗加工主轴转速设定为 800 r/min
G00 X52 Z2 M08；	
G71 U2 R1 P10 Q20 X0.5 Z0 F0.3；	外圆粗车循环
S1000 M03；	精加工主轴转速设定为 1 000 r/min
N10 G00 G42 X31；	精加工程序段
G01 Z0 F0.2；	
G03 X41 W−5 R5；	
G01 Z−20；	
X45 W−2；	
Z−46；	
N20 X52；	
G00 G40 X100 Z100 M05；	
M09；	
M00；	
T0404 S600 M03；	换上镗孔刀，粗镗孔主轴转速设定为 600 r/min
G00 X20 Z2 M08；	
G71 U1.5 R1 P30 Q40 X−0.3 Z0 F0.2；	粗加工内孔
S800 M03；	精镗孔主轴转速设定为 800 r/min
N30 G00 X26；	
G01 Z−13 F0.15；	
N40 X19；	
G00 Z100；	
X100；	
M30；	程序结束

2. 编制零件右端的加工程序

参考程序如表 2-41 所示。

表 2-41　轴套类零件加工程序（第二次装夹，加工右端）

零件号	06	零件名称	轴套类零件	编程原点	安装后右端面中心
程序号	O6002	数控系统	华中"世纪星"系统	编制	
程序内容			简要说明		

程序内容	简要说明
G95 G97；	初始设置
T0101 S800 M03；	调用 1 号外圆车刀，执行 1 号刀补
G00 X52 Z2；	
G71 U2 R1 P10 Q20 X0.5 Z0 F0.3；	粗车循环
S1000 M03；	精加工转速
N10 G00 G42 X24；	精加工程序段
G01 Z−8 F0.2；	
X25.8；	
X29.8 W−2；	
Z−21；	
X30；	
G02 X40 W−5 R5；	
G01 Z−31；	
N20 X52；	
G00 G40 X100 Z100 M05；	
M09；	
M00；	
T0202 M03 S600；	
G00 X35 Z−21 M08；	
G01 X24 F0.1；	
G04 P2；	换切槽刀
G00 X100；	
Z100 M05；	车螺纹退刀槽
M09；	
M00；	
T0303 S500 M03；	调用 3 号螺纹车刀
G00 X35 Z−3 M08；	
G82 X29 Z−19 C1 P90 F2；	车削螺纹
X28.3；	
X27.8；	
X27.5；	
X27.4；	
X27.4；	
G00 X100 Z100；	
M30；	

2.7.3.3 仿真加工

仿真加工步骤如下：

(1) 进入仿真系统；

(2) 选择机床；

(3) 启动系统；

(4) 机床回参考点；

(5) 毛坯的定义及装夹；

(6) 刀具的选择及安装；

(7) 对刀；

(8) 程序录入；

(9) 自动加工；

(10) 零件测量。

练 习 题

一、选择题

1. 数控编程时应首先设定（　　　）。

A. 机床原点　　　　B. 固定参考点　　　　C. 机床坐标系　　　　D. 零件坐标系

2. 车削直径为 $\phi 45$ mm 的轴，主轴转速为 1 200 r/min，则切削速度为（　　　）。

A. 170 m/min　　　B. 170 m/s　　　　C. 85 m/min　　　　D. 170 r/min

3. 关于数控车床的编程特点，下列说法不正确的是（　　　）。

A. 在一个程序段中，可以采用绝对坐标编程、增量坐标编程，或混合坐标编程

B. 横向用绝对值编程时，X 用直径值表示

C. 用圆头车刀加工时，编制程序时需要对刀具进行刀尖圆弧半径补偿

D. X 轴脉冲当量是 Z 轴脉冲当量的两倍

4. 数控机床主轴以转速 800 r/min 正转时，指令应是（　　　）。

A. M03 S800　　　　B. M04 S800　　　　C. M05 S800　　　　D. M06 S800

5. 使用"G02　X20　Z20　R−10　F100;"加工的一般是（　　　）。

A. 整圆　　　　　　　　　　　　　B. 夹角＜180°的圆弧

C. 180°＜夹角＜360°的圆弧　　　　D. 不确定

6. 在数控车床上加工轴类零件时，应遵循（　　　）的原则。

A. 先精后粗　　　　B. 先平面后一般　　　C. 先粗后精　　　　D. 无所谓

7. 下列指令中，属于非模态指令的是（　　　）。

A. G01　　　　　　B. G03　　　　　　C. G04　　　　　　D. G54

8. 在使用 G00 指令时，应注意（　　　）。

A. 在程序中设置刀具移动速度　　　　B. 刀具的实际移动路线不一定是一条直线

C. 移动的速度应比较慢　　　　　　　D. 一定有两个坐标轴同时移动

9. 在数控车床上加工 M20×2 螺纹时，螺纹的小径为（　　　）。

A. 18 mm　　　　　B. 16 mm　　　　　C. 18.7 mm　　　　D. 17.4 mm

10. 需要多次自动循环的螺纹加工，应选择（　　　）指令。

A. G76　　　　　　B. G92　　　　　　C. G32　　　　　　D. G90

11. 下列( )不是螺纹加工指令。

A. G76　　　　　　 B. G92　　　　　　 C. G32　　　　　　 D. G90

12. 数控车床中的 G41/G42 是对( )进行补偿。

A. 刀具的几何长度　　　　　　　　　 B. 刀具的刀尖圆弧半径

C. 刀具的半径　　　　　　　　　　　 D. 刀具的角度

13. 编排数控机床加工工序时,为了提高加工精度,一般采用( )。

A. 流水线作业法　　　　　　　　　　 B. 一次装夹多工序集中

C. 工序分散加工法　　　　　　　　　 D. 没有特别的要求

14. 车床指令"G02 X36 Z10 I16 K−12;"中的 16 表示( )。

A. X 轴方向的坐标增量,半径值　　　 B. X 轴方向的坐标增量,直径值

C. Z 轴方向的坐标增量,半径值　　　 D. Z 轴方向的坐标增量,直径值

15. 在 FANUC 0i 数控系统中,G73 指令用于( )。

A. 外径粗加工固定循环　　　　　　　 B. 端面粗加工固定循环

C. 封闭切削固定循环　　　　　　　　 D. 精车固定循环

16. ( )不属于编程时使用刀具补偿所具有的优点。

A. 计算方便　　　 B. 编制程序简单　　　 C. 便于修正尺寸　　　 D. 便于测量

17. 用 G71 指令加工内孔时,X 轴方向精加工余量为( )。

A. 正值　　　　　　 B. 负值　　　　　　 C. 正负都可以　　　　　　 D. 零

18. 选择 ZX 平面的指令是( )。

A. G17　　　　　　 B. G18　　　　　　 C. G19　　　　　　 D. G20

19. 在 FANUC 0i 数控系统中,"M98 P0100200;"是调用( )程序。

A. 0100　　　　　　 B. 0200　　　　　　 C. 0100200　　　　　　 D. P0100

20. 编制整圆加工程序时,( )

A. 可以用绝对坐标 I 或 K 指定圆心　　 B. 可以用半径 R 编程

C. 必须用相对坐标 I 或 K 编程　　　　 D. A 和 B 皆对

21. 车床数控系统中,用指令( )进行恒线速控制。

A. G00 S __ ;　　　 B. G96 S __ ;　　　 C. G01 F __ ;　　　 D. G98 S __ ;

22. 在 FANUC 0i 数控系统中,设定零件坐标系的指令为( )。

A. G92　　　　　　 B. G97　　　　　　 C. G96　　　　　　 D. G50

二、判断题

1. 在数控加工中,为提高生产效率,应尽量遵循工序集中原则,即在一次装夹中切削尽可能多的表面。　　　　　　　　　　　　　　　　　　　　　　　　　　　　　　( )

2. 采用 FANUC 0i 数控系统的数控车床的进给方式分每分钟进给量和每转进给量两种,一般可用 G98 和 G99 来区分。　　　　　　　　　　　　　　　　　　　　　　( )

3. 快速定位指令 G00 用于控制刀具沿直线快速移动到目标位置。　　　　　　( )

4. FANUC 0i 数控系统中,在一个程序段中同时指令了两个 M 功能,则两个 M 代码均有效。　　　　　　　　　　　　　　　　　　　　　　　　　　　　　　　　　　　( )

5. 数控车床编程中,在一个程序段中可以采用绝对坐标编程、增量坐标编程或混合坐标编程。

（　　 ）

6. G01 是指令刀具以点定位控制方式，从刀具所在点快速运动到下一个目标点位置。（　　）

7. 螺纹指令"G32 X41.0 W−43.0 F1.5;"是以 1.5 mm/min 的进给速度加工螺纹。（　　）

8. 数控车床可以车削直线、斜线、圆弧、公制和英制螺纹、圆柱管螺纹、圆锥螺纹，但不能车削多头螺纹。（　　）

9. G32 的功能为切削加工螺纹，只能加工直螺纹。（　　）

10. FANUC 0i 数控系统中，加工整圆时可以采用圆弧半径 R 编程。（　　）

11. 在数控车床上加工螺纹时，进给速度可以调节。（　　）

12. G96 的功能为主轴恒线速度控制，G97 的功能为主轴恒转速控制。（　　）

13. 顺时针圆弧插补和逆时针圆弧插补的判别方向是：沿着不在圆弧平面内的坐标轴正方向向负方向看去，顺时针方向为 G02，逆时针方向为 G03。（　　）

14. 数控车床的刀具功能字 T 既指定了刀具号，又指定了刀具补偿号。（　　）

15. 数控车床的刀具补偿功能有刀尖圆弧半径补偿与刀具位置补偿。（　　）

16. G71 指令适用于圆柱棒料粗车阶梯轴的外圆或内孔需切除较多余量时的情况。（　　）

17. 数控车床上的螺纹加工为成形车削，其切削量较大，一般要求分数次进给，进给深度由小到大逐渐变化。（　　）

18. FANUC 0i 数控系统中暂停 2 s 的程序为"G04 P2000;"，也可以写为"G04 X2.0;"。（　　）

19. 尖形车刀的刀位点为假想刀尖点，切槽刀的刀位点为右边的刀尖。（　　）

20. 数控车床适用于加工轮廓形状特别复杂或难以控制尺寸的回转体零件、箱体类零件、精度要求高的回转体零件、特殊的螺旋类零件。（　　）

三、项目训练

1. 阶梯轴类零件如图 2-93 所示，零件材料为 45 钢，毛坯规格为 φ40 mm×100 mm，要求：分析零件加工工艺，编制加工程序，并完成该零件的仿真加工。

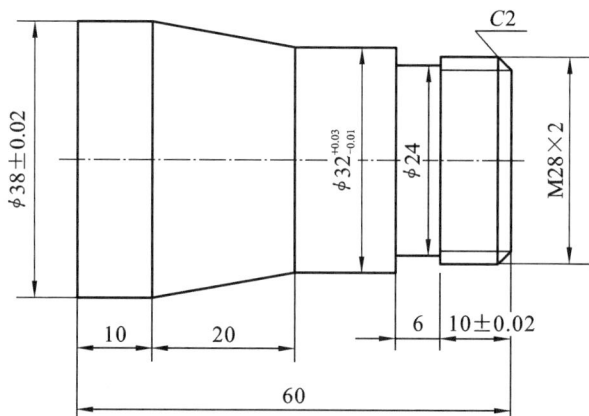

图 2-93　阶梯轴 I

2. 阶梯轴类零件如图 2-94 所示，毛坯规格为 φ40 mm×107 mm。要求：分析零件加工工艺，编制加工程序，并完成该零件的仿真加工。

3. 分析图 2-95 所示螺纹轴的数控加工工艺，填写工序卡，编制加工程序。毛坯为规格为 φ40 mm×100 mm 的棒料，材料 45 钢。

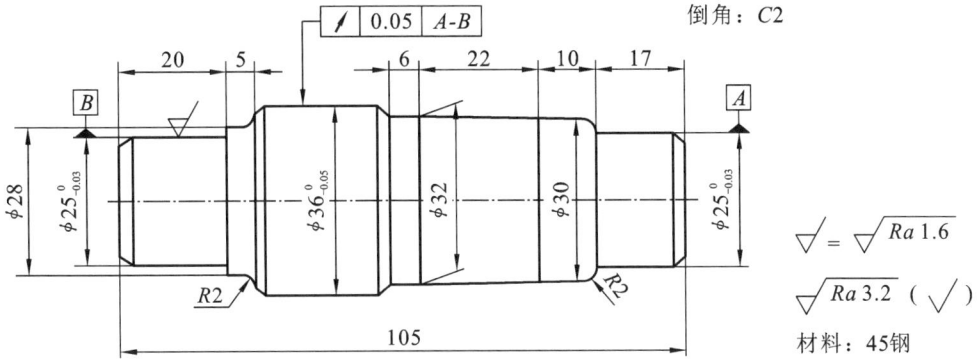

图 2-94 阶梯轴 Ⅱ

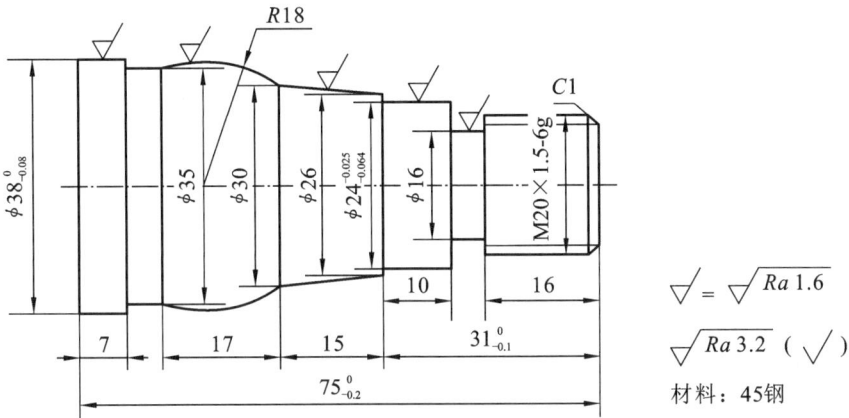

图 2-95 螺纹轴

4. 零件图如图 2-96 所示,毛坯为规格为 $\phi 30$ mm 的棒料,材料为 45 钢,制订数控加工工艺卡,并编写零件的数控加工程序。

5. 零件图如图 2-97 所示,毛坯为尺寸为 $\phi 25$ mm×35 mm 的棒料,材料 45 钢或铝,编写零件的数控加工程序,完成零件的仿真加工。

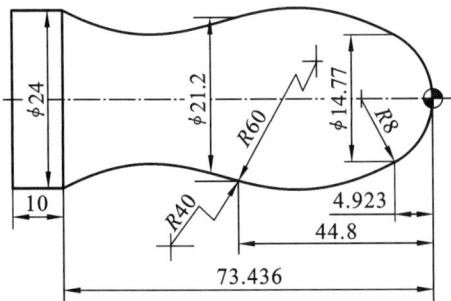

图 2-96 轴 Ⅰ

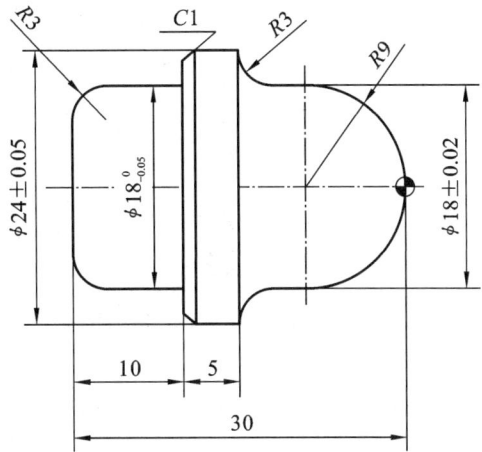

图 2-97 轴 Ⅱ

6. 阶梯孔类零件如图 2-98 所示,零件材料为铝合金,毛坯规格为 $\phi50$ mm×30 mm,其中毛坯轴向余量为 5 mm。要求:分析零件加工工艺,编制加工程序,并完成该零件的仿真加工。

7. 盘类零件如图 2-99 所示,毛坯尺寸为 $\phi100$ mm×42 mm,材料为 45 钢。要求:分析零件加工工艺,编制加工程序,并完成该零件的仿真加工。未注倒角为 C1。

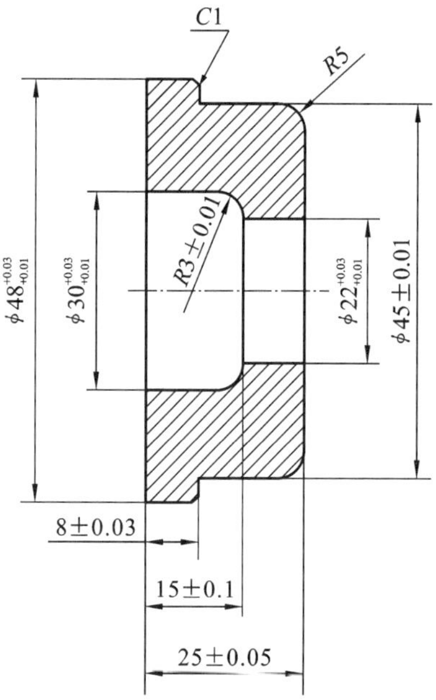

图 2-98　阶梯孔类零件

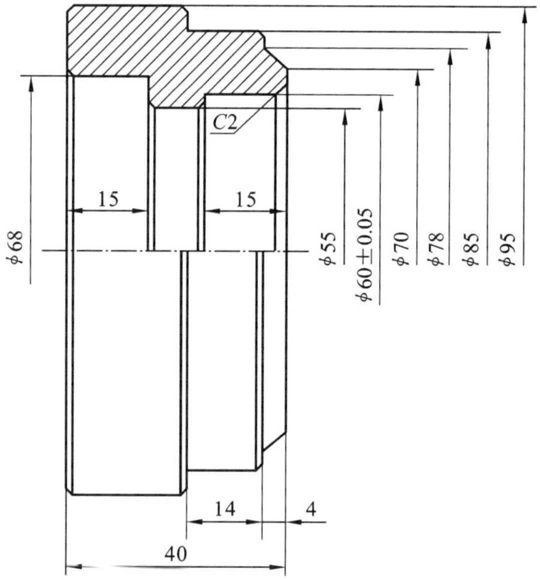

图 2-99　盘类零件

8. 法兰盘如图 2-100 所示,零件材料为 45 钢,毛坯为规格为 $\phi85$ mm×48 mm 的实心棒料。要求:分析零件加工工艺,编制加工程序,并完成该零件的仿真加工。

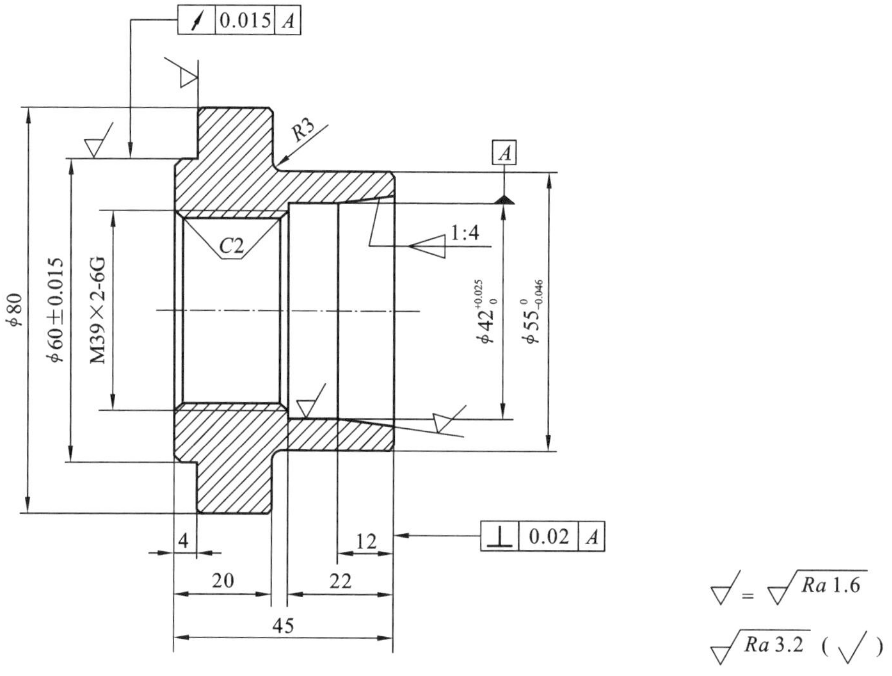

图 2-100　法兰盘

9. 轴套类零件如图 2-101 所示,零件材料为 45 钢,毛坯为规格为 $\phi50$ mm$\times80$ mm 的空心棒料,$\phi20$ mm 通孔已加工。要求:分析零件加工工艺,编制加工程序,并完成该零件的仿真加工。

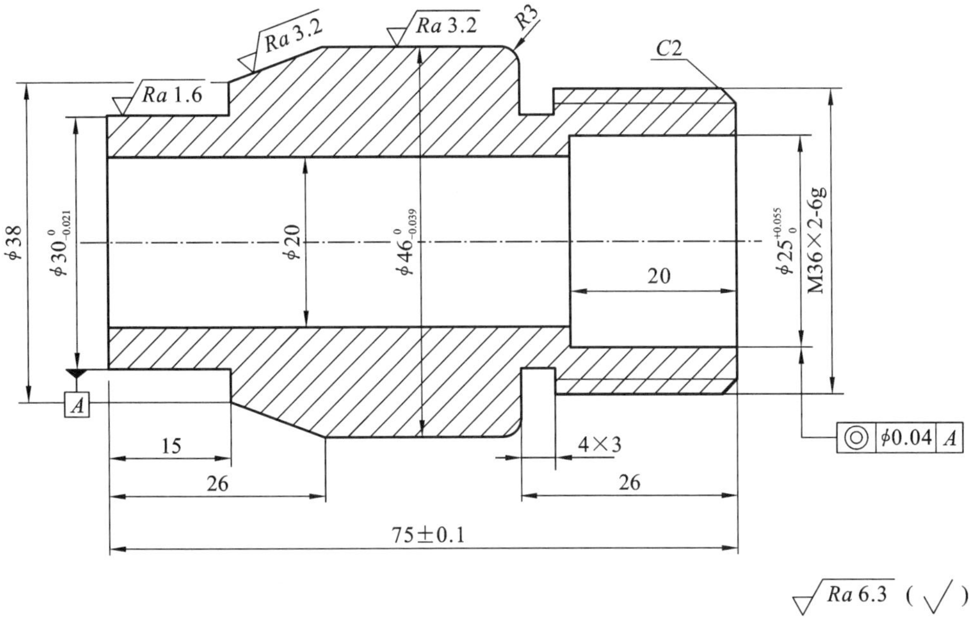

图 2-101　轴套类零件

10. 轴类零件如图 2-102 所示,零件材料为 45 钢,毛坯为规格为 $\phi50$ mm$\times80$ mm 的空心棒料,$\phi20$ mm 通孔已加工。要求:分析零件加工工艺,编制加工程序,并完成该零件的仿真加工。

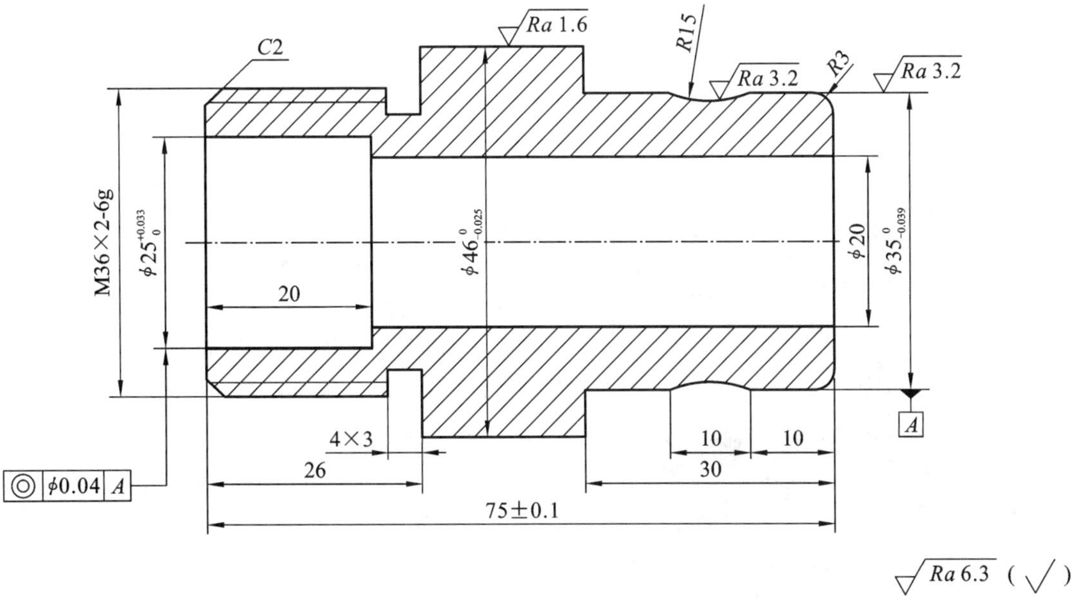

图 2-102　轴类零件

第 3 章

数控铣床编程

◀ **3.1 数控铣床的编程基础** ▶

【**学习目标**】

1. 熟悉数控铣床的分类和加工对象
2. 熟悉数控铣削用刀具
3. 掌握数控铣削加工工艺
4. 掌握 FANUC 0i 数控系统的基本指令

数控铣床是主要采用铣削方式加工零件的数控机床,又名数控铣削机床,是机械加工中最常用和最主要的数控加工设备。与普通铣床相比,数控铣床加工精度高,精度稳定性好,适应性强,操作劳动强度低。

3-1 数控铣床的分类
及加工对象

3.1.1 数控铣床的分类

通常情况下,数控铣床按主轴的布置形式及机床的布局分为立式数控铣床、卧式数控铣床、立卧两用数控铣床、龙门式数控铣床、万能数控铣床。

1. 立式数控铣床

立式数控铣床的主轴垂直于水平面,如图 3-1 所示。立式数控铣床又以三轴联动立式数控铣床居多,但也有部分立式数控铣床只能进行两轴半加工。此外,立式数控铣床还可以通过附加数控回转工作台、增加靠模装置等扩展功能、加工范围和加工对象,进一步提高生产效率。

立式数控铣床占数控铣床的大多数,应用范围也最广,适用于加工平面凸轮、样板、形状复杂的平面或立体零件,以及模具的内、外型腔等。

2. 卧式数控铣床

卧式数控铣床与通用卧式铣床相同,主轴轴线平行于水平面,如图 3-2 所示。卧式数控铣床主要用来加工零件侧面的轮廓,为了扩大加工范围和扩充功能,通常增加数控回转盘或万能数控回转盘来实现四坐标和五坐标加工。这样,不但零件侧面上的连续回转轮廓可以加工出来,而且还可以在一次安

图 3-1 立式数控铣床

装中通过转盘改变工位,实现四面加工。卧式数控铣床适用于箱体类、泵体和壳体类零件的加工。

3. 立卧两用数控铣床

立卧两用数控铣床指一台机床上有立式和卧式两个轴,或者主轴可做 90°旋转的数控机床。它能达到在一台机床上既可以进行立式加工又可以进行卧式加工的目的,同时具备立式、卧式数控铣床的功能,使用范围更广,功能更全,选择加工对象的余地更大。立卧两用数控铣床主要用于箱体类零件以及各类模具的加工。目前,这类铣床不多。

4. 龙门式数控铣床

对于大尺寸的数控铣床而言,一般采用对称的双立柱结构,如图 3-3 所示,以保证机床的整体刚性和强度。采用双立柱结构的数控铣床被称为龙门式数控铣床。龙门数控铣床有工作台移动和龙门架移动两种形式,主轴固定于龙门架上,主要用于大型机械零件及大型模具的各种平面、曲面和孔的加工。在配置直角铣头的情况下,可以在零件一次装夹中分别对零件的五个面进行加工。对于单件小批量生产的复杂、大型零件和框架结构零件,龙门式数控铣床能自动、高效、高精度地完成上述各种加工。

图 3-2 卧式数控铣床   图 3-3 龙门式数控铣床

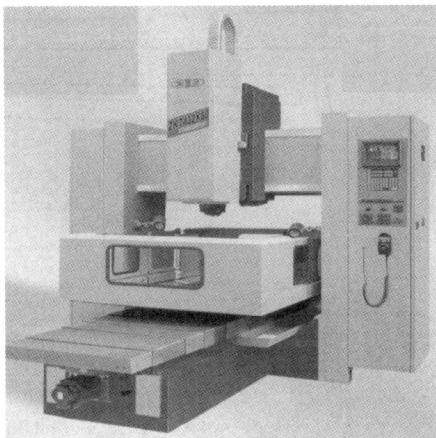

5. 万能数控铣床

万能数控铣床的主轴可以旋转 90°或工作台带着零件旋转 90°,一次装夹后可以完成对零件五个表面的加工,用于加工各种复杂的曲线、曲面、叶轮和模具等。

3.1.2 数控铣床的加工对象

数控铣床的加工功能很强,除了能完成各种平面、沟槽、螺旋槽、成形表面、平面曲线、空间曲线等的加工外,配上相应的刀具后,还可以对零件进行钻、扩、铰、镗、锪及攻螺纹等加工。数控铣床加工工艺以普通铣床加工工艺为基础,主要适用于下列几类零件的加工。

1. 平面类零件

平面类零件是指平行、垂直于水平面或与水平面的夹角为定角的零件。这类零件的特点是:各个加工表面是平面,或者展开后为平面。图 3-4 所示的三个零件都属于平面类零件,零件上的曲线轮廓面 M 和正圆台面 N 展开后均为平面。

2. 变斜角类零件

与水平面的夹角呈连续变化的零件称为变斜角类零件。图 3-5 所示是飞机上的一种变斜

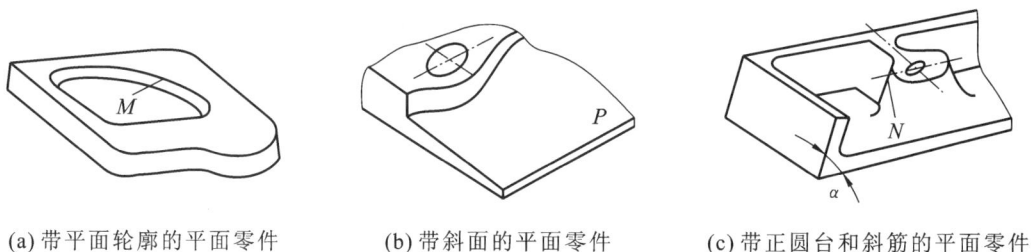

(a) 带平面轮廓的平面零件　　　(b) 带斜面的平面零件　　　(c) 带正圆台和斜筋的平面零件

图 3-4　平面类零件

角梁缘条。该零件的斜角从 $3°10'$ 均匀变化为 $2°32'$，再均匀变化为 $1°20'$，最后又均匀变化至 $0°$。变斜角类零件的变斜角面不能展开为平面，但在加工过程中，铣刀圆周与加工面接触的瞬间为一条直线。对于变斜角类零件，最好在四坐标或五坐标数控铣床上采用摆角加工方法进行加工，若没有上述机床，则可以在三坐标数控铣床上进行两轴半控制的近似加工。

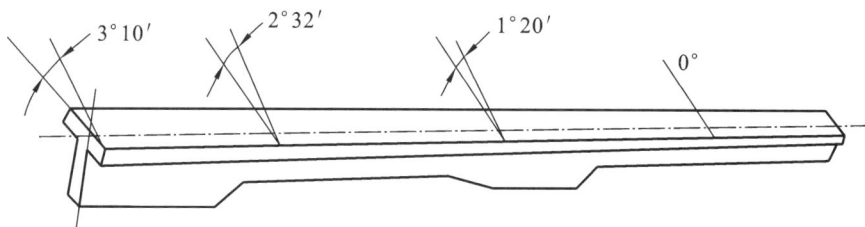

图 3-5　变斜角梁缘条零件

3. 曲面类零件

加工面为空间曲面的零件称为曲面类零件。图 3-6 所示的叶轮即属于曲面类零件。曲面类零件的加工面不仅不能展开为平面，而且与铣刀始终为点接触。加工曲面类零件时，一般采用三坐标数控铣床，刀具通常使用球头刀具，以免因与邻近表面产生干涉而过切。

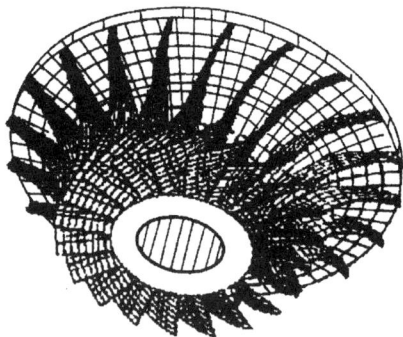

图 3-6　叶轮

4. 孔类零件

在数控铣床上可以进行孔及孔系的加工，如钻孔、扩孔、铰孔、镗孔等。数量较多、需要频繁换刀的孔加工不宜在数控铣床上进行，而应该在加工中心或数控钻床上进行。

3-2　零件图及结构
工艺分析

3.1.3　数控铣床的加工工艺

3.1.3.1　零件图工艺分析

根据数控铣削加工的特点，在对零件图样进行工艺性分析时，应主要考虑以下问题。

1. 零件图分析

首先应熟悉零件在产品中的作用、位置、装配关系和工作条件，搞清楚各项技术要求对零件装配质量和使用性能的影响，找出关键的技术要求，然后对零件图样进行分析。对于零件图样，应主要从构成零件的几何要素是否完备、零件上各项精度要求的高低、零件的材料与热处理要求等多方面进行综合分析和考虑。

（1）尺寸标注方法分析。

零件图样上尺寸标注的方法应适应数控加工的特点，如图 3-7 所示。在数控加工零件图上，应以同一基准标注尺寸或直接给出坐标尺寸。这种标注方法既便于编程，又有利于设计基准、工艺基准、测量基准和编程原点的统一。

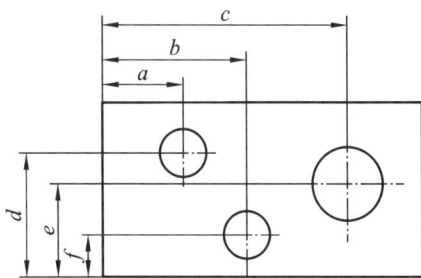

图 3-7　数控加工零件图尺寸标注

（2）零件图的完整性与正确性分析。

构成零件轮廓的几何元素（点、线、面）条件（如相切、相交、垂直和平行）是数控编程的重要依据。手工编程时，要计算构成零件轮廓的每一个节点的坐标；自动编程时，要对构成零件轮廓的所有几何元素进行定义，如果某一条件不充分，则无法计算零件轮廓的节点坐标和表达零件轮廓的几何元素，导致编程无法进行，因此，图样应当完整地表达构成零件轮廓的几何元素。

（3）零件的定位基准分析。

当零件需要多次装夹才能完成加工时，应确保多次装夹的定位基准尽量一致。

（4）零件技术要求分析。

零件的技术要求主要是指零件的尺寸精度、形状精度、位置精度、表面粗糙度及热处理等要求。这些要求在保证零件使用性能的前提下，应经济合理。过高的精度要求和表面粗糙度要求会使工艺过程复杂、加工困难、成本提高。

（5）零件材料分析。

在满足零件功能的前提下，应选用廉价、切削性能好的材料，而且材料选择应立足于国内，不要轻易选用贵重或紧缺的材料。

（6）零件加工中的换刀次数。

在数控铣床上加工的准备时间（如停车及对刀等所需时间）过长，不仅会降低生产效率，而且会给编程增加许多麻烦；同时，还因换刀增加零件加工面上的接刀阶差，从而降低零件的加工质量。所以，工艺上应尽量统一安排零件要求的某些尺寸，如凹圆弧（R 与 r）的大小，以减少换刀次数。

综上所述，在分析零件图时，应综合考虑多方面因素的影响。例如，对于选择不同规格的铣刀进行粗、精加工以及减少换刀次数的问题，应根据生产批量的大小、加工精度要求的高低和编程是否方便等因素进行综合分析，以获得最佳的工艺方案。

2. 零件的结构工艺性分析

零件的结构工艺性是指所设计的零件在满足使用要求的前提下，制造的可行性和经济性，良好的结构工艺性可以降低零件的加工难度、节省工时和材料。

（1）零件的内腔与外形应尽量采用统一的几何类型和尺寸，这样可以减少刀具的规格和换刀的次数，方便编程和提高数控机床的加工效率。

（2）零件内槽及缘板间的过渡圆角半径不应过小。

过渡圆角半径反映了刀具直径的大小，刀具直径和被加工零件轮廓的深度之比与刀具的刚度有关，当 $R < 0.2H$ 时（H 为被加工零件轮廓面的深度），该零件该部位的加工工艺性较差，如图 3-8（a）所示；当 $R > 0.2H$ 时，刀具的当量刚度较好，零件的加工质量能得到保证，如图 3-8（b）所示。

（3）铣削零件的槽底平面时，槽底圆角半径 r 不宜过大。

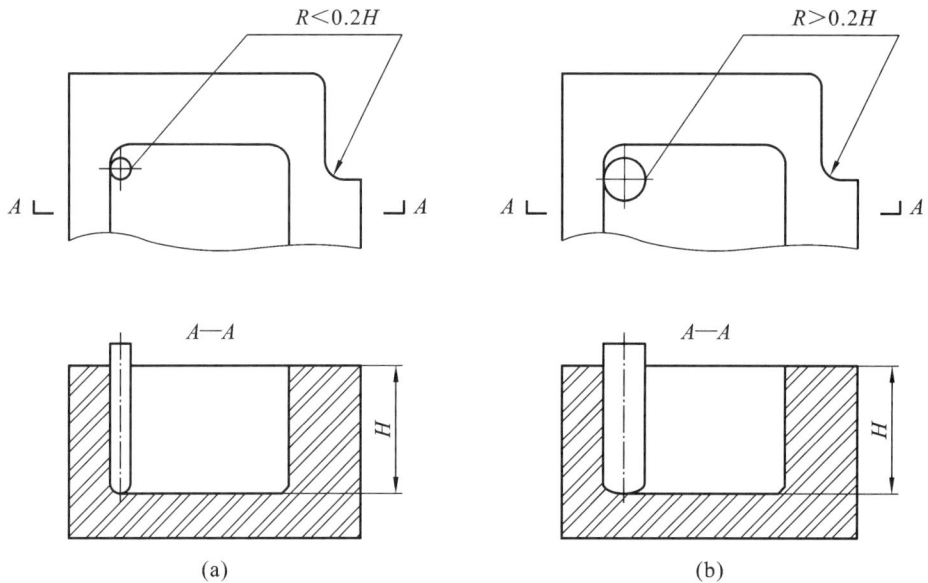

图 3-8　数控加工工艺性对比

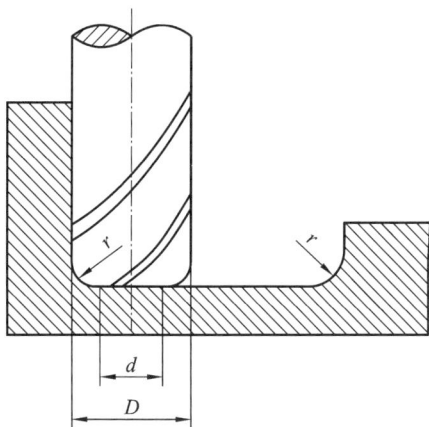

图 3-9　零件底面圆弧对加工工艺性的影响

如图 3-9 所示,铣削零件的槽底平面时,槽底的圆角半径 r 越大,铣刀端刃铣削平面的能力就越差,铣刀与铣削平面接触的最大直径 $d=D-2r$（D 为铣刀直径）。当 D 一定时,r 越大,铣刀端刃铣削平面的面积越小,加工平面的能力就越差,效率就越低,工艺性也就越差。

此外,还应分析零件所要求的加工精度、尺寸公差等是否可以得到保证,有没有引起矛盾的多余尺寸或影响加工安排的封闭尺寸等。

3.1.3.2　数控铣削夹具与刀具的选择

1. 夹具的选择

1) 数控铣削对夹具的基本要求

3-3　夹具及刀具选择

（1）为保持零件在本工序中所有需要完成的待加工面充分暴露在外,夹具要做得尽可能开敞,因此,夹紧机构元件与加工面之间应保持一定的安全距离,同时还要求夹紧机构元件能低则低,以防止夹具与铣床主轴套筒或刀套、刃具在加工过程中发生碰撞。

（2）为保持零件安装方位与机床坐标系及编程坐标系方向的一致性,夹具应能保证在机床上实现定向安装,并使零件的定位面与机床之间保持一定的坐标联系。

（3）夹具的刚性与稳定性要好。尽量不采用在加工过程中更换夹紧点的设计,当必须在加工过程中更换夹紧点时,要特别注意不能因更换夹紧点而破坏夹具或零件的定位精度。

2) 常用铣削夹具种类

（1）万能组合夹具。万能组合夹具适用于小批量零件的生产或研制时中、小型零件在数控铣床上进行的铣削加工。图 3-10 所示的槽系组合夹具即属于万能组合夹具。

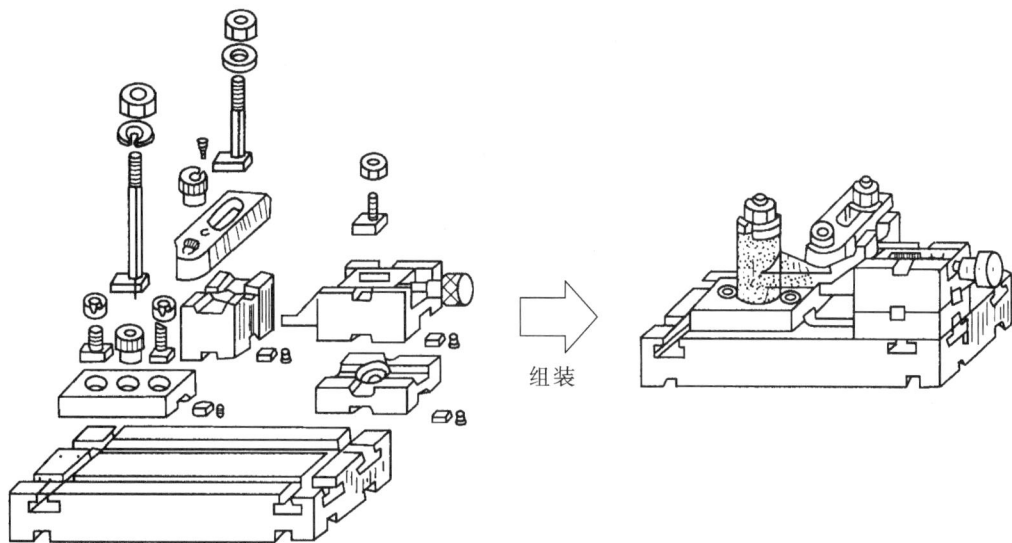

图 3-10　槽系组合夹具

（2）专用夹具。专用夹具是特别为某一种或类似的几种零件设计制造的夹具，一般在年产量较大或必需时采用。专用夹具结构固定，仅适用于一种具体零件的具体工序。设计这类夹具时应力求简化，使制造时间尽可能缩短。

（3）多工位夹具。多工位夹具可以同时装夹多个零件以减少换刀次数，也便于一边加工一边装卸零件，有利于缩短辅助时间，提高生产率，较适合用于中批量生产。

（4）气动或液压夹具。气动或液压夹具适用于生产批量较大，采用其他夹具又特别费工、费力的零件，能减轻工人的劳动强度和提高生产率，但此类夹具结构较复杂，造价往往较高，而且制造周期较长。

（5）通用夹具。图 3-11 所示为数控铣床上使用的通用可调夹具系统。该系统由图示基础件和另外一套定位夹紧调整件组成。基础件为安装内装立式油缸和内装卧式油缸的平板，通过短销和长销与机床工作台的一个孔和一个槽对定；夹紧元件可从上面或侧面把双头螺杆或螺栓旋入油缸活塞杆，不用的定位孔用螺塞封盖。另外，该系统配有数控回转座，一次安装零件，可从四面加工坯料，可用作圆柱凸轮的空间成形面和平面凸轮加工。

2．刀具的选择

1）对数控铣削用刀具的基本要求

（1）铣刀刚性要好。所选用的铣刀一要满足为提高生产率而采用大切削用量的需要，二要适应数控铣床加工过程中难以调整切削用量的特点。

（2）铣刀的耐用度要高。尤其是当一把铣刀加工的内容很多时，如刀具不耐用而磨损很快，就会影响零件的表面质量与加工精度，而且会增加换刀引起的调刀与对刀次数，使零件表面留下因对刀误差而形成的接刀台阶，降低零件的表面质量。

除上述两点之外，铣刀切削刃的几何角度参数的选择及排屑性能等也非常重要，切屑黏刀形成的积屑瘤在数控铣削中是十分忌讳的。总之，根据被加工零件材料的热处理状态、切削性能及加工余量，选择刚性好、耐用度高的铣刀，是充分发挥数控铣床的生产能力和获得满意的加工质量的前提。

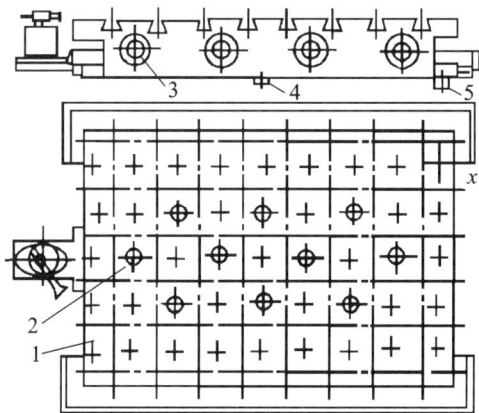

图 3-11　通用可调夹具系统
1—基础件；2—内装立式油缸；3—内装卧式油缸；4—短销；5—长销

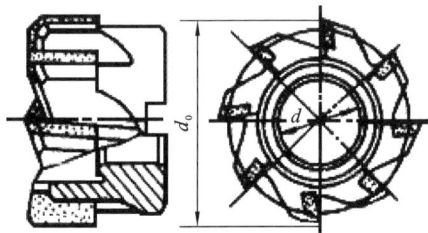

图 3-12　面铣刀

2）常用铣刀的种类

（1）面铣刀。

如图 3-12 所示，面铣刀的圆周表面和端面上都有切削刃，端面上的切削刃为副切削刃。面铣刀多制成套式镶齿结构，刀齿材料为高速钢或硬质合金，刀体材料为 40Cr。面铣刀主要用于面积较大的平面铣削和较平坦的立体轮廓的多坐标加工。

国家标准规定，高速钢面铣刀直径 $d=80\sim250$ mm，螺旋角 $\beta=10°$，刀齿数 $Z=10\sim26$。

与高速钢面铣刀相比，硬质合金面铣刀铣削速度较高，加工效率高，加工表面质量也较好，并可加工带有硬皮和淬硬层的零件，因此得到广泛应用。按刀片和刀齿的安装方式不同，硬质合金面铣刀可分为整体焊接式、机夹-焊接式和可转位式三种。

（2）立铣刀。

立铣刀也称为圆柱铣刀，广泛用于加工平面类零件，如图 3-13 所示。立铣刀圆柱表面和端面上都有切削刃，它们可以同时进行切削，也可以单独进行切削。立铣刀圆柱表面上的切削刃为主切削刃，端面上的切削刃为副切削刃。主切削刃一般为螺旋齿（见图 3-13(a)、图 3-13(b)），这样可以增加切削的平稳性，提高加工精度。图 3-13(c)、图 3-13(d)所示是一种结构先进的波形切削刃立铣刀，它的特点是排屑更流畅，切削厚度更大，刀具散热好、寿命长，且加工时不易产生振动。

立铣刀按端部切削刃的不同可分为过中心刃和不过中心刃两种。过中心刃立铣刀可直接轴向进刀。不过中心刃立铣刀端面中心处无切削刃，所以不能做轴向进给。立铣刀的端面刃主要用来加工与侧面相垂直的底平面。

立铣刀按刀齿数可分为粗齿、中齿、细齿三种。为了改善切屑卷曲情况，增大容屑空间，防止切屑堵塞，立铣刀的刀齿数一般比较少，容屑槽圆弧半径较大。常用粗齿立铣刀刀齿数 $Z=3\sim4$，细齿立铣刀刀齿数 $Z=5\sim8$，套式结构立铣刀刀齿数 $Z=10\sim20$，容屑槽圆弧半径 $r=2\sim5$ mm。当立铣刀直径较大时，还可以将它制成不等齿距结构，以增强抗振能力，使切削过程更平稳。

立铣刀按螺旋角大小可分为 30°、40°、60°等几种。标准立铣刀的螺旋角 $\beta=40°\sim45°$（粗齿）

和 $\beta=60°\sim65°$(细齿)，套式结构立铣刀的螺旋角 $\beta=15°\sim25°$。

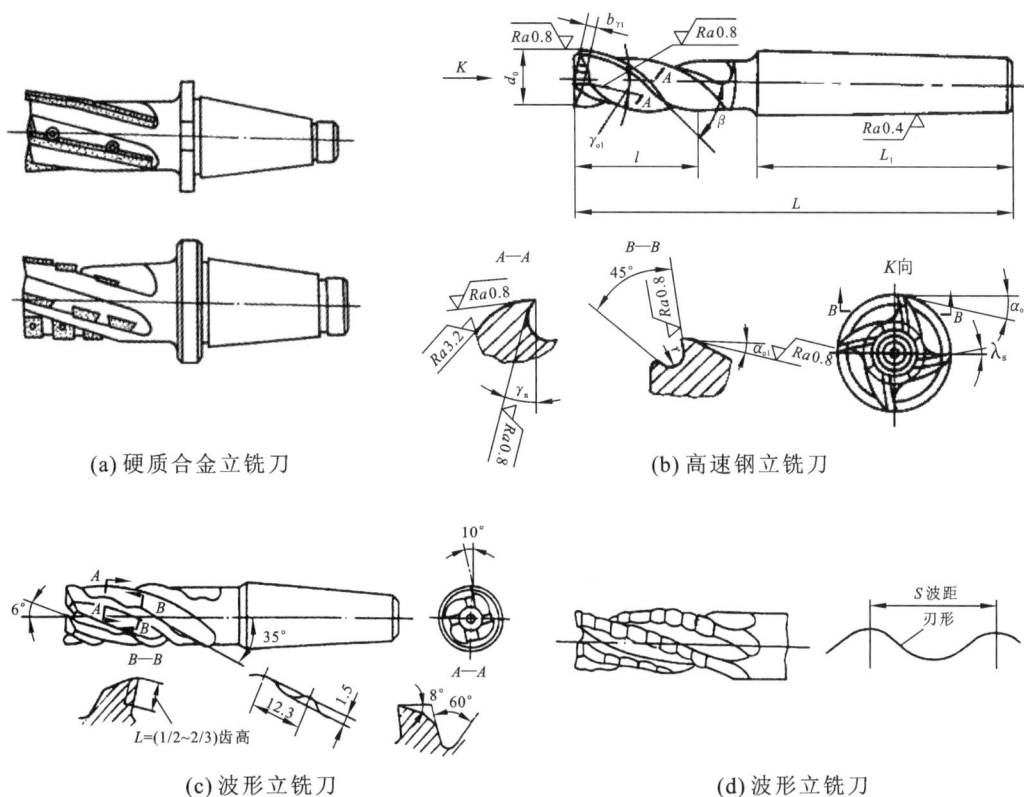

(a) 硬质合金立铣刀

(b) 高速钢立铣刀

(c) 波形立铣刀

(d) 波形立铣刀

图 3-13 立铣刀

直径较小的立铣刀一般制成带柄形式。直径在 $2\sim71$ mm 之间的立铣刀可以制成直柄；直径在 $6\sim63$ mm 之间的立铣刀可以制成莫氏锥柄；直径在 $25\sim80$ mm 之间的立铣刀可以制成 7:24 锥柄，内有螺孔用来拉紧刀具；直径大于 $40\sim160$ mm 的立铣刀可以做成套式结构。

(3) 键槽铣刀 。

键槽铣刀如图 3-14 所示。它有两个刀齿，圆柱表面和端面都有切削刃，端面切削刃延至中心，既像立铣刀，又像钻头。用键槽铣刀铣削键槽时，先轴向进给达到槽深，然后沿键槽方向铣出键槽全长。由于切削力引起刀具和零件变形，一次走刀铣出的键槽形状误差较大，槽底一般不是直角。为此，通常采用两步法铣削键槽，即先用小号铣刀粗加工出键槽，然后以逆铣方式精加工四周，即可得到真正的直角。

直柄键槽铣刀直径 $d=2\sim22$ mm，锥柄键槽铣刀直径 $d=14\sim50$ mm。键槽铣刀直径的公差代号有 e8 和 d8 两种。键槽铣刀的圆周切削刃仅在靠近端面的一小段长度内发生磨损，重磨时，只需刃磨端面切削刃，因此铣刀重磨后直径不变。

(4) 模具铣刀。

模具铣刀由立铣刀发展而来，是加工金属模具型面的铣刀的通称，可分为圆锥形立铣刀（圆锥半角$=3°$、$5°$、$7°$、$10°$）、圆柱形球头立铣刀和圆锥形球头立铣刀三种，如图 3-15 所示。模具铣刀的柄部可制成直柄、削平型直柄或莫氏锥柄。

模具铣刀的结构特点是球头或端面上布满了切削刃，圆周刃与球头刃通过圆弧连接，可以做径向和轴向进给。模具铣刀工作部分用高速钢或硬质合金制成，国家标准规定直径 $d=4\sim$

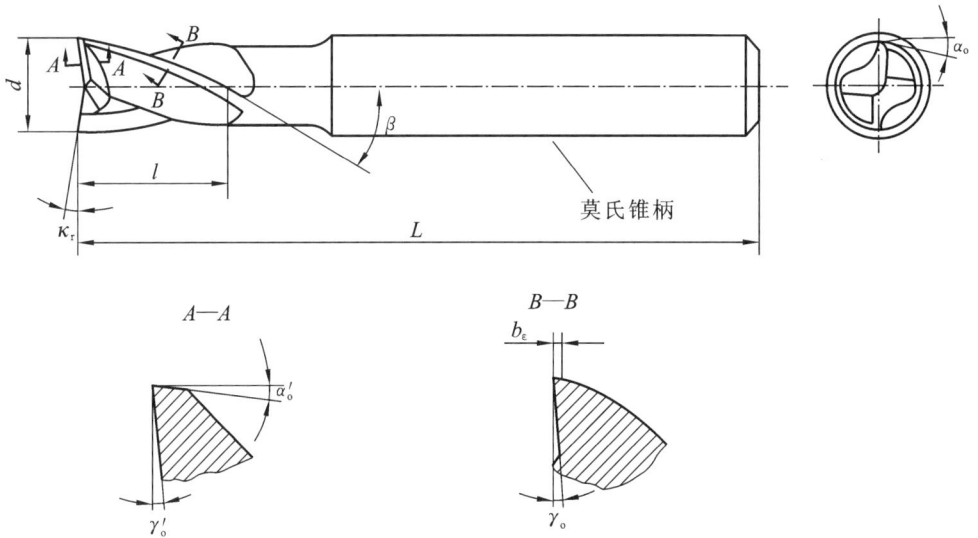

图 3-14　键槽铣刀

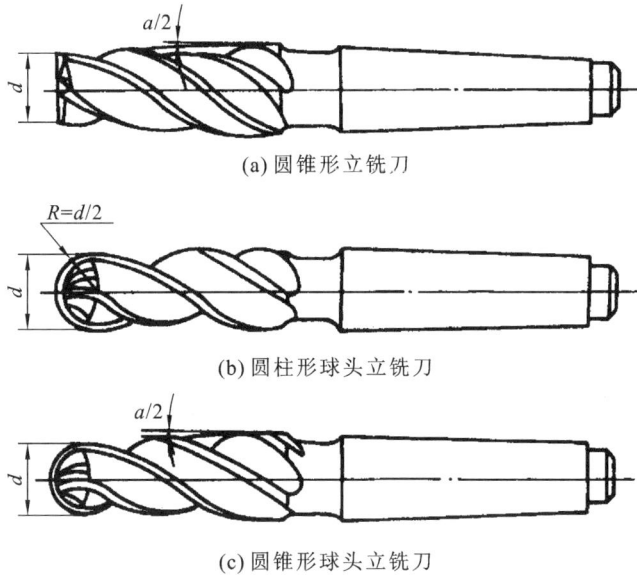

(a) 圆锥形立铣刀

(b) 圆柱形球头立铣刀

(c) 圆锥形球头立铣刀

图 3-15　高速钢模具铣刀

66 mm。小规格的硬质合金模具铣刀多制成整体结构,直径在 16 mm 以上的模具铣刀制成焊接或机夹可转位刀片结构。

（5）球头铣刀。

球头铣刀（见图 3-16）适用于加工空间曲面零件,有时也适用于具有较大的转接凹圆弧的平面类零件的补加工。

（6）鼓形铣刀。

图 3-17 所示的是一种典型的鼓形铣刀。它的切削刃分布在半径为 R 的圆弧面上,端面无切削刃。加工时,控制刀具的上下位置,相应改变切削刃的切削部位,可以在零件上切出从负到正的不同斜角。R 越小,鼓形铣刀所能加工的斜角范围越广,但所获得的表面质量也越差。这种刀具的缺点是刃磨困难,切削条件差,而且不适用于加工有底的轮廓表面,主要用于对变斜角面的近

似加工。

（7）成形铣刀。

成形铣刀一般都是为特定的零件或加工内容专门设计制造的,适用于加工平面类零件的特定形状,如角度面、凹槽面等,也适用于特形孔或台的加工。图 3-18 所示的是几种常用的成形铣刀。

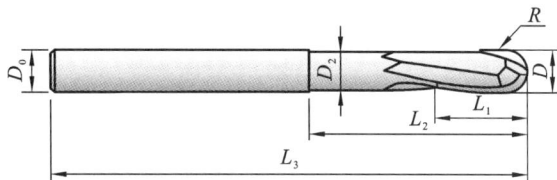

图 3-16　球头铣刀

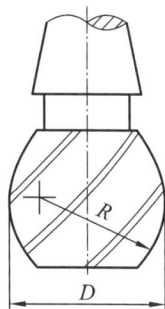

图 3-17　鼓形铣刀

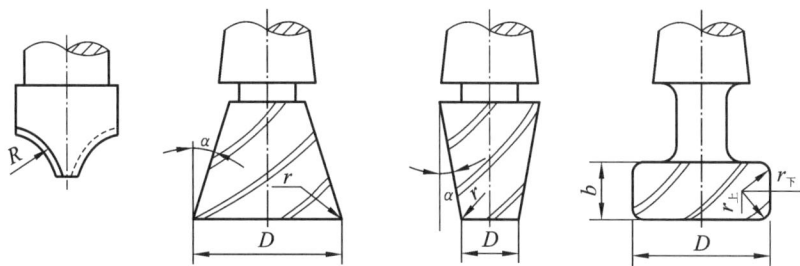

图 3-18　几种常用的成形铣刀

（8）锯片铣刀。

锯片铣刀可分为中小型规格锯片铣刀和大规格锯片铣刀,数控铣床和加工中心主要使用中小型规格锯片铣刀。目前,国外有可转位锯片铣刀生产,如图 3-19 所示。锯片铣刀主要用于大多数材料的切槽、切断、内外槽铣削、组合铣削、缺口试样的槽加工、齿轮毛坯粗齿加工等。

3）铣削刀具的选择

选用刀具时,要使刀具的尺寸与被加工零件的表面尺寸和形状相适应。

（1）加工较大的平面时,应选用面铣刀。

（2）加工平面零件周边轮廓、凹槽、较小的台阶面时,应选用立铣刀。

（3）加工空间曲面、模具型腔或凸模成形表面等时,多选用模具铣刀;加工封闭的键槽时,选用键槽铣刀。

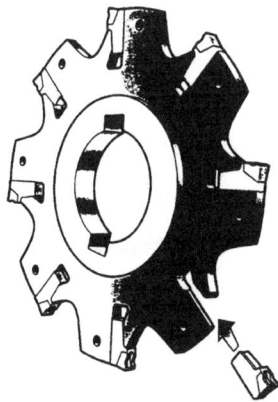

图 3-19　可转位锯片铣刀

（4）加工变斜角类零件的变斜角面时,应选用鼓形铣刀。

（5）加工立体型面和变斜角轮廓外形时,应选用球头铣刀、鼓形铣刀。

（6）加工各种直线形或圆弧形的凹槽、斜角面、特殊孔等时,应选用成形铣刀。

3.1.3.3 切削用量的选择

1. 背吃刀量（端铣）或侧吃刀量（周铣）

如图 3-20 所示，背吃刀量 a_p 为平行于铣刀轴线测量的切削层尺寸，单位为 mm。端铣时，a_p 为切削层深度；而周铣时，a_p 为被加工表面的宽度。

侧吃刀量 a_e 为垂直于铣刀轴线测量的切削层尺寸，单位为 mm。端铣时，a_e 为被加工表面的宽度；而周铣时，a_e 为切削层深度。

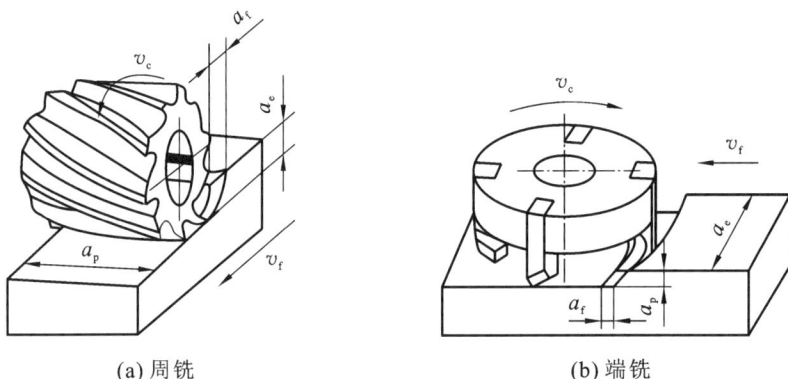

3-4 切削用量选择

图 3-20 铣削切削用量

背吃刀量或侧吃刀量主要由加工余量和对表面质量的要求决定。

（1）在零件表面粗糙度值要求为 $Ra=12.5\sim25\ \mu m$ 时，如果周铣的加工余量小于 5 mm，端铣的加工余量小于 6 mm，粗铣一次进给就可以达到要求；但当加工余量较大、工艺系统刚性较差或机床动力不足时，可分两次进给完成。

（2）在零件表面粗糙度值要求为 $Ra=6.2\sim12.5\ \mu m$ 时，可分粗铣和半精铣两步进行。粗铣时背吃刀量或侧吃刀量的选取同前。粗铣后留 0.5～1.0 mm 余量，在半精铣时切除。

（3）在零件表面粗糙度值要求为 $Ra=0.8\sim6.2\ \mu m$ 时，可分粗铣、半精铣、精铣三步进行。半精铣时背吃刀量或侧吃刀量取 1.5～2 mm；精铣时侧吃刀量取 0.5～0.6 mm，背吃刀量取 0.5～1 mm。

2. 进给速度

进给速度 v_f 是单位时间内零件与铣刀沿进给方向的相对位移，单位为 mm/min。进给速度与铣刀转速 n、刀齿数 Z 及每齿进给量 f_Z（单位为 mm/z）的关系为

$$v_f = f_Z Z n \tag{3-1}$$

每齿进给量 f_Z 的选取主要取决于零件材料的力学性能、刀具材料、零件表面粗糙度等因素。零件材料的强度和硬度越高，f_Z 越小；反之，则 f_Z 越大。零件表面粗糙度要求越高，f_Z 就越小。硬质合金铣刀的每齿进给量高于同类高速钢铣刀。每齿进给量可参考表 3-1 选取，零件刚性差或刀具强度低时，应取小值。

表 3-1 铣刀每齿进给量参考值

零件材料	f_z/(mm/z)			
	粗铣		精铣	
	高速钢铣刀	硬质合金铣刀	高速钢铣刀	硬质合金铣刀
钢	0.10～0.15	0.10～0.25	0.02～0.05	0.10～0.15
铸铁	0.12～0.20	0.15～0.30		

3. 主轴转速

主轴转速应根据允许的切削速度和零件(或刀具)直径来选择。其计算公式为

$$n = \frac{1\,000v}{\pi D} \tag{3-2}$$

式中:v 为切削速度,单位为 m/min,由刀具的耐用度决定;n 为主轴转速,单位为 r/min;D 为零件直径或刀具直径,单位为 mm。

铣削加工的切削速度 v 与刀具寿命、每齿进给量 f_z、背吃刀量 a_p、侧吃刀量 a_e 以及刀齿数 Z 成反比,而与铣刀直径 d 成正比。其原因是当 f_z、a_p、a_e 和 Z 增大时,切削刃负荷增加,而且同时工作的齿数也增多,使切削热增加,刀具磨损加快,从而限制了切削速度的提高。为提高刀具寿命,要求使用较低的切削速度,但加大铣刀直径则可改善散热条件,可以提高切削速度。

铣削加工的切削速度 v 可参考表 3-2 选取,也可参考有关切削用量手册中的经验公式通过计算确定。

表 3-2 铣削加工的切削速度参考值

零件材料	硬度/HBS	v/(m/min)	
		高速钢铣刀	硬质合金铣刀
钢	<225	18～42	66～150
	225～325	12～36	54～120
	325～425	6～21	36～75
铸铁	<190	21～36	66～150
	190～260	9～18	45～90
	260～320	4.5～10	21～30

在选择切削速度时,还应考虑以下几点:

(1) 应尽量避开积屑瘤产生的区域;

(2) 断续切削时,为减小冲击和热应力,要适当降低切削速度;

(3) 在易发生振动的情况下,切削速度应避开自激振动的临界速度;

(4) 加工大件、细长件和薄壁零件时,应选用较低的切削速度;

(5) 加工零件的硬皮时,应适当降低切削速度。

3-5 数控铣床编程的基本指令

3.1.4 数控铣床编程的基本指令

下面以 FANUC 0i 数控系统为例,详细讲解数控铣床加工程序的编写。

3.1.4.1 数控铣床基本编程指令

1. 辅助功能 M 指令

辅助功能 M 指令由地址字 M 后跟一至两位数字组成,范围为 M00～M99,主要用来设定数控铣床电控装置的开/关动作,以及控制加工程序的执行走向。常用 M 指令功能如表 3-3 所示。

表 3-3 常用 M 指令功能

代码	特性	功能说明	代码	特性	功能说明
M00	非模态、后作用	程序暂停	M08	模态、前作用	切削液打开
M02	非模态、后作用	程序结束	▼M09	模态、后作用	切削液停止
M03	模态、前作用	主轴正转起动	M30	非模态、后作用	程序结束并返回程序起点
M04	模态、前作用	主轴反转起动			
M05	模态、后作用	主轴停止起动	M98	非模态	调用子程序
▼M06	非模态、后作用	自动换刀	M99	非模态	子程序结束

注:标记"▼"表示缺省功能,上电后将被初始化为该功能。

2. 主轴功能 S 指令、进给功能 F 指令和刀具功能 T 指令

1）主轴功能 S 指令

主轴功能 S 指令用于控制主轴转速,其后的数值表示主轴的旋转速度。主轴转速有两种表示方式,分别用 G97 和 G96 来指定,单位分别为米/分(m/min)或转/分(r/min)。

2）进给速度 F 指令

进给速度 F 指令表示零件被加工时刀具相对于零件的合成进给速度,单位取决于 G94(每分钟进给量)或 G95(每转进给量)。

3）刀具功能 T 指令

T 是刀具功能字,后跟两位数字指示更换刀具的编号。

刀具补偿号由地址符 D 或 H 指定。D 为刀具的半径补偿地址,H 为刀具的长度补偿地址。D00 或 H00 表示取消刀具的补偿。

注意:F、S、T 指令都是模态指令。

3. 准备功能 G 指令

准备功能 G 指令是建立坐标平面、坐标系偏置、刀具与零件相对运动轨迹(插补功能)以及刀具补偿等多种加工操作方式的指令,范围为 G00～G99。常用 G 指令功能如表 3-4 所示。

表 3-4 常用 G 指令功能

G 代码	组别	功能	G 代码	组别	功能
G00		快速定位	G52	00	局部坐标系设定
▼G01	01	直线插补	G54		建立第 1 零件坐标系
G02		顺时针圆弧插补	G55		建立第 2 零件坐标系
G03		逆时针圆弧插补	G56		建立第 3 零件坐标系
G04	00	暂停	G57	14	建立第 4 零件坐标系
▼G17		XY 平面设定	G58		建立第 5 零件坐标系
G18	02	ZX 平面设定	G59		建立第 6 零件坐标系
G19		YZ 平面设定	G73		分级进给钻削循环
G20	06	英制单位输入	G74		反攻螺纹循环
▼G21		公制单位输入	G76	09	精镗固定循环
▼G40		刀具半径补偿取消	▼G80		固定循环取消
G41	07	刀具半径左补偿	G81～G89		钻、攻螺纹及镗孔固定循环
G42		刀具半径右补偿			
G43		正向长度补偿	▼G90	03	绝对值编程
G44	08	负向长度补偿	G91		增量值编程
▼G49		长度补偿取消	G92	00	建立零件坐标系
G50.1	04	缩放关	▼G98	10	固定循环结束退回起始点
G51.1		缩放开	G99		固定循环结束退回 R 点

注:(1) 标记"▼"表示缺省功能,上电时将被初始化为该功能;

(2) 00 组指令是非模态指令,仅在所在的程序段内有效;

(3) 其他组别的 G 指令为模态指令,此类指令一经设定一直有效,直到被同组 G 指令取代。

3.1.4.2 数控铣床常用编程指令及应用

数控铣床的编程指令与数控车床的编程指令相似,不同之处在于数控车床中一般仅有 Z 和 X 坐标,而数控铣床中还有 Y 坐标。

1. 坐标系设定指令

1) 零件坐标系设定指令 G92

编程格式:

G92 X __ Y __ Z __;

其中:X、Y、Z 为刀具起点在零件坐标系中的坐标值。

3-6 数控铣床常用
编程指令

G92 指令并不能驱使机床刀具或工作台运动,数控系统只是通过 G92 指令确定刀具当前机床坐标位置与加工原点(编程起点)的距离关系,以求建立零件坐标系。格式中的尺寸字 X、Y、Z 指定起刀点相对于零件原点的位置。

如图 3-21 所示,使用 G92 指令设定零件坐标系的程序为 G92 X20 Y10 Z10。

G92 指令一般放在一个零件程序的第一段。通过 G92 指令建立的零件坐标系与刀具的当

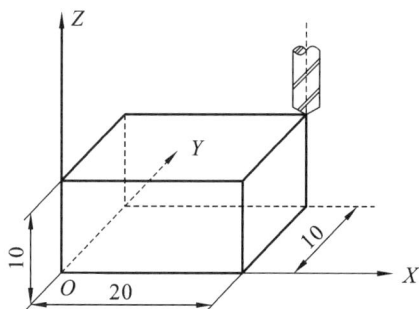

图 3-21 设定零件坐标系

前位置有关,G92 指令多用于多品种小批量生产情况。在大批量生产中,为避免刀具位置误差影响加工坐标系位置精度,通常不采用 G92 指令建立零件坐标系,而是使用一些稳定的坐标系,如 G54～G59 零件坐标系。

2）零件坐标系选择指令 G54～G59

G54～G59 零件坐标系是系统预定的六个零件坐标系,具体使用可参见数控车床篇。

3）局部坐标系设定指令 G52

编程格式:

G52 X __ Y __ Z __ A __;

其中:X、Y、Z、A 是局部坐标系原点在当前零件坐标系中的坐标值。

G52 指令能在所有的零件坐标系(G92,G54～G59)内形成子坐标系,即局部坐标系。在含有 G52 指令的程序段中,采用绝对坐标编程方式的指令值就是在该局部坐标系中的坐标值。设定局部坐标系后,零件坐标系和机床坐标系保持不变。

G52 指令为非模态指令。在缩放及旋转功能下不能使用 G52 指令,但在 G52 指令下能进行缩放及坐标系旋转。

2. 快速定位指令 G00

编程格式:

G00 X __ Y __ Z __;

使用 G00 指令时,刀具的运动轨迹不一定为一条直线,具体使用参见第 2 章。

3. 直线插补指令 G01

编程格式:

G01 X __ Y __ Z __ F __;

具体使用参见第 2 章。

4. 圆弧插补指令 G02、G03

编程格式:

$$G17 \begin{Bmatrix} G02 \\ G03 \end{Bmatrix} X \_\_ Y \_\_ \begin{Bmatrix} R \_\_ \\ I \_\_ J \_\_ \end{Bmatrix} F \_\_;$$

$$G18 \begin{Bmatrix} G02 \\ G03 \end{Bmatrix} X \_\_ Z \_\_ \begin{Bmatrix} R \_\_ \\ I \_\_ K \_\_ \end{Bmatrix} F \_\_;$$

$$G19 \begin{Bmatrix} G02 \\ G03 \end{Bmatrix} Y \_\_ Z \_\_ \begin{Bmatrix} R \_\_ \\ J \_\_ K \_\_ \end{Bmatrix} F \_\_;$$

其中:G02 为顺时针圆弧插补指令,G03 为逆时针圆弧插补指令;X、Y、Z 为圆弧插补终点坐标值的绝对值;R 为圆弧半径;I、J、K 为圆弧圆心相对于圆弧起点的增量坐标;F 为进给量。具体使用参见第 2 章。

3.1.4.3 编程实例

【例 3-1】 零件轮廓的基点如图 3-22 所示,编写程序,要求刀具按 A→B→C→D→E 运动,然后回到 A 点。

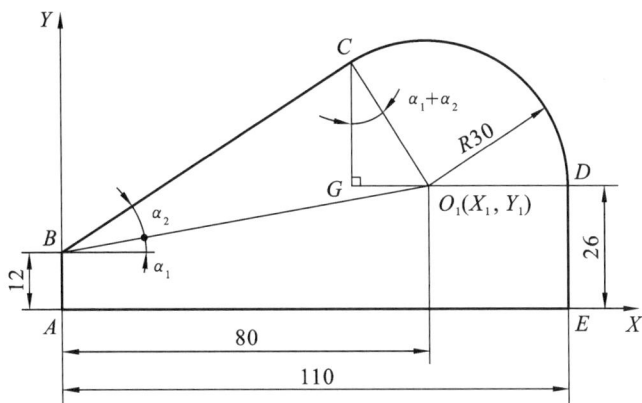

图 3-22 零件轮廓的基点

1. 计算基点坐标

基点坐标值如表 3-5 所示。

表 3-5　基点坐标值

基点	坐标值(X,Y)	基点	坐标值(X,Y)	基点	坐标值(X,Y)
A	$(0,0)$	C	$(64.279,51.551)$	E	$(110,0)$
B	$(0,12)$	D	$(110,26)$		

2. 编写刀具的运动轨迹程序

刀具的运动轨迹程序如表 3-6 所示。

表 3-6　刀具的运动轨迹程序

程序	说明
O3001	程序名
N10 G54 G90；	试切法对刀,在 A 点建立第 1 零件坐标系
N20 S1000 M03；	启动主轴,以 1 000 r/min 速度正转
N30 G00 X0 Y0；	快速移动刀具至 A 点,也是零件原点
N40 Z10；	Z 轴快速进刀
N50 G01 Z0 F150；	以 150 mm/min 的进给速度直线插补至 $Z=0$
N60 Y12；	直线插补 $A\rightarrow B$
N70 X64.279 Y51.551；	直线插补 $B\rightarrow C$
N80 G02 X110 Y26 R30；	圆弧插补 $C\rightarrow D$
N90 G01 Y0；	直线插补 $D\rightarrow E$
N100 X0；	直线插补 $E\rightarrow A$
N110 M05；	主轴停
N120 M30；	程序结束

3.2 项目7：平面凸轮廓类零件的编程与加工

【学习目标】

1. 掌握平面凸轮廓类零件的数控铣削加工工艺
2. 掌握数控铣刀补偿指令的使用
3. 掌握零件外轮廓的编程与仿真加工

平面凸轮廓类零件是数控铣削加工中的典型零件，包括平面铣削加工和与底面垂直的侧壁外表面铣削加工，获得的方法有两种：周铣和端铣。用分布于铣刀圆柱表面上的刀齿进行的铣削称为周铣，用分布于铣刀端面上的刀齿进行的铣削称为端铣。

3.2.1 项目导入

图 3-23 所示为凸模板，已知材料为 45 钢，毛坯尺寸为 100 mm×80 mm×20 mm，分析零件的加工工艺，编写零件的加工程序，并通过数控仿真加工调试、优化程序，最后进行零件的虚拟加工。

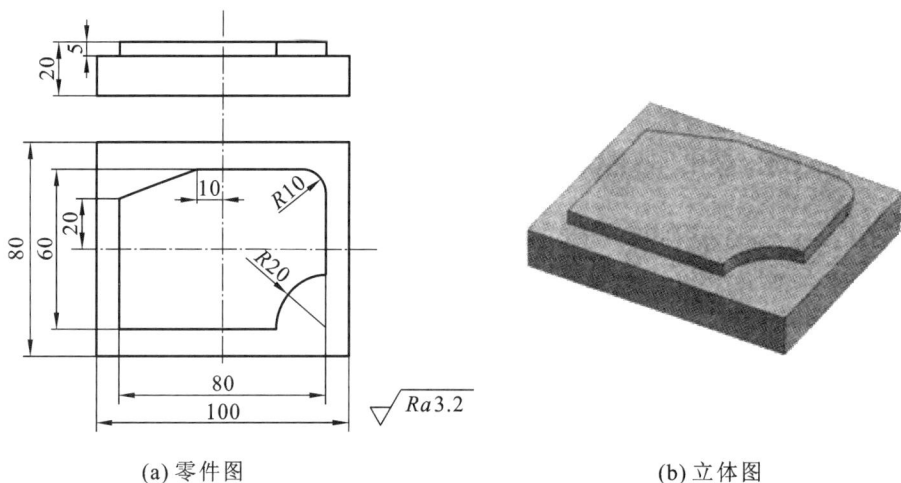

(a) 零件图   (b) 立体图

图 3-23 凸模板

3-7 顺铣和逆铣

3.2.2 相关知识

3.2.2.1 铣削方式

根据铣刀旋转方向和切削进给方向之间的关系，可将铣削分为逆铣和顺铣两种。

1. 逆铣

逆铣是指铣刀与零件接触部分的旋转方向与零件进给方向相反的铣削方式，如图 3-24(a)所示。逆铣时，铣削力方向与工作台移动方向相反，工作台丝杠与螺母之间的间隙不会影响铣削。

因此,铣削加工时通常采用逆铣,尤其是在铣削表面有硬质层或硬度不均、凹凸不平的零件时,必须采用逆铣。当出现铣刀摆差大、机床刚性差或机床没有消除丝杠与螺母间隙的机构等情况时,更要采用逆铣。

但是,逆铣时,由于受切削刃钝圆半径的影响,刀齿在零件表面上打滑,产生挤压和摩擦,使这段表面产生严重的冷硬层。滑行到一定程度时,刀齿才能切下一层金属层。下一个刀齿切入时,又在冷硬层上挤压、滑行,所以刀具使用寿命低,加工表面质量差。因此,逆铣不适用于精加工。另外,逆铣时会产生垂直向上的铣削分力,有挑起零件破坏定位的趋势。

2. 顺铣

顺铣是指铣刀与零件接触部分的旋转方向与零件进给方向相同的铣削方式,如图 3-24(b)所示。顺铣时,刀齿切入零件没有滑动现象,切削表面上没有前一刀齿切削时因摩擦而造成的硬化层,刀齿容易切入,刀具使用寿命长,加工表面质量好。因此,顺铣适用于精加工。顺铣时产生的垂直向下的铣削分力,有助于零件的定位夹紧。

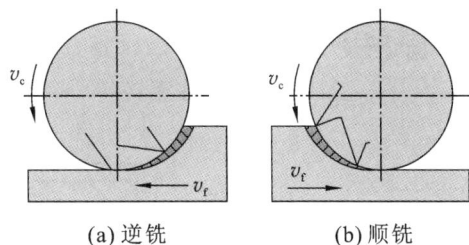

(a) 逆铣   (b) 顺铣

图 3-24   逆铣和顺铣

但顺铣时,铣削力的方向与工作台的移动方向相同,由于铣刀的切削速度大于工作台的移动速度,铣刀刀齿会把工作台和零件向前拉动一个距离,拉动的距离就是工作台丝杠与螺母间隙的大小。这时,铣刀就要受到冲击,进刀不均匀,导致在零件表面上铣出波纹槽,甚至损坏铣刀。由于顺铣时刀刃是从未加工面切入、从已加工面切出的,因此,顺铣不可用于铣带硬皮的零件。

3. 两种铣削方式的适用场合

一般来说,数控铣床传动采用滚珠丝杠,其运动间隙很小,所以应尽可能采用顺铣。对于铝镁合金、钛合金和耐热合金等材料来说,建议也采用顺铣进行加工,这对于降低表面粗糙度值和提高刀具耐用度都有利。但如果零件毛坯为黑色金属锻件或铸件,表皮硬且加工余量较大,采用逆铣进行加工较为有利。

3.2.2.2 外轮廓铣削加工路线的拟订

为了满足零件的加工精度和表面粗糙度要求,当铣削平面零件外轮廓时,一般采用立铣刀侧刃切削。采用立铣刀侧刃铣削平面零件外轮廓时,应避免沿零件外轮廓的法向切入或切出,应沿着外轮廓曲线的切向延长线切入或切出,如图 3-25 所示,这样可避免刀具在切入或切出时产生刀刃切痕,确保零件曲面的平滑过渡。

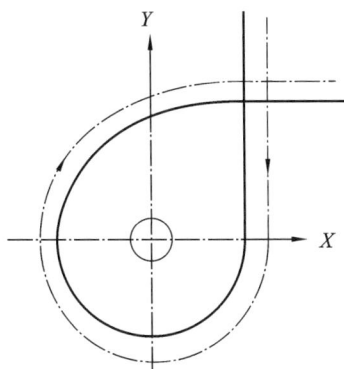

图 3-25   外轮廓加工刀具的切入与切出

3.2.2.3 刀具的补偿功能

1. 刀具半径补偿功能

当使用半径为 R 的圆柱铣刀加工零件轮廓时,刀具中心的运动轨迹并不与零件的轮廓重合,而是偏离零件轮廓一个刀具半径 R 的距离,如图 3-26 所示。若数控装置不具备刀具半径补偿功能,编程人员只能按刀具中心的运动轨迹编程,数值计算相当复杂。尤其是当刀具磨损、重磨、更换新刀而导致刀具直径变化时,必须重新计算刀具中心的运动轨迹,对原有程序进行修改后才能继续加工。配备刀具半径补偿功能的数控铣床,可以直接按零件轮廓尺寸编程,数控系统可以根据零件轮廓尺寸及刀具半径补偿值自动计算出刀具中心的运动轨迹。

1) 刀具半径补偿指令

(1) G41:刀具半径左补偿,即从不在补偿平面内第三根轴的正方向往负方向看,沿刀具前进方向观察,刀具中心的运动轨迹始终在编程轨迹的左边,如图 3-26(a)所示。

(2) G42:刀具半径右补偿,即从不在补偿平面内第三根轴的正方向往负方向看,沿刀具前进方向观察,刀具中心的运动轨迹始终在编程轨迹的右边,如图 3-26(b)所示。

(3) G40:刀具半径补偿取消。

3-8 刀具的半径补偿

注意:G40、G41、G42 为模态指令,可相互注销。

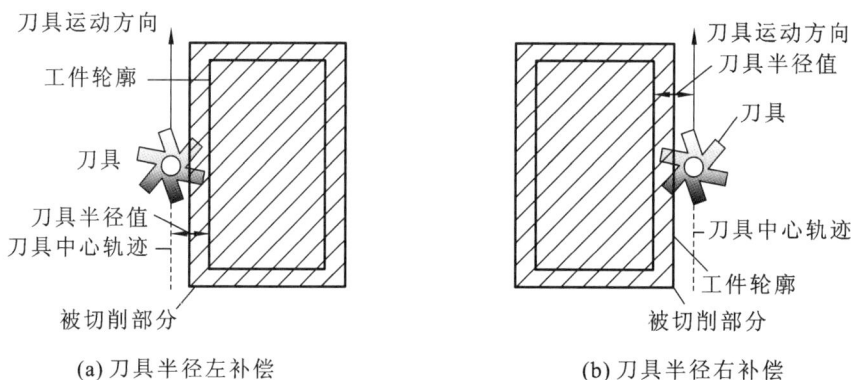

(a) 刀具半径左补偿   (b) 刀具半径右补偿

图 3-26 刀具半径补偿

2) 编程格式

$$G17 \begin{Bmatrix} G00 \\ G01 \end{Bmatrix} \begin{Bmatrix} G41 \\ G42 \end{Bmatrix} X \underline{\quad} Y \underline{\quad} D \underline{\quad}$$

或

$$G18 \begin{Bmatrix} G00 \\ G01 \end{Bmatrix} \begin{Bmatrix} G41 \\ G42 \end{Bmatrix} X \underline{\quad} Z \underline{\quad} D \underline{\quad}$$

或

$$G19 \begin{Bmatrix} G00 \\ G01 \end{Bmatrix} \begin{Bmatrix} G41 \\ G42 \end{Bmatrix} Y \underline{\quad} Z \underline{\quad} D \underline{\quad}$$

$$G17 \begin{Bmatrix} G00 \\ G01 \end{Bmatrix} G40 X \underline{\quad} Y \underline{\quad}$$

或

$$G18 \begin{Bmatrix} G00 \\ G01 \end{Bmatrix} G40 X \underline{\quad} Z \underline{\quad}$$

或

$$G19 \begin{Bmatrix} G00 \\ G01 \end{Bmatrix} G40 Y \underline{\quad} Z \underline{\quad}$$

其中:X、Y、Z 为刀具半径补偿完成的终点坐标;D 为刀具半径补偿值的存储器地址,一般用两位数字表示其代号,其数值需预先手工输入机床存储器中。

3)刀具半径补偿的作用

(1)可以直接按零件实际轮廓形状和尺寸进行编程,使刀具中心在加工过程中自动偏离零件轮廓一个刀具半径,加工出符合要求的轮廓表面。

(2)通过改变刀具半径补偿量的方法来弥补铣刀制造的尺寸精度误差,扩大刀具直径选用范围和刀具返修刃磨的允许误差。

(3)用同一个加工程序,可对零件轮廓进行粗、精加工。如图 3-27 所示,当按零件轮廓编程后,粗加工零件时可以把偏置量设为 $r+\Delta$(其中,r 为铣刀半径,Δ 为所留精加工余量)。粗加工结束后,把偏置量设为 r,再进行精加工。

(4)改变刀具半径补偿值的正负号,可以用同一个加工程序加工某些需要相互配合的零件,如相互配合的凹凸模等。

4)刀具半径补偿指令的使用

刀具半径补偿指令的使用包括三个阶段,即补偿的建立、补偿的执行、补偿的取消。

注意:①刀具半径补偿平面的切换,必须在补偿取消方式下进行;②刀具半径补偿的建立与取消只能用 G00 或 G01 指令,不能用 G02 或 G03 指令;③刀具半径补偿的建立和取消应在被加工轮廓之外进行。

【例 3-2】 编写如图 3-28 所示零件的加工程序,考虑刀具半径补偿,建立如图 3-28 所示的零件坐标系,按箭头所指示的路线进行加工。设加工开始时,刀具距离零件上表面 50 mm,切削深度为 2 mm。

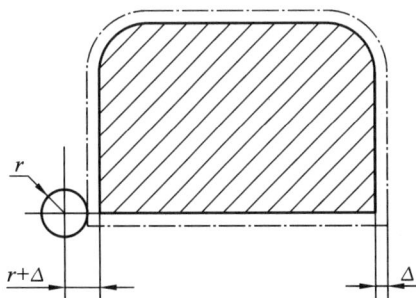

图 3-27　刀具半径补偿

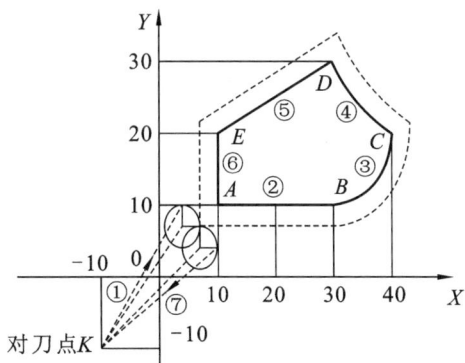

图 3-28　刀具半径补偿指令的应用

完整的零件加工程序如表 3-7 所示。

表 3-7　刀具半径补偿指令的应用

程序	说明
O3002	程序名
N010 G90 G17;	选择 XY 平面为工作平面,采用绝对坐标编程
N020 G92 X−10Y−10 Z50;	建立零件坐标系
N030 S1000 M03;	启动主轴,以 1 000 r/min 速度正转
N040 G00 Z5;	Z 轴快速进刀

续表

程序	说明
N050 G01 Z－2 F100;	以 100 mm/min 进给速度直线插补至切削深度
N060 G42 X4 Y10 D01;	建立刀具半径补偿,动作①
N070 X30;	直线插补 $A→B$,动作②
N080 G03 X40 Y20 I0 J10;	圆弧插补 $B→C$,动作③
N090 G02 X30 Y30 I0 J10;	圆弧插补 $C→D$,动作④
N100 G01 X10 Y20;	直线插补 $D→E$,动作⑤
N110 Y5;	直线插补 $E→(10,5)$,动作⑥
N120 G40 X－10 Y－10;	取消刀具半径补偿,动作⑦
N130 G00 Z50 M05;	返回 Z 轴方向的安全高度,主轴停转
N140 M30;	程序结束

编程时还应注意:①加工前应先手动对刀,将刀具移动到对刀点处;②图 3-28 中的粗实线为编程轮廓,虚线为刀具中心的实际路线。

2. 刀具长度补偿功能

刀具长度补偿一般用于刀具轴向(比如 Z 轴方向)的补偿,它使刀具在 Z 轴方向上的实际位移量比程序给定值增加或减少一个偏置量。这样,当刀具在长度方向上的尺寸发生变化时,可以在不改变程序的情况下,通过改变偏置量,使刀具到达程序中给定的 Z 轴方向深度位置。刀具长度补偿还可以实现在加工深度方向上的分层铣削,即通过改变刀具长度补偿值的大小,多次运行程序进行加工。

1) 刀具长度补偿指令

(1) G43:刀具长度正补偿,即刀具沿 Z 轴的正方向偏移。

(2) G44:刀具长度负补偿,即刀具沿 Z 轴的负方向偏移。

(3) G49:取消刀具长度补偿。

注意:G43、G44、G49 为模态指令,可相互注销。

刀具长度补偿实例如图 3-29 所示。图 3-29(a)表示用标准长度的钻头钻孔,钻头快速下降 L_1 后切削进给下降 L_2,钻出要求的孔深。图 3-29(b)表示钻头经刃磨后在长度方向上尺寸减少了 ΔL,如仍按原程序运行而未对刀具的磨损进行补偿,则钻孔深度也将减少 ΔL。要改变这一状况,靠改变原程序是非常麻烦的,而使用刀具长度补偿功能则可以通过修改刀具长度补偿值的方法加以解决。图 3-29(c)表示修改刀具长度补偿值后,钻头快速下降的深度为 $L_1+\Delta L$,钻孔时就可以使刀具加工到图样上给定的钻孔深度。

2) 编程格式

$$G17 \begin{Bmatrix} G00 \\ G01 \end{Bmatrix} \begin{Bmatrix} G43 \\ G44 \end{Bmatrix} Z\_\_ H\_\_$$

或

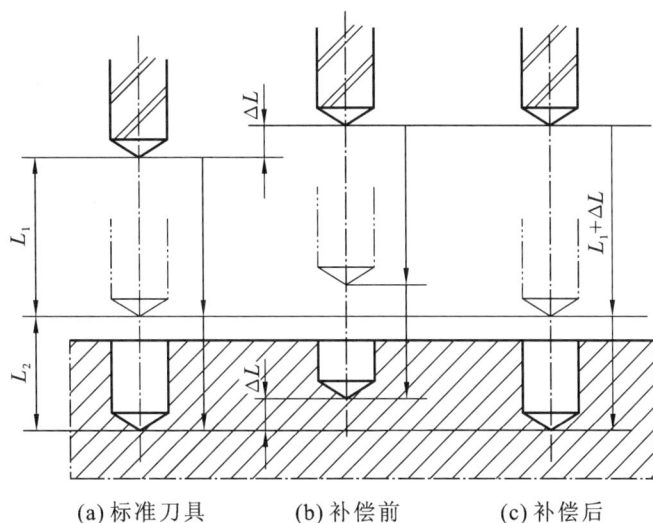

(a) 标准刀具　　(b) 补偿前　　(c) 补偿后

图 3-29　刀具长度补偿

$$G18 \begin{Bmatrix} G00 \\ G01 \end{Bmatrix} \begin{Bmatrix} G43 \\ G44 \end{Bmatrix} Y\_\_H\_\_$$

或

$$G19 \begin{Bmatrix} G00 \\ G01 \end{Bmatrix} \begin{Bmatrix} G43 \\ G44 \end{Bmatrix} X\_\_H\_\_$$

$$G17 \begin{Bmatrix} G00 \\ G01 \end{Bmatrix} G49\ Z\_\_$$

或

$$G18 \begin{Bmatrix} G00 \\ G01 \end{Bmatrix} G49\ Y\_\_$$

或

$$G19 \begin{Bmatrix} G00 \\ G01 \end{Bmatrix} G49\ X\_\_$$

其中：使用 G17、G18、G19 指令时,刀具长度补偿轴分别为 Z 轴、Y 轴和 X 轴；X、Y、Z 为补偿完成的终点坐标；H 为刀具长度补偿量的存储器地址（H00～H99）；H00 为撤销刀具长度补偿。

在编制刀具长度补偿执行程序前,应在 MDI 方式下输入刀具长度补偿值。编程时不考虑刀具的长短,只按假设的标准刀具长度编程,当实际所用刀具长度和标准刀具长度不同时,用刀具长度补偿功能进行补偿。使用 G43、G44 指令时,不管是用 G90 编程还是用 G91 编程,Z 轴的移动值都要与 H 指令的存储器地址中的刀具长度补偿量进行加减运算（使用 G43 指令时两者相加,使用 G44 指令时两者相减）,然后把运算结果作为 Z 轴的终点坐标值进行刀具偏移。

刀具长度补偿指令的使用也包括补偿的建立、补偿的执行、补偿的取消三个阶段。其中,刀具补偿的建立和取消阶段应在被加工轮廓之外进行。

3.2.2.4　对刀方法

对于数控加工来说，在加工开始时就要确定刀具与零件的相对位置，这是通过对刀来实现的。对刀的准确程度将直接影响零件加工的位置精度，因此，对刀是数控机床操作中一项重要且关键的工作。常使用百分表、中心规及寻边器（见图 3-30）等工具来对刀。

无论采用哪种工具对刀，都是为了使数控铣床主轴中心与对刀点重合，利用机床的坐标显示确定对刀点在机床坐标系中的位置，从而确定零件坐标系在机床坐标系中的位置。简单地说，对刀就是确定零件装夹在机床工作台的位置。对刀方法如图 3-31 所示。

图 3-30　寻边器

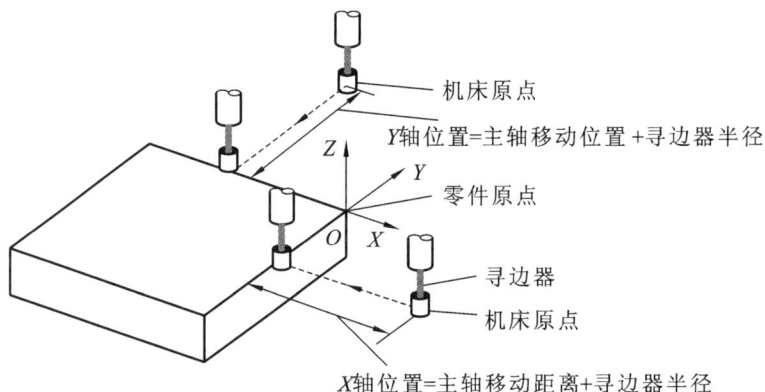

图 3-31　对刀方法

3.2.3　项目实施

3.2.3.1　加工工艺分析

3-9　项目 7 实施

1. 零件图样分析

凸模板轮廓和凸台底面的表面粗糙度都为 $Ra\ 3.2\ \mu m$，要求较高，无垂直度要求。该零件材料为 45 钢，切削加工性能较好。

2. 选择加工方案

根据零件形状及加工精度要求，以底面为基准，一次装夹完成所有的加工。根据先粗后精的原则，确定加工方案：首先粗加工外轮廓，然后精加工外轮廓。

3. 确定装夹方案

零件毛坯外形为规则的长方形，因此，加工外轮廓时选择平口机用虎钳。装夹高度为 25 mm，因此，需在虎钳定位基面加垫铁。

4. 确定加工顺序及走刀路线

外轮廓加工采用顺铣方式，刀具沿切线方向切入与切出，以提高加工精度。

5. 刀具及切削用量的选择

凸模板外轮廓的加工选用大直径刀具，以提高加工效率。选用 $\phi20$ 高速钢普通立铣刀分别进行粗、精加工。切削用量选择见工艺文件。

6. 填写工艺文件

凸模板数控加工工序卡片如表 3-8 所示。

表 3-8　凸模板数控加工工序卡片

数控加工工序卡片		产品名称或代号	零件名称	材料	零件图号
			凸模板	45	X01
工序号	程序编号	夹具名称	夹具编号	使用设备	车间
	O3003	机用平口虎钳 200		XK5032	数控实训中心

工步号	工步内容	刀具号	刀具规格	主轴转速 /(r/min)	进给速度 /(mm/min)	背吃刀量 /mm	量具	备注
1	粗铣外轮廓留侧余量 0.5 mm,底余量 0.2 mm	T01	φ20 立铣刀	2 000	180	4.5 12	游标卡尺	
2	精铣外轮廓 达图纸要求	T01	φ20 立铣刀	2 800	250	0.5 0.2	千分尺	
3	清理、入库							
编制		审核		共　页			第　页	

3.2.3.2　编制加工程序

1. 建立零件坐标系

零件坐标系原点设在零件对称中心上,Z 轴零点在零件的上表面上,如图 3-32 所示。

2. 计算基点坐标

计算如图 3-33 所示外轮廓上各个基点的坐标,结果如表 3-9 所示。

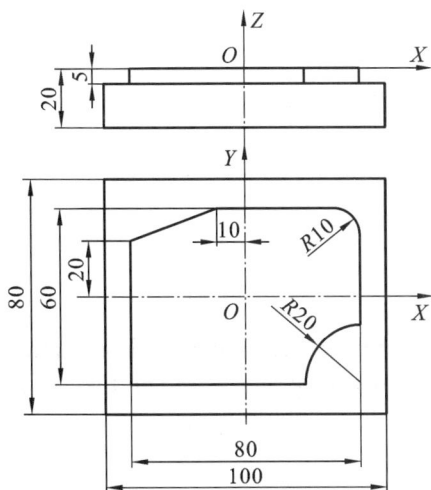

图 3-32　建立零件坐标系

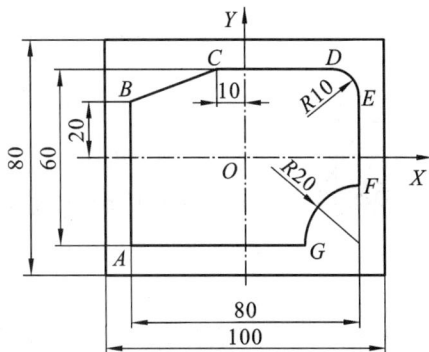

图 3-33　基点

表3-9 基点坐标值

基点	坐标值(X,Y)	基点	坐标值(X,Y)
A	(−40,−30)	E	(40,20)
B	(−40,20)	F	(40,−10)
C	(−10,30)	G	(20,−30)
D	(30,30)		

3. 凸模板轮廓精加工程序

凸模板轮廓精加工程序如表3-10所示。

表3-10 凸模板轮廓精加工程序

程序	说明
O3003	程序名
G17 G54 G90;	确定零件坐标系及加工平面,采用绝对坐标编程
S1000 M03;	主轴正转,转速为1 000 r/min
G00 Z50;	Z轴快速进刀
X−70 Y−60 M08;	快速定位到加工起点,打开冷却液
G43 Z10 H01;	建立刀具长度补偿
G01 Z−5 F250;	以250 mm/min进给速度直线插补至切削深度
G41 X−40 D01;	建立刀具半径补偿
Y20;	沿轮廓进行加工
X−10 Y30;	
X30;	
G02 X40 Y20 R10;	
G01 Y−10;	
G03 X20 Y−30 R20;	
G01 X−70;	
G00 G40 Y−60;	取消刀具半径补偿
G49 Z50;	主轴抬起,取消长度补偿
M30;	程序结束

3.2.3.3 仿真加工

1. 选择机床

打开"机床"菜单→单击"机床/选择机床",或者单击工具条上的图标，在"选择机床"对话框(见图3-34)中选择相应的控制系统、机床类型、厂家及型号,按"确定"键。单击选项图标，在"视图选项"对话框中,将"显示机床罩子"复选框中的"√"去掉,如图3-35所示,按"确定"键。

3-10 选择铣床

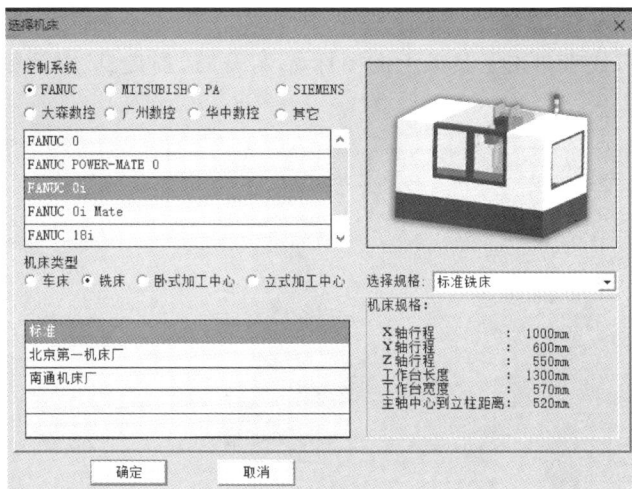

图 3-34　选择机床

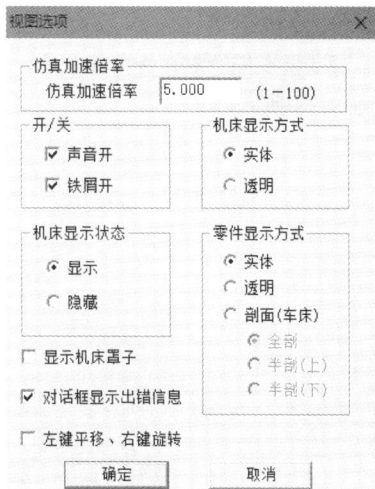

图 3-35　视图选项设置

2. 激活系统

(1) 单击机床操作面板上的█键,启动机床。

(2) 检查急停按钮◉是否松开,若未松开,单击急停按钮图标,将其松开。

3. 回参考点

(1) 选择"回原点"模式█,先将 Z 轴回原点,单击操作面板上的█按钮,单击 ➕,使 Z 轴回原点,Z 轴回原点后█灯变亮,CRT 上的 Z 坐标变为"0.000"。

(2) 分别单击 X 轴、Y 轴方向移动按钮 X 、 Y ,使指示灯变亮,单击 ➕,此时 X 轴、Y 轴将分别回到参考点,X 轴、Y 轴回参考点后██灯也会变亮。此时,CRT 界面如图 3-36 所示。

4. 定义毛坯

打开"零件"菜单→单击"定义毛坯",或者单击工具条上的图标 ▱,打开"定义毛坯"对话框,输入毛坯尺寸 100×80×20(单位均为 mm),如图 3-37 所示。

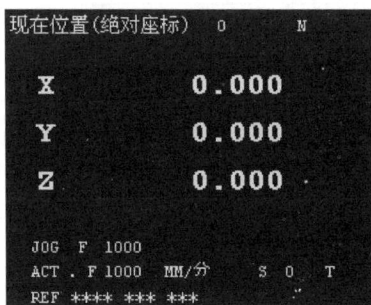

3-11　设定毛坯和选刀具

图 3-36　回参考点

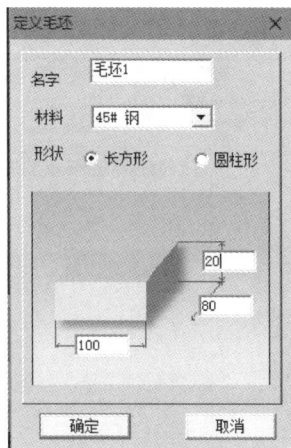

图 3-37　定义毛坯

5. 选择夹具

打开"零件"菜单→单击"安装夹具"，或者单击工具条上的图标，打开"选择夹具"对话框，如图 3-38 所示。

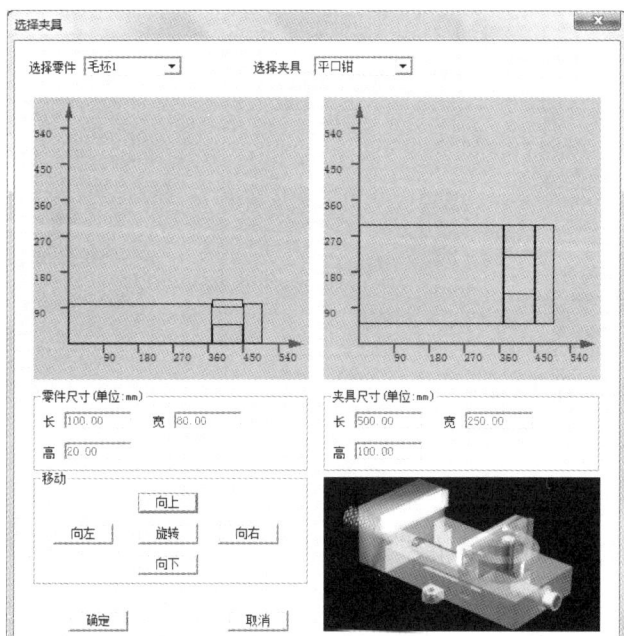

图 3-38　选择夹具

在"选择零件"列表框中选择"毛坯 1"；在"选择夹具"列表框中间选夹具，长方体零件可以使用工艺板或者平口钳，圆柱形零件可以选择工艺板或者卡盘。单击　旋转　键，旋转零件，让虎口夹零件的长 100 mm 的面。单击　向上　键，将零件向上移动，便于刀具的铣削加工，然后单击"确定"键。

6. 放置零件及调整零件位置

（1）打开"零件"菜单→单击"放置零件"，或者单击工具条上的图标，系统弹出如图 3-39 所示的对话框。选择定义好的毛坯 1，再单击　安装零件　按钮。

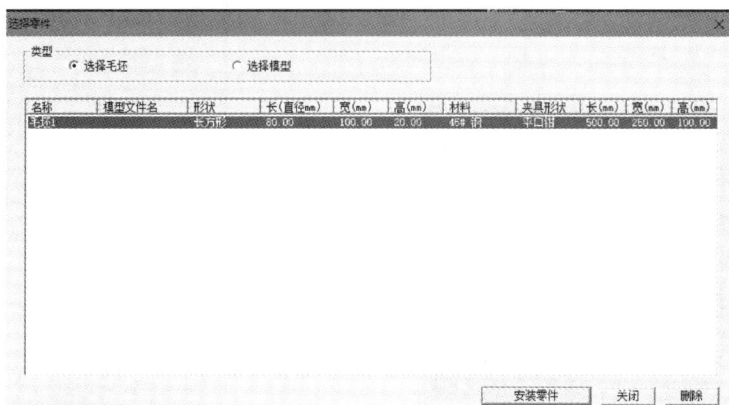

图 3-39　选择零件

（2）将毛坯放上工作台后，系统将自动弹出一个小键盘，如图 3-40 所示。

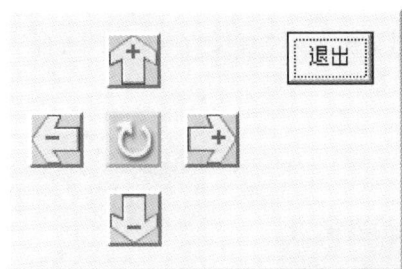

图 3-40　移动零件

通过按动小键盘上的方向按钮，实现零件的平移和旋转。小键盘上的"退出"按钮用于关闭小键盘，通过打开"零件"菜单→单击"移动零件"也可以打开小键盘。本项目需要单击 ⟳ 图标，将零件和夹具在工作台上旋转 90°。

7．对刀

（1）选择对刀基准工具。

一般数控铣床在 X 轴、Y 轴方向对刀时使用的基准工具包括刚性靠棒和寻边器两种。

打开"机床"菜单→单击"基准工具"，弹出"基准工具"对话框，左边是刚性靠棒，右边是寻边器，如图 3-41 所示。选左边的刚性靠棒，采用检查塞尺松紧的方式对刀。

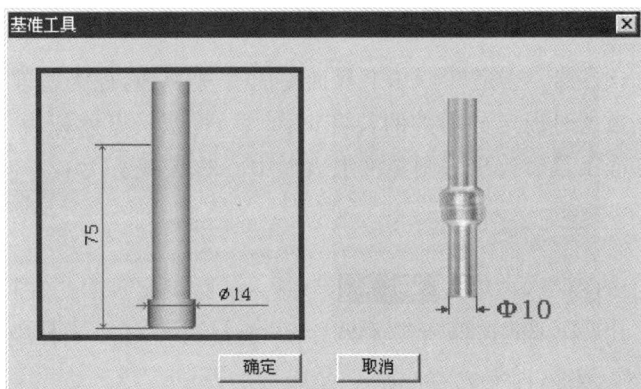

图 3-41　选择对刀用基准工具

（2）X 轴方向对刀。

① 单击操作面板中的按钮 ⬚，进入"手动"方式，单击 MDI 键盘上的 ⬚，使 CRT 界面上显示坐标值。

② 借助"视图"菜单中的动态旋转、动态放缩、动态平移等工具，适当单击 X 、 Y 、 Z 按钮和 + 、 − 按钮，将机床移动到如图 3-42（a）所示的大致位置（基准工具在零件的右侧）。

3-12　X 向对刀

③ 单击"塞尺检查"菜单→"1 mm"，基准工具和零件之间被插入 1 mm 厚塞尺，在机床下方显示局部放大图（紧贴零件的红色物件为塞尺）。

注意：塞尺有各种不同尺寸，可以根据需要调用。

④ 移动到大致位置后，可以采用手轮调节方式移动机床。单击操作面板上的手动脉冲按

钮,使手动脉冲指示灯💡变亮,采用手动脉冲方式精确移动机床。单击回,显示手轮🔘。将手轮对应轴旋钮🔘置于X挡,调节手轮进给速度旋钮🔘,在手轮🔘上连续单击鼠标左键或右键精确移动靠棒,直至"提示信息"对话框显示"塞尺检查的结果:合适",如图3-42(b)所示。

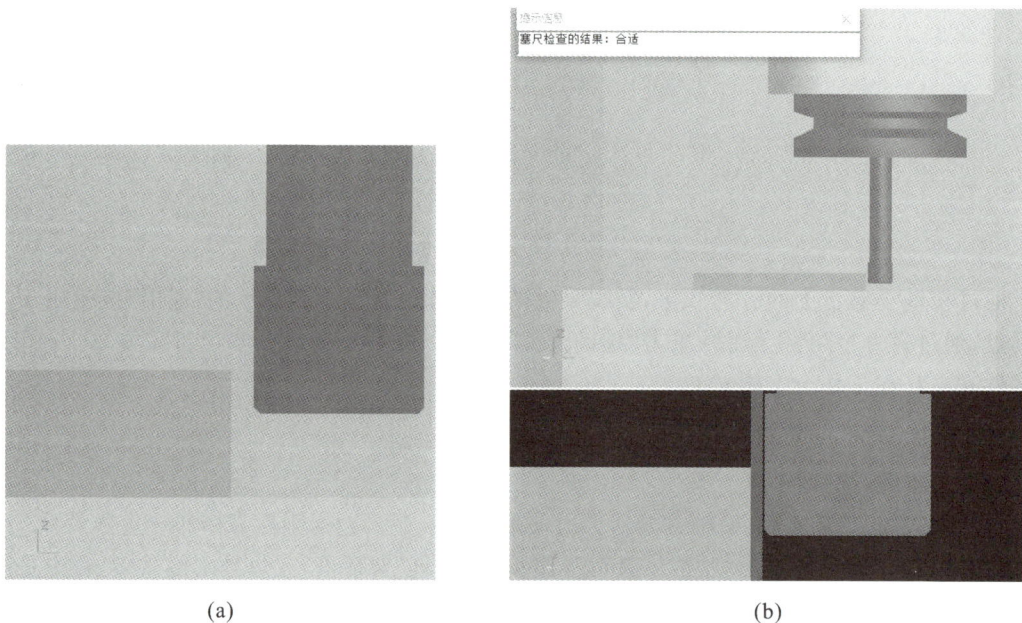

(a)   (b)

图3-42　X轴方向对刀

⑤ 记下塞尺检查结果为"合适"时CRT界面中的X坐标值,此为基准工具中心的X坐标,记为X_1,将定义毛坯数据时设定的零件的长度记为X_2,将塞尺厚度记为X_3,将基准零件直径记为X_4(可在选择基准工具时读出),则零件上表面中心的X坐标为:

$$X = X_1 - \frac{X_2}{2} - X_3 - \frac{X_4}{2}$$

⑥ 按操作界面上的🔘键,再单击**坐标系**键,进入参数设定页面,如图3-43所示。用↑、↓键切换坐标系页面。用↑、↓键选择所需的坐标系(通常选择G54零件坐标系)和坐标轴。按数字键输入X值,再按🔘键,即完成零件原点X坐标的设定。

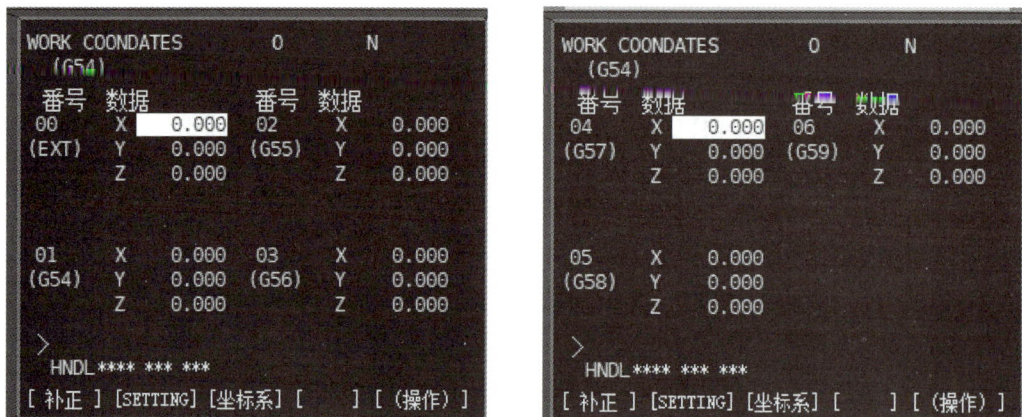

图3-43　零件坐标系设定页面

单击"塞尺检查"菜单→"收回塞尺",将塞尺收回。

（3）Y 轴方向对刀。

采用同样的方法,得到零件原点的 Y 坐标,并按数字键将 Y 值输入图 3-43 所示零件坐标系设定页面的相应位置。

3-13　Y 向对刀

（4）拆除基准工具。

单击，机床转入手动操作状态,单击和按钮,将 Z 轴提起,再打开"机床"菜单→单击"拆除工具",拆除基准工具。

（5）选择刀具。

打开"机床"菜单→单击"选择刀具",或者单击工具条上的图标，弹出如图 3-44 所示的对话框。根据"所需刀具直径"和"所需刀具类型"在系统提供的刀库里检索刀具,然后在"已经选择的刀具"列表里选择所需刀具,本项目选 ϕ16 mm 立铣刀（总长 100 mm）,按"确定"键,这时主轴就安装上了所选的刀具。按"删除当前刀具",可删除错选的刀具。

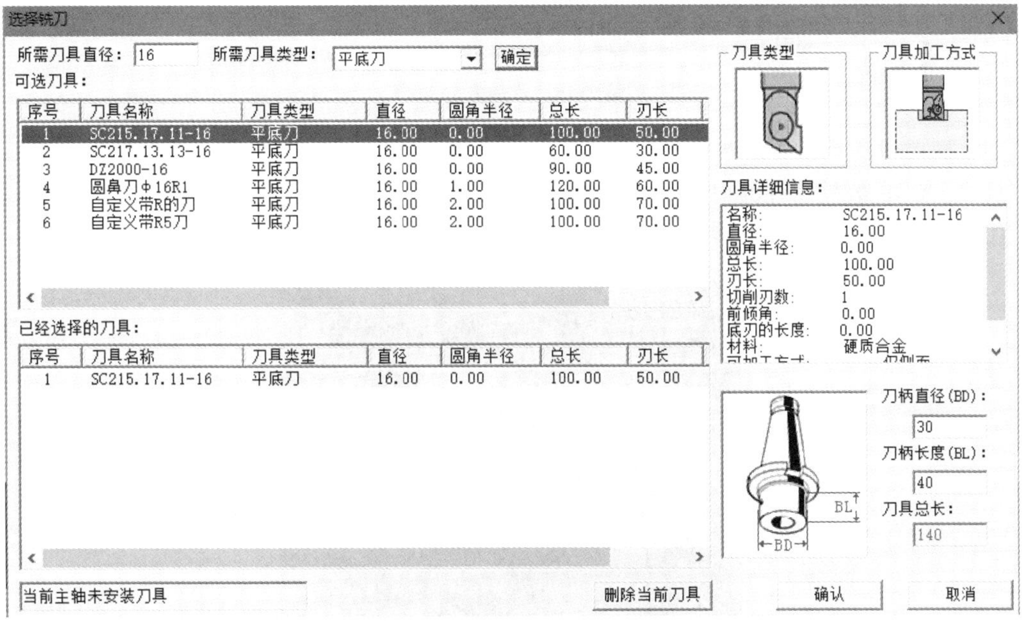

图 3-44　选择刀具

（6）Z 轴方向对刀。

进入"手动"方式。利用操作面板上的、、按钮和、按钮,将刀具移到如图 3-45(a)所示的大致位置（刀具位于零件的上方）。用类似于 X 轴、Y 轴方向对刀的方法进行塞尺检查,得到塞尺检查结果为"合适"时 Z 的坐标值,记为 Z_1,如图 3-45(b)所示。零件原点的 Z 坐标值为：

图 3-14　Z 向对刀

$$Z = Z_1 - 塞尺厚度$$

8. 导入程序、检查程序

操作同数控车床,详见第 2 章项目 1。

9. 输入刀具补正参数

数控铣床的刀具补正包括刀具半径补偿 D 和刀具长度补偿 H。

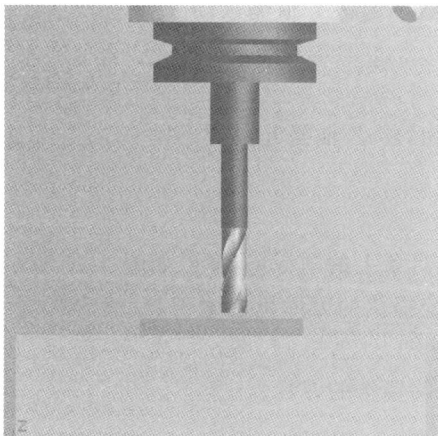 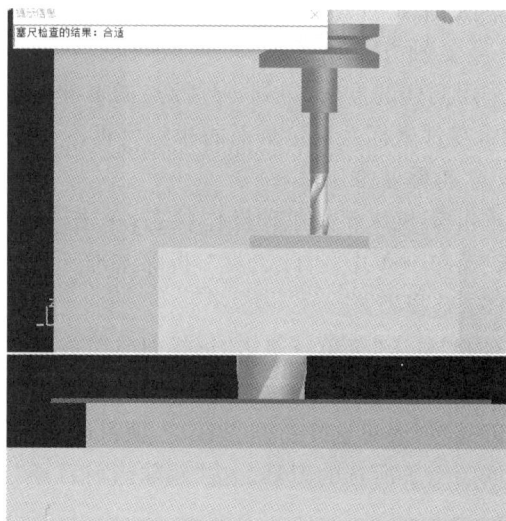

(a) (b)

图 3-45 Z 轴方向对刀

（1）输入刀具半径补偿参数。

FANUC 0*i* 数控系统的刀具半径补偿包括形状半径补偿和摩耗半径补偿。

① 在 MDI 键盘上单击键，进入工具补正设定界面，如图 3-46 所示。

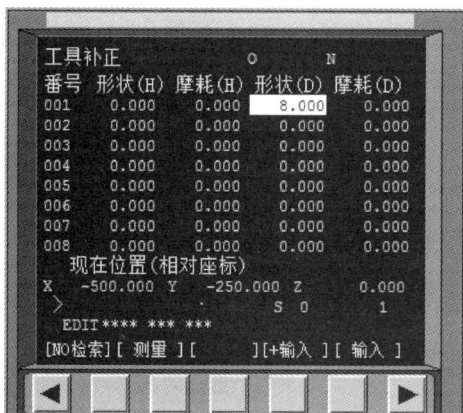

图 3-46 输入刀具补偿

② 通过方位键、选择所需的刀具号，并用、确定需要设定的刀具半径补偿是形状补偿还是摩耗补偿，将光标移到相应的区域。

③ 单击 MDI 键盘上的数字/字母键，输入刀具半径补偿参数值。

④ 按软键"输入"或单击，将参数输入指定区域，按键逐字删除输入域中的字符。

（2）刀具长度补偿参数。

3-15 项目 7
铣外轮廓

刀具长度补偿参数在刀具表中按需要输入，输入方法同刀具半径补偿参数输入。

10．自动加工

检查机床是否回零，若未回零，先将机床回零。

（1）单击操作面板上的"自动运行"按钮，使其指示灯 🔲 变亮。

（2）单击操作面板上的按钮 🔲，程序开始执行。

3-16 项目 7 外轮廓测量

3.2.3.4 零件测量

单击菜单"测量"→"剖面图测量"，弹出如图 3-47 所示的对话框，对零件进行测量。通过设置选择坐标系、选择测量平面、测量平面、测量工具、测量方式和调节工具等参数，测量加工出的零件的尺寸。

3-17 增大半径补偿余量

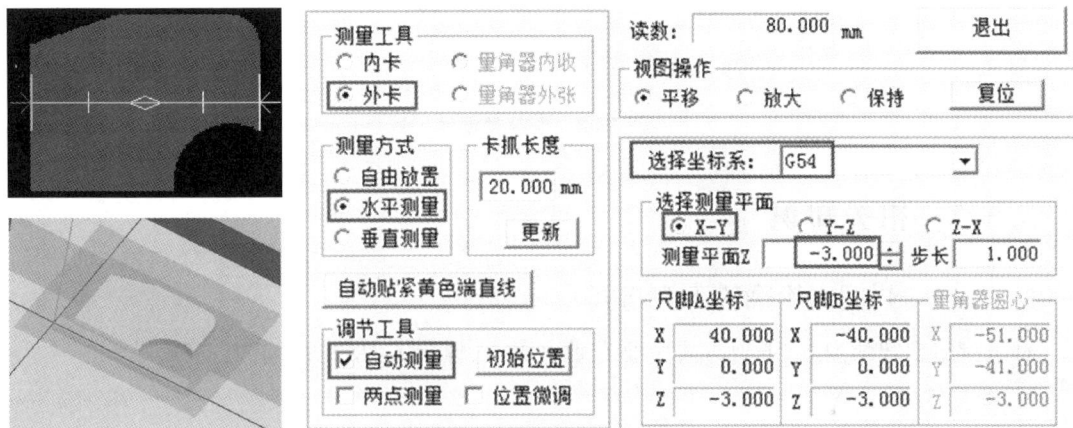

图 3-47 零件测量

测得零件有加工误差时，可以修改"工具补正"中相应的刀具半径和长度补偿值或摩耗值，再加工一次，以保证零件尺寸精度。

3.3 项目 8：型腔类零件的编程与加工

【学习目标】

1．掌握型腔类零件的下刀方式

2．掌握型腔类零件的进刀和退刀

3.3.1 项目导入

图 3-48 所示为一型腔类零件，毛坯尺寸为 80 mm×80 mm×16 mm，材料为硬铝，要求：分析零件的加工工艺，填写工艺文件，编写零件的加工程序，并通过数控仿真加工调试、优化程序，最后进行零件的虚拟加工。

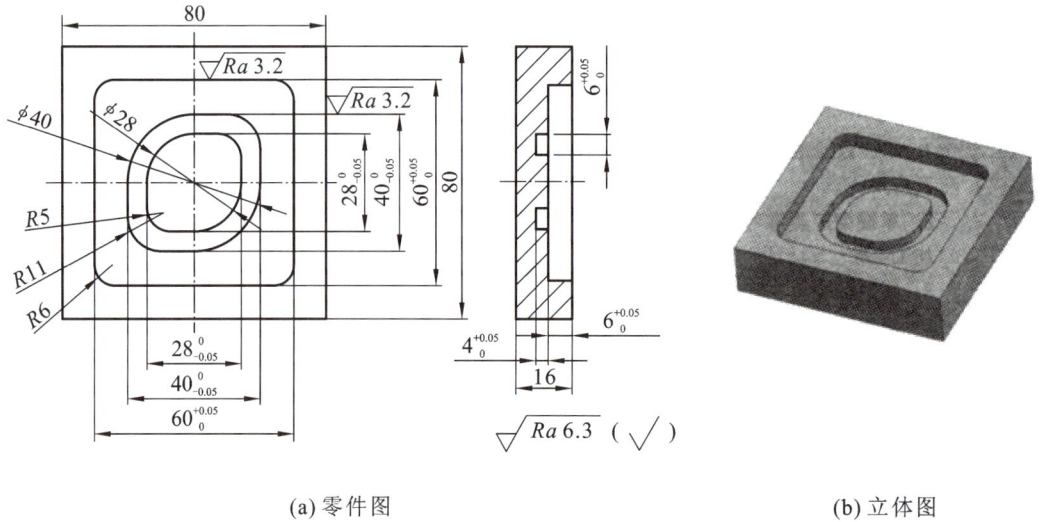

(a) 零件图   (b) 立体图

图 3-48 型腔类零件

3.3.2 相关知识

3.3.2.1 封闭内轮廓的下刀方式

对于封闭型腔的加工,下刀方式主要有垂直下刀、螺旋下刀和斜线下刀三种。

1. 垂直下刀

（1）小面积切削和零件表面粗糙度要求不高的情况。

因为键槽铣刀端面刀刃通过铣刀中心,有垂直下刀能力,所以可以用键槽铣刀直接垂直下刀并进行切削。但由于键槽铣刀只有两刃,加工时平稳性较差,因此用键槽铣刀加工出的零件表面粗糙度较大;同时,在同等切削条件下,键槽铣刀较立铣刀每刃的切削量更大,因而刀刃的磨损也较大,在大面积切削中效率低。所以,键槽铣刀直接垂直下刀并进行切削的方式,通常只适用于小面积切削或被加工零件表面粗糙度要求不高的情况。

（2）大面积切削和零件表面粗糙度要求较高的情况。

大面积的型腔一般采用加工时具有较高的平稳性和较长的使用寿命的立铣刀来加工,但由于立铣刀的底切削刃没有到刀具的中心,立铣刀垂直进刀时没有较大的吃深能力,因此,一般先采用键槽铣刀（或钻头）垂直进刀后,预钻起始孔,再换多刃立铣刀加工型腔。

2. 螺旋下刀

螺旋下刀是在现代数控加工中应用较为广泛的下刀方式,特别是在模具制造行业中较为常用。刀片式合金模具铣刀可以进行高速切削,和高速钢多刃立铣刀一样在垂直进刀时没有较大的切深能力,但可以通过螺旋下刀的方式,通过刀片的侧刃和底刃的切削,避开刀具中心无切削刃部分与零件的干涉,使刀具沿螺旋朝深度方向渐进,从而达到进刀的目的。这样,可以在切削的平稳性与切削效率之间取得一个较好的平衡点,图 3-49 所示。

螺旋下刀也有弱点,如切削路线较长、在比较狭窄的型腔加工中往往因为切削范围过小而无法实现螺旋下刀等,有时需采用较大的下刀进给或钻下刀孔等方法来弥补,所以要注意灵活应用螺旋下刀方式。

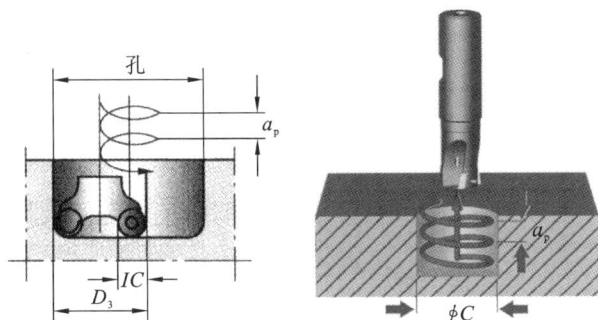

图 3-49　螺旋下刀

加工直径	ϕC_{min}	a_{pmin}	ϕC_{max}	a_{pmax}
12	—	—	—	—
16	23	1.1	30	3.8
18	27	1.1	34	3.8
20	31	1.1	38	3.6
25	41	1.1	48	2.9
32	55	1.1	62	2.6
40	71	1.0	78	2.5
50	91	1.0	98	2.5

3-18　螺旋下刀

3-19　螺旋下刀轨迹

3-20　螺旋下刀仿真

3-21　斜线下刀

3-22　斜线下刀轨迹

3-23　斜线下刀仿真

螺旋下刀主要的参数有螺旋半径和螺距。螺旋半径一般情况下应大于刀具直径的 50%，且小于刀具直径。但螺旋半径越大，进刀的切削路程就越长，下刀耗费的时间也就越长。螺距一般要根据刀具的吃深能力而定，一般在 0.5～1 mm 之间。第二层进刀高度一般等于第一层下刀高度减去慢速下刀的距离即可。

3. 斜线下刀

斜线下刀时，刀具快速下至加工表面上方一个距离后，改为以一个与零件表面成一定角度的方向以斜线的方式切入零件，从而达到 Z 向进刀的目的，如图 3-50 所示。

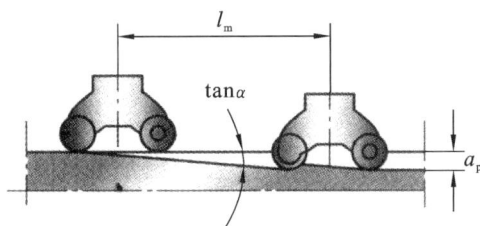

图 3-50　斜线下刀

作为螺旋下刀方式的一种补充，斜线下刀方式通常用于因范围的限制而无法实现螺旋下刀时的长条形的型腔加工。斜线下刀方式有两种类型，即倾斜线和 Z 字形，如图 3-51 所示。一般在一次切深较大的情况下选用 Z 字形的方式。

斜线下刀主要的参数有斜线下刀的起始高度、切入斜线的长度、切入和反向切入角度。斜线下刀的起始高度一般设为在加工面上方 0.5～1 mm。切入斜线的长度要视型腔空间大小及铣削深度来确定，一般切入斜线越长，进刀的切削路线程越长。切入角度选取得太小，斜线数增多，切削路程加长；切入角度太大，又会产生不好的端刃切削的情况，切入角度一般取 5°～200° 为宜。通常情况下，反向切入角度和切入角度取相同的值。

3.3.2.2　封闭内轮廓的进刀和退刀

铣削封闭的内轮廓表面时，若内轮廓能外延，则应沿轮廓的切线方向切入、切出，如图 3-52(a)所示；若内轮廓曲线不允许外延，刀具可以沿内轮廓曲

(a) 倾斜线

(b) Z字形

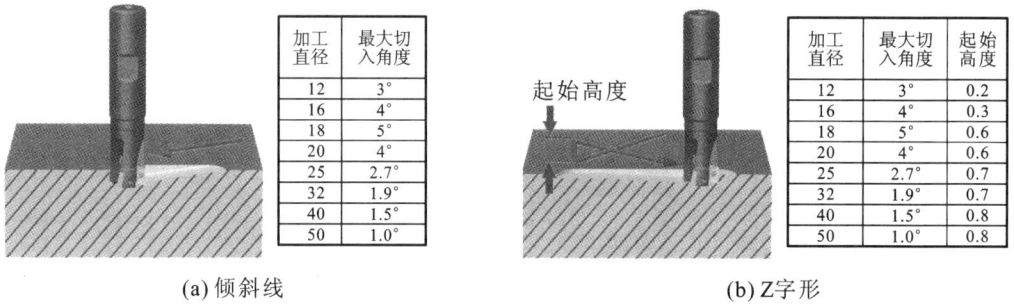

图 3-51　斜线下刀方式

线的法向切入、切出，此时，刀具的切入、切出点应尽量选在内轮廓曲线两几何元素的交点处，如图 3-52(b)所示。当内部几何元素相切无交点时，为防止刀具施加刀偏时在轮廓拐角处留下凹口，刀具切入、切出点应远离拐角。

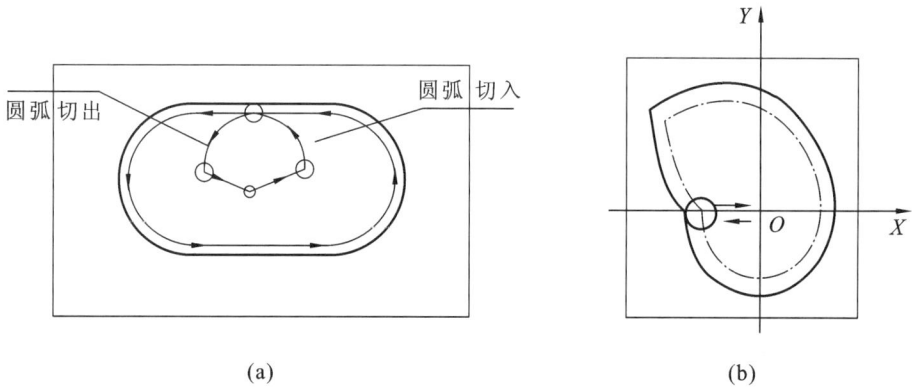

(a)

(b)

图 3-52　封闭内轮廓的进刀和退刀

3-24　封闭轮廓的
进退刀、走刀路线

3.3.2.3　封闭内轮廓的走刀路线

为满足零件轮廓表面加工后的粗糙度要求，最终轮廓应安排在最后一次走刀中连续加工出来。图 3-53(a)所示为采用行切法加工内轮廓，加工时不留死角，在减少每次进给重叠量的情况下，走刀路线较短，但两次走刀的起点和终点间留有残余高度，影响表面粗糙度。图 3-53(b)所示为采用环切法加工，表面粗糙度较小，但刀位点计算略为复杂，走刀路线也较采用行切法长。采用图3-53(c)所示的走刀路线，先用行切法加工，再沿轮廓切削一周，可使轮廓表面光整。三种方案中，图 3-53(c)所示方案最佳。

3.3.2.4　螺旋线进给指令 G02/G03

编程格式：

$$G17 \begin{Bmatrix} G02 \\ G03 \end{Bmatrix} X \underline{\quad} Y \underline{\quad} \begin{Bmatrix} I \underline{\quad} J \underline{\quad} \\ R \underline{\quad} \end{Bmatrix} Z \underline{\quad} F \underline{\quad} ;$$

$$G18 \begin{Bmatrix} G02 \\ G03 \end{Bmatrix} X \underline{\quad} Z \underline{\quad} \begin{Bmatrix} I \underline{\quad} K \underline{\quad} \\ R \underline{\quad} \end{Bmatrix} Y \underline{\quad} F \underline{\quad} ;$$

(a) 行切法　　　　(b) 环切法　　　　(c) 混合切法

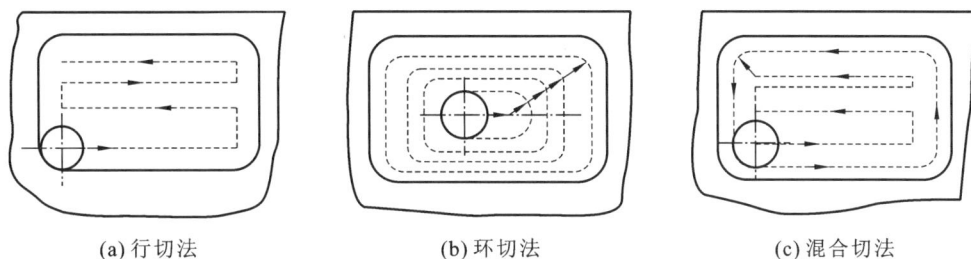

图 3-53　封闭内轮廓加工走刀路线

$$G19\ \begin{Bmatrix} G02 \\ G03 \end{Bmatrix}\ Y\_\_\ Z\_\_\ \begin{Bmatrix} J\_\_\ K\_\_ \\ R\_\_ \end{Bmatrix}\ X\_\_\ F\_\_;$$

其中:X、Y、Z 是由 G17、G18、G19 平面选定的三个坐标,为螺旋线投影圆弧的终点,意义同圆弧进给;第三坐标是与选定平面垂直的轴的终点;其余参数的意义同圆弧进给。该指令对另一个不在圆弧平面上的坐标轴施加运动指令,对于任何小于 360° 的圆弧而言,可附加任一数值的单轴指令。图 3-54(a)所示螺旋线加工的程序如图 3-54(b)所示。

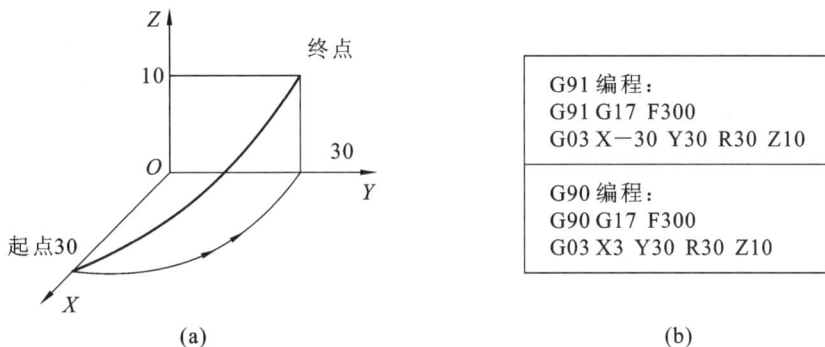

(a)　　　　　　　　(b)

图 3-54　螺旋线进给指令

3.3.3　项目实施

3.3.3.1　加工工艺分析

1. 工具选择

(1)夹具选择:采用平口虎钳装夹零件。

(2)刀具选择:矩形凹槽拐角半径为 R6 mm,所选刀直径必须小于 ϕ12 mm,故选择 ϕ10 mm 的立铣刀。环形槽最小拐角半径为 R11 mm,所选刀具直径最小为 22 mm,但环形槽槽宽为 6 mm,故所选铣刀直径不能大于 6 mm,故选择 ϕ5 mm 立铣刀。

3-25　项目 8 实施

(3)量具选择:槽深用深度游标卡尺测量,槽宽等轮廓尺寸用游标卡尺测量,圆弧用半径规测量,表面质量用粗糙度样板检测,另选用百分表校正平口虎钳及零件上表面。

2. 加工工艺方案

1)加工工艺路线制订

此例应先加工矩形凹槽,再加工中间环形槽。若先加工中间环形槽,一方面,槽较深,刀具易断;另一方面,加工矩形凹槽时,会在环形槽中产生飞边,影响环形槽宽度尺寸。

2）加工方案

（1）矩形凹槽深 6 mm，不能一次加工至深度尺寸，粗加工分多层铣削。在每一层表面加工中，因铣刀直径为 ϕ10 mm，矩形凹槽尺寸为 60 mm×60 mm，还需采用环切法切除多余部分材料，如图 3-55（a）所示（其中，点 $A,B,C,D,\cdots$ 坐标需要求解）。精加工采用圆弧切入和切出方法，以避免轮廓表面产生刀痕，如图 3-55（b）所示。

（2）环形槽加工深度为 4 mm，粗加工应分两次进刀，由于槽两边曲线形状不同，也应分别进行粗、精加工；粗、精加工可用同一程序，只需在加工过程中设置不同的刀具半径补偿值即可，环形槽加工路线如图 3-56 所示。

3）选择切削用量

加工材料为硬铝，硬度较低，切削力较小，切削速度可较高，但由于铣刀直径小，下刀深度和进给速度应较小，因此每次 Z 向下刀 2 mm，具体如表 3-11 所示。

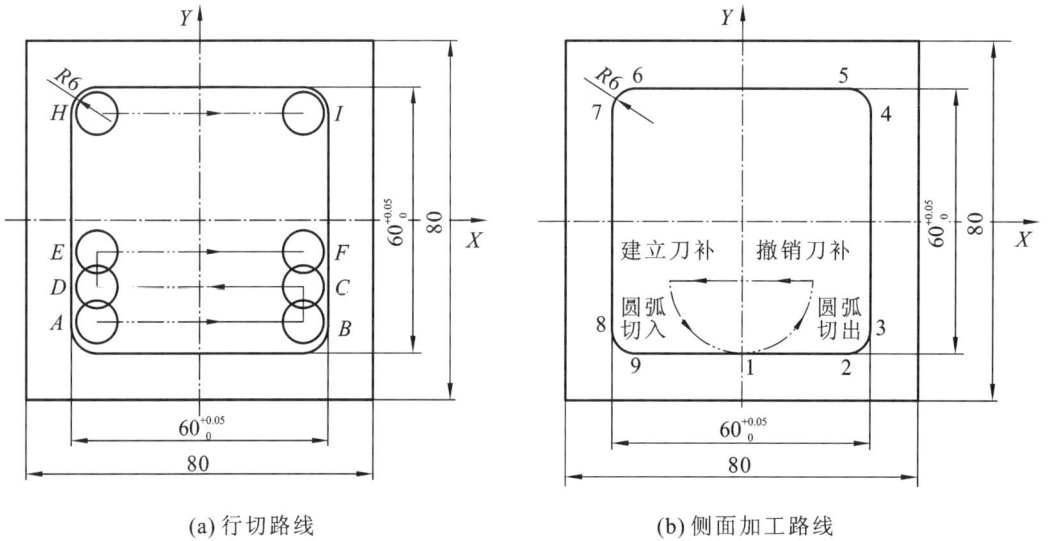

(a) 行切路线　　　　　　　　　　　　(b) 侧面加工路线

图 3-55　矩形凹槽加工路线

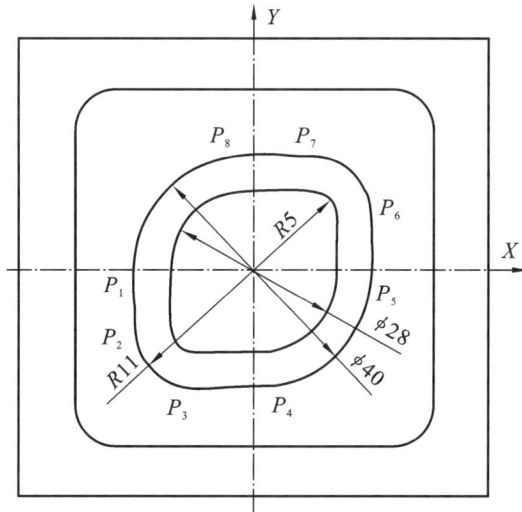

图 3-56　环形槽加工路线

表 3-11　粗精铣削用量

刀具	直径/mm	工作内容	v_f/(mm/min)	n/(r/mm)	下刀深度/mm
高速钢立铣刀（T1）	$\phi10$	斜线下刀	50	1 000	2
		表面切削进给	70	1 000	2
高速钢立铣刀（T1）	$\phi5$	斜线下刀	50	1 200	0.2
		表面切削进给	70	1 200	0.2
高速钢立铣刀（T2）	$\phi5$	斜线下刀	40	1 200	2
		表面切削进给	60	1 200	2
高速钢立铣刀（T2）	$\phi5$	斜线下刀	40	1 500	0.2
		表面切削进给	60	1 500	0.2

3.3.3.2　编写加工程序

1. 零件坐标系建立

根据零件坐标系选择原则，X、Y 零点建在零件几何中心上，Z 零点建立在零件上表面，如图 3-55、图 3-56 所示。

2. 基点坐标计算

（1）计算粗加工行切时各点的坐标。轮廓预留加工余量 1 mm，行距 9 mm，$A,D,E,\cdots,H$ 各点 X 坐标一样，Y 坐标依次大一个行距。$B,C,F,\cdots,I$ 各点也是 X 坐标相同，Y 坐标依次大一个行距。各点坐标如表 3-12 所示。

表 3-12　行切矩形凹槽时刀具各点坐标

行切点	坐标值(X,Y)	行切点	坐标值(X,Y)
A	$(-24,-24)$	B	$(24,-24)$
D	$(-24,-16)$	C	$(24,-16)$
E	$(-24,-8)$	F	$(24,-8)$
	$(-24,0)$		$(24,0)$
	$(-24,8)$		$(24,8)$
	$(-24,16)$		$(24,16)$
H	$(-24,24)$	I	$(24,24)$

（2）环形槽内、外侧基点坐标如表 3-13 所示。

表 3-13　环形槽内、外侧基点坐标

基点	槽外侧(X,Y)	槽内侧(X,Y)	基点	槽外侧(X,Y)	槽内侧(X,Y)
P_1	$(-20,0)$	$(-14,0)$	P_5	$(20,0)$	$(14,0)$
P_2	$(-20,-9)$	$(-14,-9)$	P_6	$(20,9)$	$(14,9)$
P_3	$(-9,-20)$	$(-9,-14)$	P_7	$(9,20)$	$(9,14)$
P_4	$(0,-20)$	$(0,-14)$	P_8	$(0,20)$	$(0,14)$

（3）矩形凹槽基点坐标如表 3-14 所示。

表 3-14　矩形凹槽侧面基点坐标

基点	坐标值(X,Y)	基点	坐标值(X,Y)
1	(0,−30)	6	(−24,30)
2	(24,−30)	7	(−30,24)
3	(30,−24)	8	(−30,−24)
4	(30,24)	9	(−24,−30)
5	(24,30)		

3. 参考程序

行切矩形凹槽、加工矩形凹槽侧面、加工环形槽外侧、加工环形槽内侧参考程序如表 3-15、表3-16、表 3-17、表 3-18 所示。

表 3-15　行切矩形凹槽程序

程序内容	简要说明
O3004	程序名
G40 G80 G49 G21;	设定加工初始化状态
G54 G90;	试切法对刀,选择第 1 零件坐标系,绝对坐标编程
S1200 M03;	主轴以 1 000 r/min 速度正转(精加工时调主轴速度至 1 200 r/min)
G00 X24 Y−24;	快速至 B 点上方
G43 Z10 H01;	下刀至 10 mm 处,并建立刀具长度补偿 H01
G01 Z0.5 F50;	斜线下刀至−6 mm
X−24 Z−2;	
X24 Z−4;	
X−24 Z−6;	
X24 F70;	行切至 B 点,(精加工时调进给速度至 60 mm/min)
Y−16;	横切至 C 点
X−24;	行切至 D 点
Y−8;	横切至 E 点
X24;	行切至 F 点
Y0;	
X−24;	
Y8;	
X24;	
Y16;	
X−24;	
Y24;	横切至 H 点
X24;	行切至 I 点
G00 Z100;	快速抬刀
M30;	程序结束

3-26　项目 8 矩形
凹槽加工

表 3-16　加工矩形凹槽侧面程序

程序内容	简要说明
O3006	程序名
G40 G80 G49 G21；	设定加工初始化状态
G54 G90；	试切法对刀,选择第 1 零件坐标系,绝对坐标编程
M03 S1200；	主轴以 1 200 r/min 速度正转
G00 X0 Y－25；	快速至下刀点
G43 Z10 H03；	下刀,建立刀具长度补偿 H03
G01 Z－6 F50；	下刀至槽底
G41 X－5 D03 F70；	建立刀具半径补偿 D03
G03 X0 Y－30 R5；	圆弧切入至 1 点
G01 X24；	直线加工至 2 点
G03 X30 Y－24 R6；	圆弧加工至 3 点
G01 Y24	直线加工至 4 点
G03 X24 Y30 R6；	圆弧加工至 5 点
G01 X－24；	直线加工至 6 点
G03 X－30 Y24 R6；	圆弧加工至 7 点
G01 Y－24；	直线加工至 8 点
G03 X－24 Y－30 R6；	圆弧加工至 9 点
G01 X0；	直线加工至 1 点
G03 X5 Y－25 R5；	圆弧切出
G01 G40 X0 Y0；	取消刀具半径补偿 D03
G49 Z100；	快速抬刀,取消刀具长度补偿 H03
M30；	程序结束

表 3-17　加工环形槽外侧程序

程序内容	简要说明
O3005	程序名
G40 G80 G49 G21；	设定加工初始化状态
G54 G90；	试切法对刀,选择第 1 零件坐标系,绝对坐标编程
S1200 M03；	主轴以 1 200 r/min 速度正转(精加工时调主轴速度至 1 500 r/min)
G00 X－17 Y0；	快速至下刀点
G43 Z10 H02；	下刀,建立刀具长度补偿 H02
G01 Z－5.5 F40；	斜圆弧下刀至－8 mm
G02 X0 Y17 R17 Z－7；	
G03 X－17 Y0 R17 Z－8；	
G01G41 X－20 D02；	直线插补至 P_1 点,建立半径补偿 D02,改变半径补偿值粗、精加工
X－20 Y－9 F70；	直线加工至 P_2 点
G03 X－9 Y－20 R11；	圆弧加工至 P_3 点
G01 X0；	直线加工至 P_4 点
G03 X20 Y0 R20；	圆弧加工至 P_5 点
G01 Y9；	直线加工至 P_6 点
G03 X9 Y20 R11	圆弧加工至 P_7 点
G01 X0；	直线加工至 P_8 点
G03 X－20 Y0 R20；	圆弧加工至 P_1 点

3-27　项目 8 环形槽加工、测量

程序内容	简要说明
G01 G40 X－17 F40；	取消刀具半径补偿 D02
G49 Z100；	快速抬刀，取消刀具长度补偿 H02
M30；	程序结束

表 3-18　加工环形槽内侧程序

程序内容	简要说明
O3005	程序名
G40 G80 G49 G21；	设定加工初始化状态
G54 G90；	试切法对刀，选择第 1 零件坐标系，绝对坐标编程
S1000 M03；	主轴以 1 200 r/min 速度正转（精加工时调主轴速度至 1 500 r/min）
G00 X－17 Y0；	快速至下刀点
G43 Z10 H02；	下刀，建立刀具长度补偿 H02
G01 Z－8 F40；	粗加工环形槽第 1 层，改变刀具长度补偿值分层铣
G41 X－14 D02；	直线插补至 P_1 点，建立刀具半径补偿 D02
G02 X0 Y14 R14 F60；	圆弧加工至 P_8 点
G01 X9；	直线加工至 P_7 点
G02 X14 Y9 R5；	圆弧加工至 P_6 点
G01 Y0；	直线加工至 P_5 点
G02 X0 Y－14 R14；	圆弧加工至 P_4 点
G01 X－9；	直线加工至 P_3 点
G02 X－14 Y－9 R5；	圆弧加工至 P_2 点
G01 Y0；	直线加工至 P_1 点
G40 X－17 F50；	取消刀具半径补偿 D3
G49 Z100；	快速抬刀，取消刀具长度补偿 H02
M30；	程序结束

3.3.3.3　仿真加工

仿真加工步骤如下：

（1）进入仿真系统；

（2）选择机床；

（3）启动系统；

（4）机床回参考点；

（5）毛坯的定义及装夹；

（6）刀具的选择及安装；

（7）对刀；

（8）程序录入；

（9）检查运行轨迹；

（10）自动加工；

（11）零件测量。

3.4 项目 9：孔系零件的编程与加工

【学习目标】

1. 了解孔加工的主要方法
2. 熟悉孔加工的工艺过程
3. 掌握孔加工循环指令的编程格式和应用

3.4.1 项目导入

某注塑模具中的垫板零件图样如图 3-57 所示,已知材料为 45 钢,毛坯尺寸为 160 mm×180 mm×25 mm,要求分析零件的加工工艺,填写工艺文件,编写零件的加工程序,并通过数控仿真加工调试、优化程序,最后进行零件的虚拟加工。

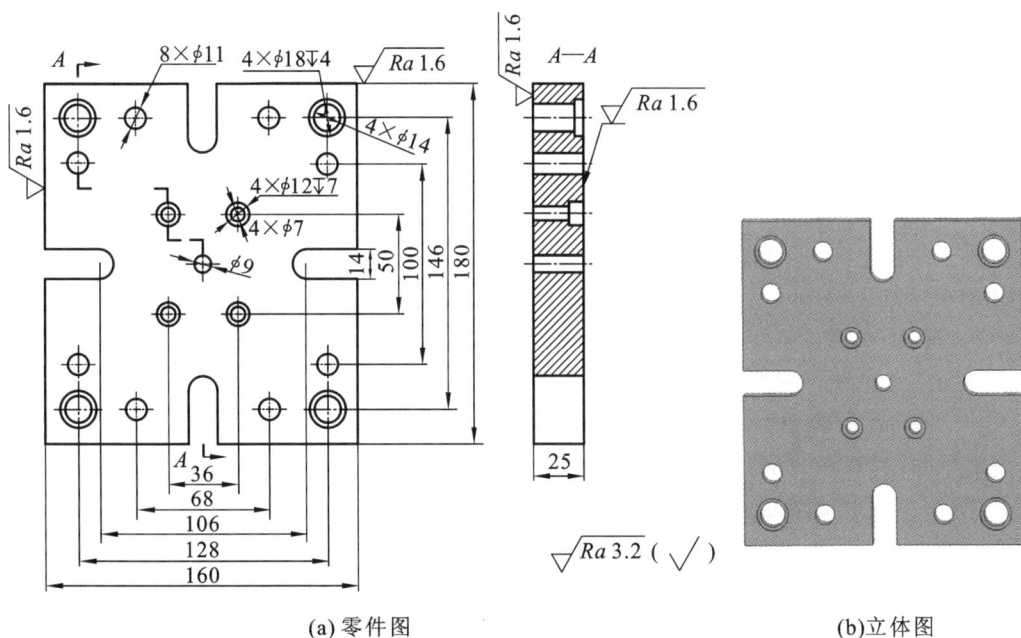

(a) 零件图

(b)立体图

图 3-57 垫板

3.4.2 相关知识

3.4.2.1 孔加工的工艺知识

1. 孔加工的主要方法

1) 点孔

点孔安排在钻孔加工之前,由中心钻来完成。由于麻花钻的横刃具有一定的长度,引钻时

3-28 孔加工的
主要方法

不易定心,加工时钻头旋转轴线不稳定,因此利用中心钻在平面上先预钻一个凹坑,便于钻头钻入时定心。由于中心钻的直径较小,点孔加工时,主轴转速不得低于 1 000 r/min。

2) 钻孔

钻孔是用钻头在零件实体材料上加工孔的方法。钻孔最常用的刀具是麻花钻,麻花钻一般用高速钢制造。钻孔加工精度一般可达到 IT10~IT11 级,表面粗糙度 Ra 为 12.5~50 μm,钻孔直径范围为 0.1~ϕ100 mm,钻孔深度变化范围也很大。钻孔广泛应用于孔的粗加工,也可以作为不重要孔的最终加工。

3) 扩孔

扩孔是用扩孔钻对零件上已有的孔进行扩大加工。扩孔钻有 3~4 个主切削刃,没有横刃,刚性及导向性好。扩孔加工精度一般可达到 IT9~IT10 级,表面粗糙度 Ra 为 3.2~6.3 μm。扩孔常用于已铸出、锻出或钻出孔的扩大,可作为精度要求不高的孔的最终加工或铰孔、磨孔前的预加工,常用于直径在 ϕ10~ϕ100 mm 范围内的孔加工。一般零件的扩孔使用麻花钻;精度要求较高或生产批量较大的零件扩孔时,应使用扩孔钻,扩孔加工余量为 0.4~0.5 mm。

4) 锪孔

锪孔是指用锪钻或锪刀刮平孔的端面或切出沉孔的加工方法,通常用于加工沉头螺钉的沉头孔、锥孔、小凸台面等。锪孔加工时,切削速度不易过高,以免产生径向振纹或出现多棱形等质量问题。

5) 铰孔

铰孔是利用铰刀从零件孔壁上切削微量金属层,以提高零件尺寸精度和表面粗糙度的方法。铰孔加工精度可达到 IT7~IT8 级,表面粗糙度 Ra 为 0.8~1.6 μm,适用于孔的半精加工及精加工。铰刀是定尺寸刀具,有 6~12 个切削刃,刚性和导向性比扩孔钻更好,适用于加工中小直径孔。铰孔之前,零件应经过钻孔、扩孔等加工。

6) 镗孔

镗孔是利用镗刀对零件上已有的尺寸较大的孔进行加工,特别适用于加工分布在同一表面或不同表面上孔距和位置精度要求较高的孔系。镗孔加工精度可达到 IT7 级,表面粗糙度 Ra 为 0.6~0.8 μm,主要应用于高精度加工场合。镗孔时,要求镗刀和镗杆必须具有足够的刚性;镗刀夹紧牢固,装卸和调整方便,具有可靠的断屑和排屑措施,确保切屑顺利折断和排出。一般情况下,精镗孔的余量单边小于 0.4 mm。

7) 铣孔

在加工单件产品或模具上某些不经常出现的孔时,为节约定尺寸刀具成本,常利用铣刀进行铣削加工。铣孔也适用于加工尺寸较大的孔。对于高精度机床而言,铣孔可以代替铰孔或镗孔。

2. 孔加工的常用方法选择

(1) 直径大于 ϕ30 mm 的已铸出或锻出的毛坯孔的加工,一般采用粗镗→半精镗→孔口倒角→精镗加工方案。

(2) 孔径较大的孔的加工,可采用立铣刀粗铣→精铣加工方案。

(3) 孔中退刀槽的加工可用锯片铣刀在孔半精镗之后、精镗之前通过铣削完成,也可用镗刀通过单刀镗削完成,但单刀镗削效率较低。

(4) 直径小于 ϕ30 mm 且无底孔的孔的加工,通常采用锪平端面→打中心孔→钻孔→扩孔→孔口倒角→铰孔加工方案;有同轴度要求的小孔,需采用锪平端面→打中心孔→钻孔→半精镗→孔口倒角→精镗(或铰)加工方案。

3. 孔加工路线

加工孔时,一般是首先将刀具在XY平面内快速定位运动到孔中心线的位置上,然后刀具再沿Z向(轴向)运动进行加工,所以,孔加工进给路线的确定包括以下几个步骤。

1)确定XY平面内的进给路线

加工孔时,刀具在XY平面内的运动属于点位运动,确定进给路线时,主要考虑迅速定位和准确定位。

(1)定位要迅速。

在刀具不与零件、夹具和机床碰撞的前提下,空行程时间应尽可能短。例如,加工图3-58(a)所示的零件,按图3-58(b)所示的进给路线进给相比按图3-58(c)所示的进给路线进给可节省近一半的定位时间。这是因为在点运动情况下,刀具由一点运动到另一点时,通常是沿X、Y坐标轴方向同时快速移动,当X、Y轴的移距不同时,短移距方向的运动先停,待长移距方向的运动停止后,刀具才达到目标位置。图3-58(b)方案使沿两轴方向的移距接近,所以定位过程迅速。

3-29 孔加工路线

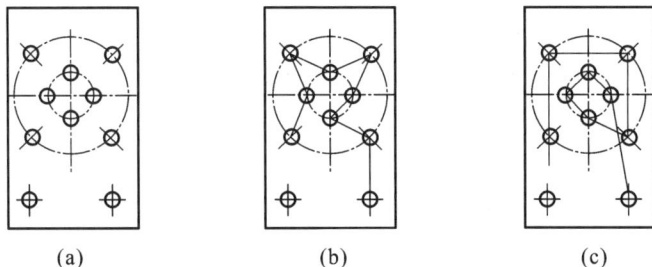

图3-58 最短进给路线设计

(2)定位要准确。

安排进给路线时,要避免机械进给系统反向间隙对孔定位精度的影响。例如,镗削图3-59(a)所示零件上的4个孔,按图3-59(b)所示进给路线加工,由于4孔孔位与1、2、3孔孔位方向相反,Y向反向间隙会使定位误差增加,从而影响4孔与其他孔的位置精度。按图3-59(c)所示进给路线,加工完3孔后往上多移动一段距离至P点,然后再折回来在4孔处进行定位加工,这样能确保进给方向一致,就可避免反向间隙的引入,提高了4孔的定位精度。

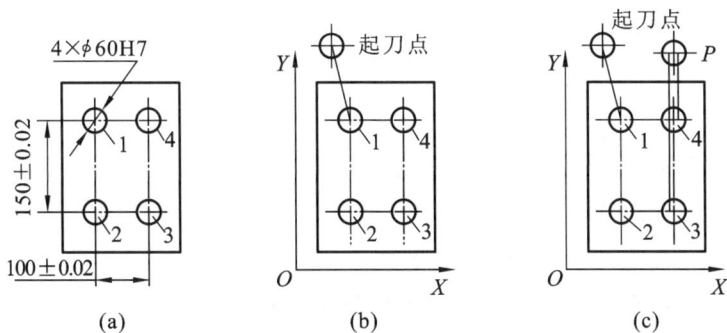

图3-59 准确定位进给路线设计

定位迅速和定位精准有时难以同时满足。在上述两例中，图3-58(b)是按最短路线进给，但不是从同一方向趋近目标位置，影响了刀具定位精度；图3-59(c)是从同一方向趋近目标位置，但不是最短路线，增加了刀具的空行程。这时应抓主要矛盾，若按最短路线进给能保证定位精度，则取最短路线；反之，应取能保证定位准确的进给路线。

2）确定 Z 向（轴向）的进给路线

刀具在 Z 向的进给路线分为快速移动进给路线和工作进给路线。刀具先从起始平面快速运动到距零件加工表面一定距离的 R 点平面（距零件加工表面一定切入距离的平面）上，然后按零件进给速度进行加工。图3-60(a)所示为加工单个孔时刀具的进给路线。

进行多孔加工时，为减少刀具空行程进给时间，加工中间孔时刀具不必退回到初始平面，只要退到 R 平面上即可，进给路线如图3-60(b)所示。

在工作进给路线中，工作进给距离 Z_f 包括被加工孔的深度 H、刀具的切入距离 Z_a 和切出距离 Z_0（加工通孔），如图3-61所示。

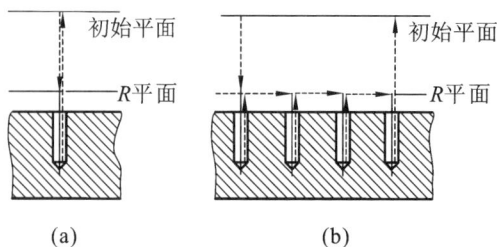

图 3-60　刀具 Z 向（轴向）进给路线设计

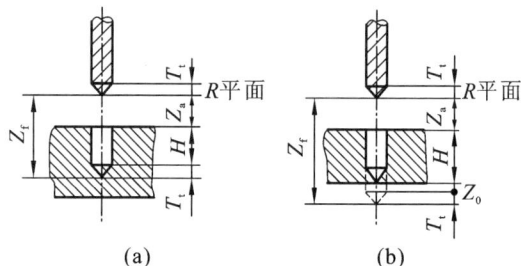

图 3-61　工作进给距离计算图

加工盲孔时，工作进给距离为

$$Z_f = Z_a + H + T_t$$

加工通孔时，工作进给距离为

$$Z_f = Z_a + H + Z_0 + T_t$$

式中，刀具切入、切出距离的经验数据如表3-19所示。

表 3-19　刀具切入、切出距离参考值

加工方法	已加工表面	毛坯表面	加工方法	已加工表面	毛坯表面
钻孔	2～3	5～8	铰孔	3～5	5～8
扩孔	3～5	5～8	铣削	3～5	5～10
镗孔	3～5	5～8	攻螺纹	5～10	5～10

4. 螺纹加工方法的选择

螺纹加工方法主要有两种：攻螺纹、铣螺纹。

内螺纹的加工方法根据孔径确定。一般情况下，M6～M20 之间的螺纹，通常采用攻螺纹的方法加工，因为在加工中心上攻小直径螺纹丝锥容易折断；M6 以下的螺纹可在加工中心上完成底孔加工后，再通过其他手段采用攻螺纹方法进行加工；外螺纹或 M20 以上的内螺纹，一般采用铣削加工方法。

3.4.2.2 孔加工固定循环指令

钻孔、镗孔一般包括孔位平面定位、快速引进、工作进给、快速退回等一系列典型动作。针对这些典型动作预先编好程序,并存储在内存中,用一个 G 指令调用,即称为固定循环。使用固定循环指令可以简化编程工作,缩短程序的长度,并能减少程序所占用的内存。孔加工固定循环指令有 G73、G74、G76、G80～G89。

1. 固定循环的动作构成

孔加工固定循环通常由六个动作构成,如图 3-62 所示,具体分别是:

(1) X、Y 轴定位;

(2) 快速定位到 R 点(定位方式取决于上次是 G00 指令还是 G01 指令);

(3) 慢速加工孔;

(4) 在孔底的动作;

(5) 退回到 R 点(参考点);

(6) 快速返回到初始点。

固定循环的程序格式中包括数据形式、返回点平面、孔的加工方式、孔的位置数据、孔的加工数据和循环次数。

固定循环的数据可以采用绝对坐标(G90)和相对坐标(G91)表示,如图 3-63 所示。其中,图 3-63(a)是采用绝对坐标表示,图 3-63(b)是采用相对坐标表示。数据表示形式在程序开始时就已指定,因此,在固定循环程序格式中可以不注出。

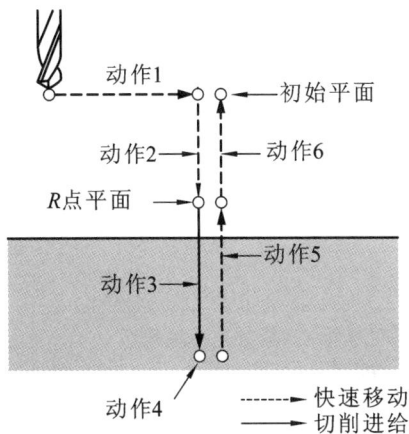

图 3-62 孔加工的六个典型动作

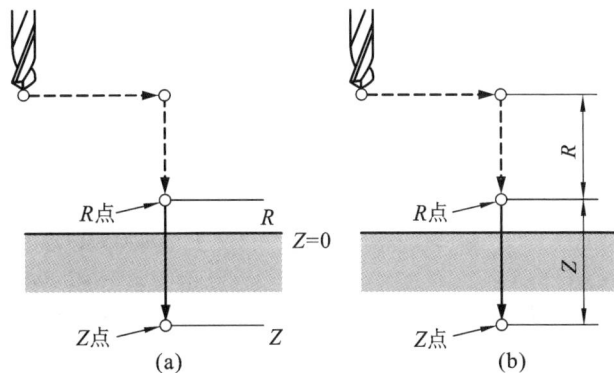

图 3-63 固定循环的数据表示形式

2. 固定循环的编程格式

编程格式:

$$\begin{Bmatrix} G98 \\ G99 \end{Bmatrix} G\_\_ X\_\_ Z\_\_ R\_\_ Q\_\_ P\_\_ F\_\_ K\_\_ ;$$

其中:G98 表示返回初始平面;G99 表示返回 R 点平面;G 表示固定循环代码 G73、G74、G76 和 G81～G89 之一;X、Y 为孔位的绝对坐标(G90)或相对坐标(G91);R 为 R 点的绝对坐标(G90)或 R 点相对于初始点的增量坐标(G91);Z 为孔底的绝对坐标(G90)或孔底相对于 R 点的增量坐标(G91);Q 为每次进给深度(G73/G83)或刀具偏移(G76/G87);K 为每次退刀距离或距已

加工孔深度的距离(G73/G83);P 为刀具在孔底的暂停时间,单位为 ms;F 为切削进给速度;K 为固定循环的次数,次数为 1 时省略,只有在增量坐标编程时才用,一般用于多个等距孔的加工。

3-31 G81 快速
钻孔指令

3. 常用固定循环指令及其使用

1) 钻孔循环(中心钻)指令 G81

编程格式:

$$\begin{Bmatrix} G99 \\ G98 \end{Bmatrix} G81 \ X\_\_ \ Y\_\_ \ Z\_\_ \ R\_\_ \ F\_\_ \ K\_\_;$$

G81 钻孔循环包括 XY 平面内快速定位、Z 轴方向快进至 R 点、快进至孔底和快速返回等动作,如图 3-64 所示。

注意:如果 Z 轴方向的移动量为零,则该指令不执行。

【例 3-3】 加工如图 3-65 所示的四个孔,孔深为 10 mm。

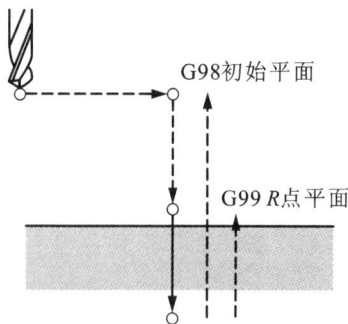

图 3-64 G81 钻孔循环

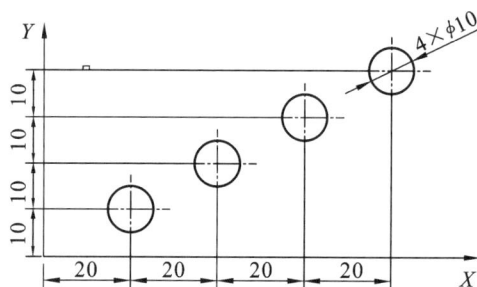

图 3-65 钻孔循环编程

钻孔循环加工程序如表 3-20 所示。

表 3-20 钻孔循环加工程序

程序内容	简要说明
O3007	程序名
G17 G21 G40 G49 G80;	设定加工初始化状态
G54 G90;	试切法对刀,选择第 1 零件坐标系,绝对坐标编程
S600 M03;	主轴以 600 r/min 速度正转
G00 Z50;	
X20 Y10;	
G43 Z10 H01;	建立刀具长度补偿 H01
G99 G81 Z－10 R5 F100;	钻 1 号孔
X40 Y20;	钻 2 号孔
X60 Y30;	钻 3 号孔
G98 X80 Y40;	钻 4 号孔
G00 G49 Z100;	快速抬刀,取消刀具长度补偿 H03
M30;	程序结束

2) 带停顿的钻孔循环指令 G82

编程格式:

$$\begin{Bmatrix} G99 \\ G98 \end{Bmatrix} G82\ X\_\ Y\_\ Z\_\ R\_\ P\_\ F\_\ K\_;$$

G82 指令除了要在孔底暂停外,其他动作与 G81 指令相同。暂停时间由地址 P 给出,单位为 ms。G82 指令主要用于加工盲孔,以提高孔深精度。

3)高速深孔加工循环指令 G73

编程格式:

$$\begin{Bmatrix} G99 \\ G98 \end{Bmatrix} G73\ X\_\ Y\_\ Z\_\ R\_\ Q\_\ P\_\ F\_\ K\_;$$

其中:Q 为每次向下的钻孔深度,增量值,取正值。

G73 指令用于深孔的间歇进给加工,不仅使加工时容易断屑、排屑、加入冷却液等,而且减少了退刀量,可以进行深孔的高速加工。G73 指令动作循环如图 3-66 所示,它的工作步骤为:快速在孔中心坐标定位、快移接近零件至 R 点、向下以 F 速度钻孔(深度为 Q)、向上快速抬刀(距离为 d)、反复钻孔及抬刀、钻孔至孔底 Z 点、孔底延时 P_s(主轴维持旋转状态)、向上快速退回。

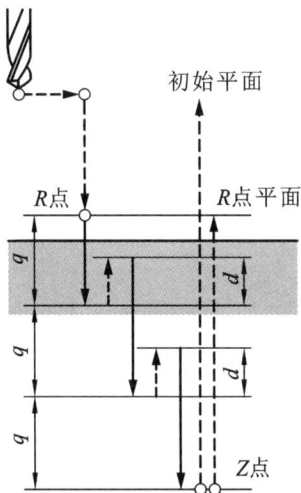

图 3-66　G73 高速深孔加工循环

注意:当 Z、K、Q 的移动量为零时,该指令不执行。

4)深孔加工循环指令 G83

编程格式:

$$\begin{Bmatrix} G99 \\ G98 \end{Bmatrix} G83\ X\_\ Y\_\ Z\_\ R\_\ Q\_\ P\_\ F\_\ K\_;$$

用 G83 指令加工时,每向下钻一次孔后,快速退到参考点 R 点,退刀量增大,更便于排屑和冷却液的加入。G83 指令参数的意义同 G73 指令。

5)反攻丝循环指令 G74

编程格式:

$$\begin{Bmatrix} G99 \\ G98 \end{Bmatrix} G74\ X\_\ Y\_\ Z\_\ R\_\ P\_\ F\_\ K\_;$$

其中:F 为螺纹的导程。

利用 G74 指令攻反螺纹时,用左旋丝锥,主轴反转攻丝,动作循环为:在 XY 平面内快速定位、主轴反转进给、到孔底时主轴停转同时进给停止、主轴正转退出。G74 指令动作循环如图 3-67 所示。

注意:①主轴转速与进给速度应相匹配,保证每转的进给量为一个螺纹的导程;②R 点应选在距零件上表面 7 mm 以上的地方;③攻丝时,速度倍率、进给保持均不起作用。

3-32 其他孔加工循环指令

6) 攻丝循环指令 G84

编程格式:

$$\left\{ \begin{array}{c} G99 \\ G98 \end{array} \right\} G84\ X\_\_\ Y\_\_\ Z\_\_\ R\_\_\ P\_\_\ F\_\_\ K\_\_\ ;$$

利用 G84 指令攻螺纹时,用右旋丝锥,主轴正转攻丝。从 R 点到 Z 点主轴正转,在孔底暂停后,主轴反转,然后退回。G84 指令动作循环如图 3-68 所示。

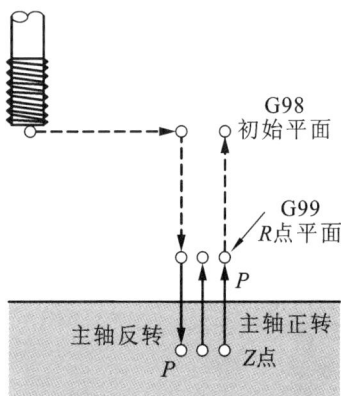

图 3-67 G74 反攻丝循环

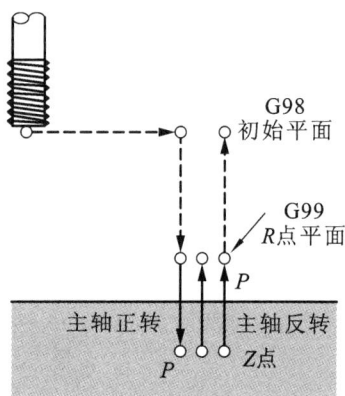

图 3-68 G84 攻丝循环

【例 3-4】 编写如图 3-69 所示的 8×M10 螺纹的加工程序,螺纹切削深度为 10 mm。

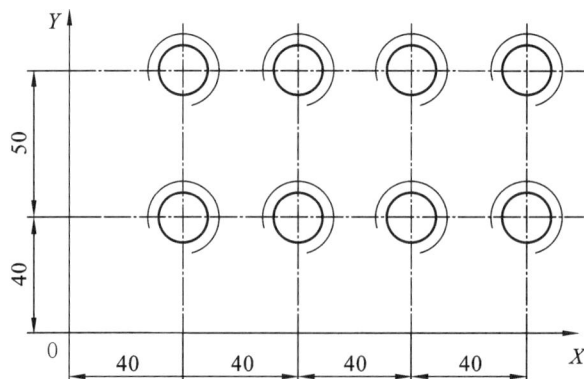

图 3-69 固定循环综合编程

取零件上表面为 Z 坐标的原点。在零件上加工螺纹孔时,应先在零件上钻孔,钻孔的深度应大于螺纹深度(定为 12 mm),钻孔的直径应略小于内径(定为 $\phi 8$ mm)。螺纹的加工程序如表 3-21 所示。

表 3-21　螺纹的加工程序

程序内容	简要说明
O3008 G17 G21 G40 G49 G80; G54 G90;	程序名 设定加工初始化状态 试切法对刀,选择第 1 零件坐标系,绝对坐标编程
S600 M03; G00 Z50; X40 Y40; G43 Z10 H01; G99 G81 Z－12 R5 F100; X80; X120; X160; Y90; X120; X80; G98 X40; G00 G49 Z100; M30;	主轴以 600 r/min 速度正转 建立刀具长度补偿 H01 钻孔循环,钻八个底孔 快速抬刀,取消刀具长度补偿 H01 程序结束
O3009 G17 G21 G40 G49 G80; G54 G90; S400 M03; G00 Z50; X40 Y40; G43 Z10 H02; G99 G84 R7 Z－10 F2; X80; X120; X160; Y90; X120; X80; G98 X40; G00 G49 Z100; M30;	程序名 设定加工初始化状态 试切法对刀,选择第 1 零件坐标系,绝对坐标编程 主轴以 400 r/min 速度正转 建立刀具长度补偿 H02 攻丝循环 快速抬刀,取消刀具长度补偿 H02 程序结束

7）镗孔循环 G85

编程格式:

$$\begin{Bmatrix} G99 \\ G98 \end{Bmatrix} G85\ X\_\_\ Y\_\_\ Z\_\_\ R\_\_\ P\_\_\ F\_\_\ K\_\_;$$

G85 指令的循环动作与 G81 指令的循环动作基本相同,只是 G85 指令是以 F 速度退回的。该指令主要用于精度要求不太高的镗孔加工。

8）精镗循环 G76

编程格式：

$$\begin{Bmatrix} G99 \\ G98 \end{Bmatrix} G76\ X\ \underline{\ \ }\ Y\ \underline{\ \ }\ Z\ \underline{\ \ }\ R\ \underline{\ \ }\ P\ \underline{\ \ }\ Q\ \underline{\ \ }\ F\ \underline{\ \ }\ K\ \underline{\ \ }\ ;$$

其中：Q 为孔底时刀具偏移量，只能为正值。

使用 G76 指令进行精镗加工时，主轴在孔底定向停止后，向刀尖反方向快速移动 I 量或 J 量，然后快速退刀。Q 是模态值，位移方向由装刀时确定。刀尖反向偏移的目的是，避免刀具退回时，刀尖划伤已加工的表面。G76 精镗循环如图 3-70 所示。

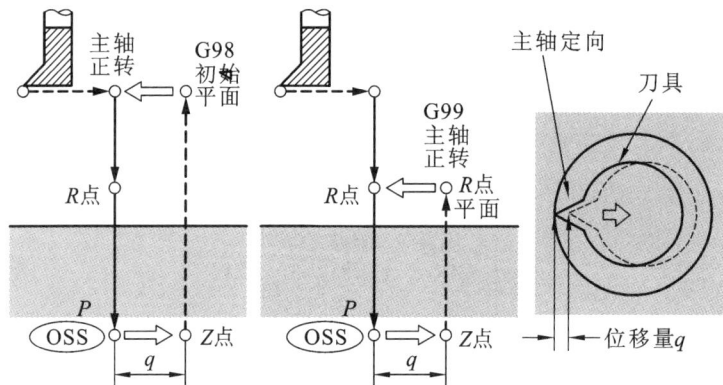

图 3-70　G76 精镗循环

9）取消固定循环指令 G80

该指令能取消固定循环，同时，R 点和 Z 点也被取消。除 G80 指令外，G00～G03 指令也能取消固定循环。

4. 注意事项

（1）在固定循环指令前应使用 M03 或 M04 指令使主轴回转。

（2）在固定循环程序段中，X、Y、Z、R 数据应至少指定一个才能进行孔加工。

（3）在使用控制主轴回转的固定循环指令（G74、G84、G86 指令）时，如果连续加工一些孔间距比较小，或初始平面到 R 点平面的距离比较短的孔，则会出现在进入孔的切削动作前，主轴还没有达到正常转速的情况。这时，应在各孔的加工动作之间插入 G04 指令，以获得足够的时间。

（4）当用 G00～G03 指令注销固定循环时，若 G00～G03 指令和固定循环指令出现在同一程序段，则按后出现的指令运行。

（5）在固定循环程序段中，如果指定了 M，则在最初定位时送出 M 信号，等待 M 信号完成后，才能进行孔加工循环。

3.4.3　项目实施

3.4.3.1　加工工艺分析

3-33　项目 9 实施

图 3-57 所示为某注塑模具中的垫板零件，它的外部尺寸及四边的 U 形槽都已经由前道工序加工，本工序的任务是在铣床上加工孔系。零件材料为 45 钢，数控铣床加工工艺分析如下。

1. 零件图工艺分析

垫板零件的孔,几何元素之间的关系描述清楚完整,$\phi9$ 为拉杆过孔,$4\times\phi7$ 与 $8\times\phi11$ 各孔均为螺栓过孔,$4\times\phi14$ 为导柱孔,精度要求较高。整个垫板外轮廓面与底面表面粗糙度都要求较高,为 $Ra\ 1.6\ \mu m$。零件材料为 45 钢,切削加工性能较好。

2. 选择加工设备

垫板零件孔系的数控铣削加工,一般采用两轴以上联动的数控铣床,因此,首先要考虑零件的外形尺寸和重量是否在铣床的允许范围以内,其次要考虑数控铣床的精度是否能满足各孔的设计要求,最后看孔的最大深度是否在刀具允许的范围之内。同理,根据以上三条,也可以确定所要使用的数控铣床是否为两轴以上联动的数控铣床。

3. 确定装夹方案

根据零件的结构特点,加工垫板各孔时,以底面定位基准,采用 4 个宽为 14 mm 的 U 形槽压紧定位,采用双螺母夹紧,提高装夹刚性,防止铣削时振动。

4. 确定加工顺序及进给路线、走刀路线

加工顺序按照基面先行、先粗后精的原则确定,因此,应先加工用作定位基准的各中心孔,然后再加工各孔到要求的尺寸。其中,$4\times\phi14$ 导柱孔采用钻孔→铰孔方案加工,为保证加工精度,粗、精加工应分开。其余各孔精度要求一般,采用相应规格的钻头直接钻孔即可。

5. 刀具选择

根据零件的结构特点,钻削各孔时,钻头、铰刀的直径受孔径限制,同时考虑到 HT200 属于一般材料,加工性能较好,钻孔加工选用较快的进给速度,精加工铰孔选用较慢的进给速度。所选刀具及其加工内容,参见表 3-22。

表 3-22　某垫板孔系数控加工刀具卡片

产品名称或代号		×××		零件名称		垫板	零件图号	X04
序号	刀具	规格名称	数量	刀具长度补偿号	加工表面			备注
1	T01	$\phi3$ 中心钻	1	H1	钻 35 mm 深中心孔			
2	T02	$\phi7$ 钻头	1	H2	$4\times\phi7$ 孔加工、其余孔钻通孔			
3	T03	$\phi9$ 钻头	1	H3	$\phi9$ 孔粗加工			
4	T04	$\phi11$ 钻头	1	H4	$8\times\phi11$ 孔加工			
5	T05	$\phi13.8$ 钻头	1	H5	$4\times\phi14$ 孔粗加工			
6	T06	$\phi12$ 平底钻头	1	H6	$4\times\phi12$ 孔加工			
7	T07	$\phi18$ 平底钻头	1	H7	$4\times\phi18$ 孔加工			
8	T08	$\phi14$ 铰刀	1	H8	$4\times\phi14$ 孔精加工			
编制		审核		批准		年　月　日	共　页	第　页

6. 切削用量的选择

在垫板的一系列孔中,精铰 $4\times\phi14$ 的导柱孔前,留 0.1 mm 铰削余量。选择主轴转速与进给速度时,可查阅切削用量手册确定切削速度与每齿进给量,然后按式(3-1)和式(3-2)计算进给速度和主轴转速。也可凭经验设定主轴转速与进给速度。

7. 填写数控加工工序卡片

将各工艺步骤的加工内容、所用刀具和切削用量填入数控加工工序卡片，如表3-23所示。

表3-23 垫板的数控加工工序卡片

数控加工工序卡片		产品名称或代号		零件名称		零件图号	
		×××		垫板		X02	
工序号	程序编号	夹具名称		使用设备		车间	
01～08	O3009～O3016	螺旋压板		XK5032		数控实训中心	
工步号	工步内容	刀具号	刀具规格	主轴转速/(r/min)	进给速度/(mm/min)	背吃刀量/mm	备注
1	钻中心孔	T01	φ3中心钻	1 000	30		
2	4×φ7孔加工、其余孔钻通孔	T02	φ7钻头	500	35	3.5	钻通孔
3	φ9孔加工	T03	φ9钻头	500	40	4.5	钻通孔
4	8×φ11孔加工	T04	φ11钻头	500	40	5.5	钻通孔
5	4×φ14孔粗加工	T05	φ13.8钻头	400	40	6.9	钻通孔
6	4×φ12孔加工	T06	φ12平底钻头	400	40	3	
7	4×φ18孔加工	T07	φ18平底钻头	350	40	4	
8	4×φ14孔精加工	T08	φ14铰刀	250	25		
编制		审核		批准		年 月 日	共 页 第 页

3.4.3.2 编写加工程序

垫板的加工程序如表3-24所示。

表3-24 垫板的数控加工程序

程序内容	简要说明
O3009	钻垫板孔系中各孔的中心孔
G17 G21 G40 G49 G80；	
G54 G90；	
S1000 M03；	
G00 Z50；	
X0 Y0 M08；	
G43 Z20 H01；	
G99 G81 Z−3 R10 F30；	
X−18 Y−25；	
X18；	
Y25；	

续表

程序内容	简要说明
X-18;	
X64 Y50;	
Y73;	
X-34;	
X34;	
X64;	
Y50;	
Y-50;	
Y-73;	
X34;	
X-34;	
X-79;	
G98 Y-50;	
G00 G49 Z50;	
M30;	
O3010	4×φ7孔粗加工,其余孔钻通孔
G17 G21 G40 G49 G80;	
G54 G90;	
S500 M03;	
G00 Z50;	
X0 Y0 M08;	
G43 Z20 H02;	
G98 G83 Z-30 R5 Q5 F35;	
X-18 Y-25;	
X18;	
Y25;	
X-18;	
X-64 Y50;	
Y73;	
X-34;	
X34;	
X64;	
Y50;	
Y-50;	
Y-73;	
X34;	
X-34	
X-79	
G98 Y-50;	
G00 G49 Z50;	
M30;	

程序内容	简要说明
O3011 G17 G21 G40 G49 G80； G54 G90； S500 M03； G00 Z50； X0 Y0 M08； G43 Z10 H03； G98 G83 Z−30 R5 Q5 F40； G00 G49 Z50； M30；	$\phi9$ 孔加工
O3012 G17 G21 G40 G49 G80； G54 G90； S500 M05； G00 Z50； X−64 Y−50 M08； G43 Z10 H04； G99 G83 Z−30 R5 Q5 F40； X−34 Y−73； X34； X64 Y−50； Y50； X34 Y73； X−34； G98 X−64 Y50； G00 G49 Z50； M30；	$8\times\phi11$ 孔加工
O3013 G17 G21 G40 G49 G80； G54 G90； S400 M03； G00 Z50； X−64 Y−73 M08； G43 Z10 H05； G99 G83 Z−30 R5 Q5 F40； X64； Y73； G98 X−64； G00 G49 Z50； M30；	$4\times\phi14$ 孔粗加工

续表

程序内容	简要说明
O3014 G17 G21 G40 G49 G80； G54 G90； S400 M03； G00 Z50； X－18 Y－25 M08； G43 Z10 H06； G99 G82 Z－7 R5 P2000 F40； X18； Y25； G98 X－18； G00 G49 Z50； M30；	4×ϕ12 孔加工
O3015 G17 G21 G40 G49 G80； G54 G90； S350 M03； G00 Z50； X－64 Y－73 M08； G43 Z10 H07； G99 G82 Z－4 R5 P2000 F40； X64； Y73； G98 X－64； G00 G49 Z50； M30；	4×ϕ18 孔加工
O3016 G17 G21 G40 G49 G80； G54 G90； S250 M03； G00 Z50； X－64 Y－73 M08； G43 Z10 H08； G99 G81 Z－30 R5 F25； X64； Y73； G98 X－64； G00 G49 Z50； M30；	4×ϕ14 孔精加工

3.4.3.3 仿真加工

仿真加工步骤如下：

(1) 进入仿真系统；

(2) 选择机床；

(3) 启动系统；

(4) 机床回参考点；

(5) 毛坯的定义及装夹；

(6) 刀具的选择及安装；

(7) 对刀；

(8) 程序录入；

(9) 检查运行轨迹；

(10) 自动加工；

(11) 零件测量。

◀ 3.5 项目 10：底座类零件的编程与加工 ▶

3.5.1 项目导入

加工如图 3-71 所示的零件，毛坯尺寸为 100 mm×100 mm×23 mm，六个面已磨，材料为 45 钢。要求采用 FANUC 0i 数控系统编写数控加工程序，并通过数控仿真加工调试、优化程序，最后进行零件的虚拟加工。

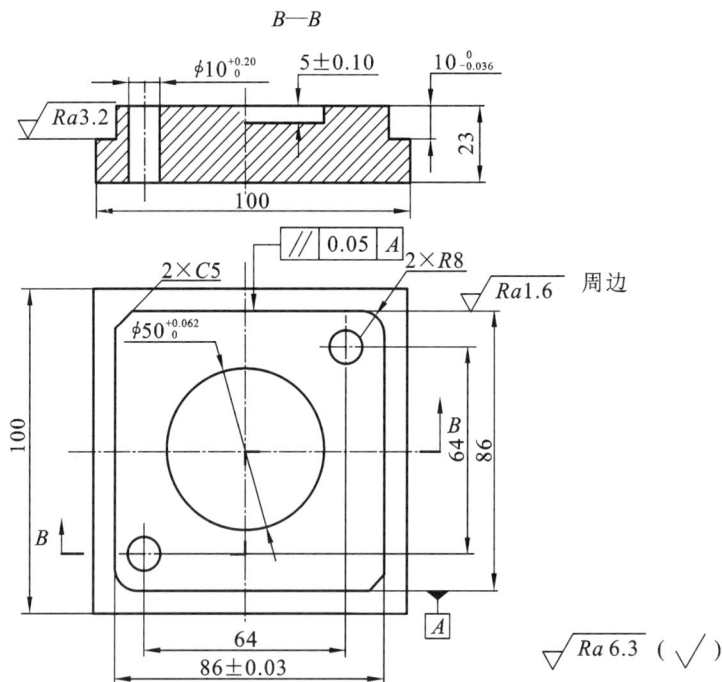

图 3-71 底座

3.5.2 相关知识

1. 自动倒角

自动倒角是指用 G01 指令实现在两相邻直线间、相邻圆弧间或直线和 **3-34 自动倒角、倒圆**
圆弧间插入倒角的功能。

编程格式：

G01 X __ Y __ C __;

其中：X、Y 是相邻两直线的假想交点在零件坐标系中的坐标值，C 值是假想交点相对于倒角点
起点的距离。

自动倒角指令只能加工对称的倒角。

2. 自动倒圆

自动倒圆是指用 G01 指令实现在两相邻直线间、相邻圆弧间或直线和圆弧间插入倒圆的
功能。

编程格式：

G01 X __ Y __ R __;

其中：X、Y 与倒角指令相同，R 是圆角的半径值。

【例 3-5】 用自动倒圆指令编写图 3-72 所示零件的数控加工程序。

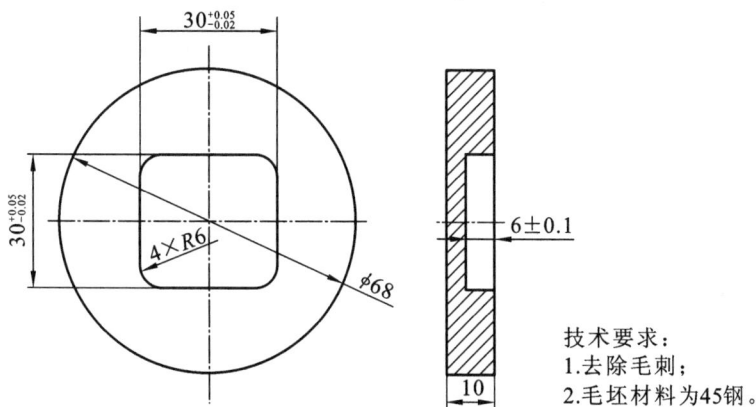

图 3-72 四方槽

O3004(φ10 立铣刀)

G54 G90;

G00 Z50;

S1000 M03;

G00 X−4 Y0 Z50;　　　　　　　　在下刀点定位

G43 Z10 H01;　　　　　　　　建立刀具长度补偿

G01 Z1 F150;

G02 I4 J0 Z−1;　　　　　　　　螺旋下刀

I4 J0 Z−3;

I4 J0 Z－5；

I4 J0 Z－6；

I4 J0；

G01 X－9；   去除内槽的余量

G02 I9 J0；

G01 G42 X－15 D01；   建立刀具半径补偿

Y15，R6；   自动倒圆

X15，R6；

Y－15，R6；

X－15，R6；

Y2；

G01 G40 X0 Y0；   取消刀具半径补偿

G00 G49 Z50；   取消刀具长度补偿

M30；

3.5.3 项目实施

3.5.3.1 加工工艺分析

3-35　项目10实施

1. 零件图样工艺分析

由图3-71可知，该零件主要加工表面有外轮廓、内圆槽及孔等。加工内圆槽时，要特别注意刀具的进给，避免过切。由于该零件既有外轮廓的加工又有内腔的加工，因此，加工时应先粗后精，充分考虑内腔加工后尺寸的变形，以保证尺寸精度。

2. 制订加工工艺

1）选择加工设备

选择在立式数控铣床上加工。

2）选择夹具，确定装夹方案

该零件不大，可采用通用夹具虎钳作为夹紧装置。找正平口虎钳固定钳口，保证与机床X轴平行度小于0.02 mm；找正平口虎钳导轨面，保证高度方向上的平行度，锁紧平口虎钳。装夹定位如图3-73所示。

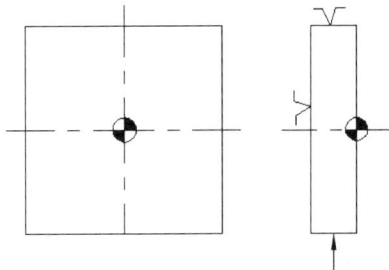

图3-73　装夹定位

3）选择加工方法，确定加工路线

加工顺序按加工变形要小、先粗后精的原则确定，先加工外轮廓和内圆槽，再钻中心孔，最后钻孔。为了保证加工精度，轮廓的粗、精加工应分开；两个孔的精度要求一般，采用相应规格的钻头直接钻孔即可。

4）选择刀具

刀具的选择如表3-25所示。

表 3-25 底座数控加工刀具卡

产品名称或代号		×××		零件名称		底座	零件图号	X03
序号	刀具	规格名称	数量	刀具长度补偿号	加工表面		备注	
1	T01	ϕ16 立铣刀	1	H01	加工外轮廓			
2	T01	ϕ16 立铣刀	1	H02	加工内圆槽			
3	T02	ϕ3 中心钻	1	H03	钻中心孔			
4	T03	ϕ10 钻头	1	H03	2×ϕ10 孔加工			
编制		审核		批准		年 月 日	共 页	第 页

5）确定进给路线

选择零件的对称中心为 X、Y 轴坐标原点，零件上表面为 $Z=0$，建立零件坐标系，如图 3-73 所示。

（1）加工外轮廓时，刀具从左上角沿零件轮廓切向切入，为了能使自动倒圆功能顺利执行，外轮廓铣削完毕后，先沿切向继续直线加工，再沿圆弧方向切出。

（2）铣削内圆槽时，Z 轴方向螺旋下刀，内轮廓加工沿圆弧方向切入、切出。

注意：应尽量避免沿零件轮廓的法线方向切入和切出。

6）选择切削用量

根据数控机床使用说明书、零件材料（45 钢）、加工工序（粗铣、精铣、钻）以及其他工艺要求，并结合实际经验来确定切削三要素，即背吃刀量、主轴转速及进给速度。

3. 填写数控加工工序卡片

将各工艺步骤的加工内容、所用刀具和切削用量填入零件的数控加工工序卡片，如表 3-26 所示。

表 3-26 底座数控加工工序卡片

数控加工工序卡片		产品名称或代号		零件名称		零件图号	
		×××		底座		X03	
工序号	程序编号	夹具名称		使用设备		车间	
01	O3017～O3019	虎钳		XK5032		数控实训中心	
工步号	工步内容	刀具号	刀具规格	主轴转速 /(r/min)	进给速度 /(mm/min)	背吃刀量 /mm	备注
1	粗铣外轮廓	T01	ϕ16 立铣刀	800	120		
2	粗铣内圆槽	T01	ϕ16 立铣刀	800	120		
3	精铣外轮廓	T01	ϕ16 立铣刀	1 000	100	0.2	
4	精铣内圆槽	T01	ϕ16 立铣刀	1 000	100	0.2	
5	钻中心孔	T02	ϕ3 中心钻	720	64		
6	钻孔	T03	ϕ10 钻头	600	80		
编制		审核		批准		年 月 日	共 页 第 页

3.5.3.2 编写加工程序

参考加工程序如表 3-27 所示。

表 3-27 底座数控加工程序

程序内容	简要说明
O3017	铣外轮廓（粗加工，主轴倍率调至 80%，进给倍率调至 120%）
G17 G21 G40 G49 G80；	
G54 G90；	
S1000 M03；	
G00 Z50；	
X−60 Y62 M08；	
G43 Z10 H01；	建立刀具长度补偿 H01
G01 Z−10 F100；	
G41 Y43 D01；	建立刀具半径补偿 D01
X43 R8；	自动倒圆
Y−43 C5；	自动倒角
X−43 R8；	自动倒圆
Y43 C5；	自动倒角
G40 Y55；	取消刀具半径补偿 D01
G00 G49 Z50；	快速抬刀，取消刀具长度补偿 H01
X180 Y100；	
M30；	程序结束
O3018	铣内圆槽（粗加工，主轴倍率调至 80%，进给倍率调至 120%）
G17 G21 G40 G49 G80；	
G54 G90；	
S1000 M03；	
G00 Z50；	
X7 Y0 M08；	
G43 Z10 H02；	建立刀具长度补偿 H02
G01 Z1 F50；	
G02 X7 Y0 Z−1 I−7 J0；	螺旋下刀，第 1 刀
Z−3 I−7 J0；	第 2 刀
Z−5 I−7 J0；	第 3 刀
I−7 J0；	铣平
G01 G42 X25 D02 F100；	建立刀具半径补偿 D02
G02 I−25 J0；	铣内圆槽
G01 G40 X0 Y0；	取消刀具半径补偿 D02
G00 G49 Z50；	快速抬刀，取消刀具长度补偿 H02
M30；	程序结束

3-36 项目 10 G54

3-37 项目 10 铣外轮廓

3-38 项目 10 铣内槽

程序内容	简要说明
O3019 G17 G21 G40 G49 G80； G54 G90； S720 M03； G00 Z50； G00 X－32 Y－32 M08； G43 Z20 H03； G99 G81 Z－3 R8 F64； X32 Y32； G80； G00 Z50； X180 Y100； M30；	钻中心孔 建立刀具长度补偿 H03 钻中心孔 取消固定循环 快速抬刀,取消刀具长度补偿 H03 程序结束 3-39　项目 10 钻孔
O3020 G17 G21 G40 G49 G80； G54 G90； S600 M03； G00 Z50； G00 X－32 Y－32 M08； G43 Z20 H04； G99 G73 Z－26 Q7 R8 F80； X32 Y32； G80； G00 Z50； X180 Y100； M30；	钻孔 建立刀具长度补偿 H04 钻中心孔 取消固定循环 快速抬刀,取消刀具长度补偿 H04 程序结束

3.5.3.3　仿真加工

仿真加工步骤如下：

（1）进入仿真系统；

（2）选择机床；

（3）启动系统；

（4）机床回参考点；

（5）毛坯的定义及装夹；

（6）刀具的选择及安装；

（7）对刀；

（8）程序录入；

（9）检查运行轨迹；

（10）自动加工；

（11）零件测量。

◀ **3.6 项目 11：SINUMERIK 802D 系统加工底座类零件** ▶

3.6.1 项目导入

加工如图 3-74 所示的零件，毛坯尺寸为 100 mm×100 mm×23 mm，六个面已磨，材料为 45 钢。要求采用 SINUMERIK 802D 数控系统编写数控加工程序，并通过数控仿真加工调试、优化程序，最后进行零件的虚拟加工。

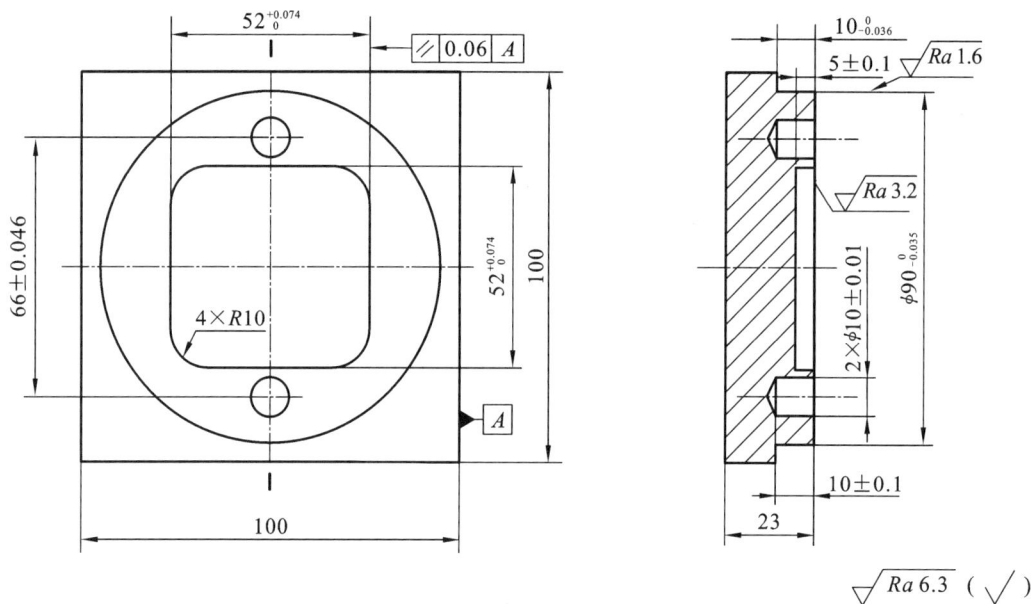

图 3-74 底座

3.6.2 相关知识

SINUMERIK 802D 数控系统是一种将数控系统（NC、PLC、HMI）与驱动控制系统集成在一起的控制系统，适合标准机床应用，实现车削、铣削、磨削、冲压。下面介绍 SINUMERIK 802D 数控系统与 FANUC 0i 数控系统不同的编程指令。

3.6.2.1 基本编程指令的差异

1. 程序结构不同

SINUMERIK 802D 数控系统的程序结构也由程序名、程序主体（若干程序段）和程序结束符组成。

（1）程序命名规则。

① 开始的两个符号必须是字母；

② 字母后的符号可以是字母、数字或下划线；

③ 最多为 16 个字符；

④ 不得使用分隔符。

例如,CICI0619。

（2）程序主体。

数控加工程序由多个程序段组成,每个程序段执行一个加工步骤,每个程序段又由若干个程序字组成,最后一个程序段包含程序结束符。

（3）程序结束符。

不管是主程序还是子程序,结束符都是 M02。

（4）字结构及地址。

字是组成程序段的元素,由字构成控制器的指令。字由以下几个部分组成。

① 地址符。地址符一般是一个字母,但 SINUMERIK 802D 数控系统功能字地址符允许由多个字母组成,但数值与字母之间用符号"＝"隔开,如 CR＝5。

SINUMERIK 802D 数控系统地址符还可以通过 1～4 个数字进行扩展,数值可以通过"＝"进行赋值,可进行地址扩展的字母有:R(计算参数),I、J、K(插补参数/中间点),H(H 功能)。例如,R10＝6,I1＝32.67。

② 数值。数值是一个数字串,可以带正负号和小数点,正号可以省略不写。

2. 快速直线移动指令 G0

在 SINUMERIK 802D 数控系统中,执行 G0 指令时,刀具中心的运动轨迹为一条直线。G0 指令用于指定刀具以不大于每一个轴的快速移动速度在最短的时间内定位。

3. 圆弧插补指令 G2/G3

编程格式:

G2/G3 X __ Y __ I __ J __;	终点和圆心
G2/G3 CR __ I __ J __;	半径和终点
G2/G3 AR __ I __ J __;	张角和圆心
G2/G3 AR __ X __ Y __;	张角和终点

【例 3-6】 编写如图 3-75 所示圆弧的数控加工程序段。

程序如下:

圆弧 a:

G3 X0 Y30 I－30 J0;

G3 CR＝30 X0 Y30;

G3 AR＝90 I－30 J0;

G3 AR＝90 X0 Y30;

圆弧 b:

G3 X0 Y30 I0 J30;

G3 CR＝－30 X0 Y30;

G3 AR＝270 I0 J30;

G3 AR＝270 X0 Y30;

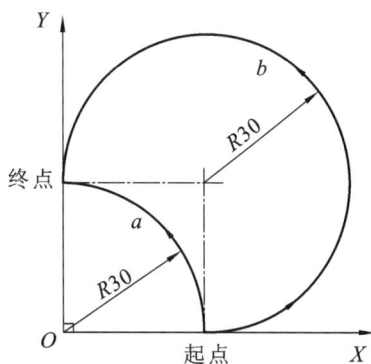

图 3-75 圆弧插补实例 1

4. 通过中间点进行圆弧插补指令 CIP

编程格式:

CIP X __ Y __ I1＝__ J1＝__;

其中:I1、J1 是圆弧中间点的坐标。

注意：CIP指令一直有效，直到被G功能组中其他指令取代。

【**例3-7**】 利用CIP指令编写如图3-76所示圆弧的数控加工程序段。

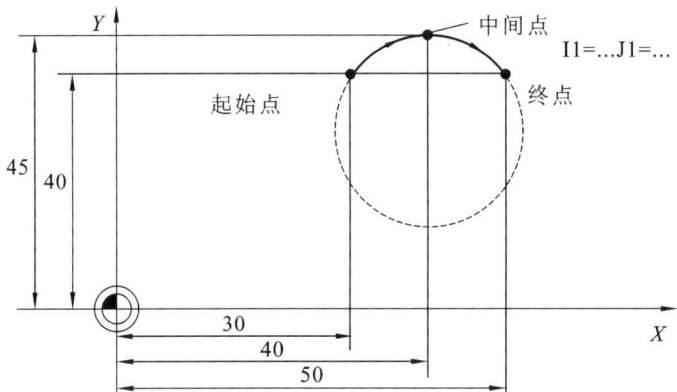

图3-76 圆弧插补实例2

要求编写的数控加工程序段如下：

CIP X50 Y40 I1＝40 J1＝45；

5. 螺旋插补指令 G2/G3

螺旋插补由两种运动组成：在G17、G18或G19平面中进行的圆弧运动，在垂直该平面的直线运动。螺旋插补指令一般用于铣削螺纹，或者铣槽时采用螺旋下刀方式。

编程格式：

G2/G3 X __ Y __ I __ J __ TURN＝__；	终点和圆心
G2/G3 CR __ X __ Y __ TURN＝__；	半径和终点
G2/G3 AR __ I __ J __ TURN＝__；	张角和圆心
G2/G3 AR __ X __ Y __ TURN＝__；	张角和终点

其中：TURN是整圆循环的个数。

【**例3-8**】 编写如图3-77所示螺旋线的数控加工程序段。

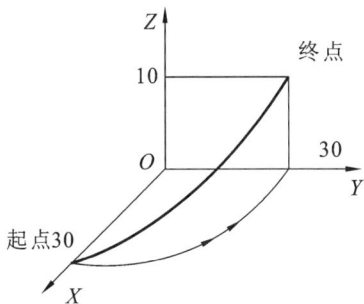

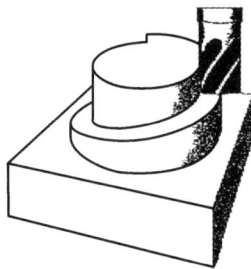

图3-77 螺旋插补

要求编写的数控加工程序段如下：

N10 G17 G90；	选择XY平面，绝对坐标编程
N20 Z0；	
N30 G1 X30 Y0 F100；	把刀具移动至螺旋线的起始点

N40 G3 X0 Y30 Z10 I-30 J0 TURN=0.25;   螺旋

6. 暂停指令 G4

通过在两个程序段之间插入一个 G4 程序段,可以给定加工中断的时间,比如退刀槽切削。

编程格式:

G4 F __ ;

或

G4 S __ ;

其中:F 为暂停时间,单位为 s;S 为暂停主轴的转数,单位为 r。例如:"G4 F2.5;"表示暂停 2.5 s,"G4 S30;"表示主轴暂停 30 r。

注意:①"G4 S __ ;"只在主轴受 G97 控制的情况下有效;②G4 程序段只对单独程序段有效,并暂停所给定的时间,在此之前编程的进给量和主轴转速保持存储状态。

7. 公制尺寸/英制尺寸设定指令 G70/G71

编程格式:

英制尺寸:

G70;

公制尺寸:

G71;

其中:G70、G71 分别指定程序段中输入数据为公制、英制。G70、G71 指令是两个相互取代的 G 指令,G71 指令在铣床中设置为默认指令。在编制零件程序时,可以在公制或英制之间进行切换。

注意:G70 或 G71 编程只影响所有与零件直接相关的几何数据,包括:①在 G0、G1、G2、G3、G33、CIP、CT 功能下的位置数据 X、Y、Z;②插补参数 I、J、K(包括螺距);③圆弧半径 CR;④可编程的零点偏置(TRANS、ATRANS);⑤极坐标半径 RP。

其他与零件没有直接关系的几何数值,如进给率、刀具补偿、可设定的零点偏置,与 G70 或 G71 编程无关。

8. 绝对尺寸/增量尺寸设定指令 G90/G91

G90 和 G91 指令分别对应着绝对位置数据输入和增量位置数据输入。其中,G90 表示坐标系中目标点的坐标尺寸,G91 表示待运行的位移量。G90 和 G91 指令适用于所有坐标轴,是同一组的模态指令。

在位置数据不同于 G90/G91 的设定时,可以在程序段中通过 AC/IC 以绝对尺寸/相对尺寸方式进行设定。

编程格式:

××=AC(…);   某轴以绝对尺寸输入,程序段方式(非模态指令)

××=IC(…);   某轴以相对尺寸输入,程序段方式(非模态指令)

其中:×可以是 X 轴、Y 轴或 Z 轴中的任意坐标轴。

注意:①赋值时必须要有一个等于符号;②数值要写在圆括号中;③圆心坐标也可以以绝对尺寸用=AC(…)定义。

例如:

N10 G0 G90 X20 Y30;   X、Y 都是绝对尺寸

N20 X=AC(35) Y=IC(-20);   X 仍然是绝对尺寸,Y 是增量尺寸

9. 自动倒角/自动倒圆指令

(1)自动倒角指令。

自动倒角指令用于在两直线轮廓之间、两圆弧轮廓之间以及直线轮廓和圆弧轮廓之间切入一直线,并倒去棱角,如图 3-78 所示。

编程格式:

G1 X ＿ CHF＝＿;

或

G1 Y ＿ CHF＝＿;

其中:CHF 后的数值是自动倒角的长度。

（2）自动倒圆指令。

自动倒圆指令用于在两直线轮廓之间、两圆弧轮廓之间以及直线轮廓和圆弧轮廓之间切入一圆弧,圆弧与轮廓进行切线过渡,如图 3-79 所示。

编程格式:

G1 X ＿ RND＝＿;

或

G1 Y ＿ RND＝＿;

其中:RND 后的数值是自动倒圆的半径。

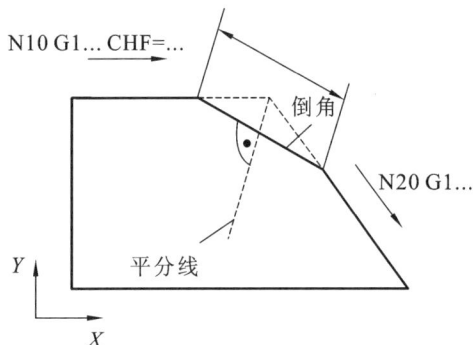

图 3-78　两直线之间自动倒角

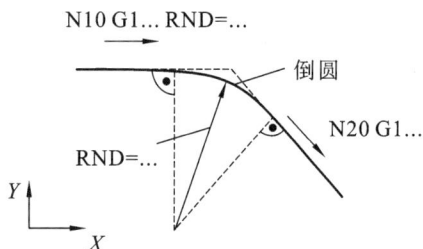

图 3-79　两直线之间自动倒圆

3.6.2.2　刀具和刀具补偿的差异

1. 刀具

T 指令是选择刀具,还是仅仅进行刀具的预选,必须在机床数据中确定。在 SINUMERIK 802D 数控系统中,T 指令是后者。另外,还需要使用 M6 指令才可以进行刀具的更换。

编程格式:

T ＿;刀具号 1～32000

说明:①T0 表示没有刀具;②系统中最多同时存储 32 把刀具。

2. 刀具补偿号

刀具补偿参数单独存储在一专门的数据区。在程序中只要调用所需的刀具号及其补偿参数,就可执行所要求的轨迹补偿,从而加工出符合要求的零件。

不管是半径补偿值还是长度补偿值,不管是几何尺寸还是磨损量,SINUMERIK 802D 数控系统都存储在 D 地址符里。

编程格式:

D ＿;

注意：①一把刀具可以匹配 1~9 个不同补偿的数据组（用于多个切削刃）；②系统中最多可以同时存储 64 个刀具补偿数据组；③若编程 D0，则刀具补偿值无效；④如果没有编程 D 号，则 D1 值自动生效。

3. 刀具补偿

功能：在对零件的加工进行编程时，无须考虑刀具长度或半径，就可以直接根据图纸对零件尺寸进行编程，如图 3-80 所示。

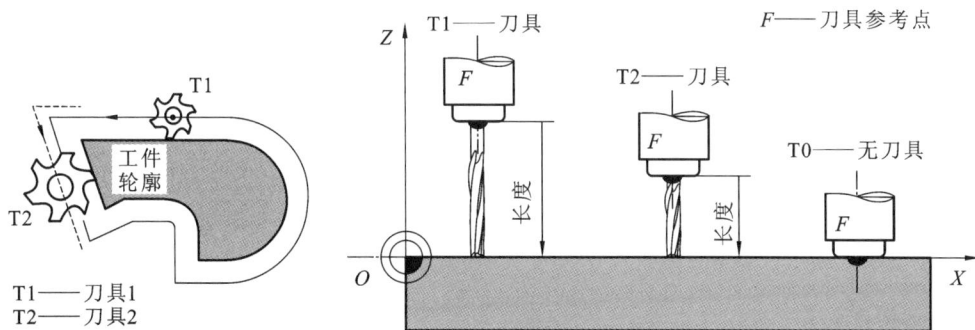

图 3-80 刀具补偿功能

（1）半径补偿。

功能：刀具在所选择的平面（G17、G18 或 G19 平面）中带刀具半径补偿工作，但必须有相应的 D 号才能有效。刀具半径补偿通过 G41 或 G42 指令生效，控制器自动计算出当前刀具运动所产生的、与编程轮廓等距离的刀具轨迹，如图 3-81 所示。

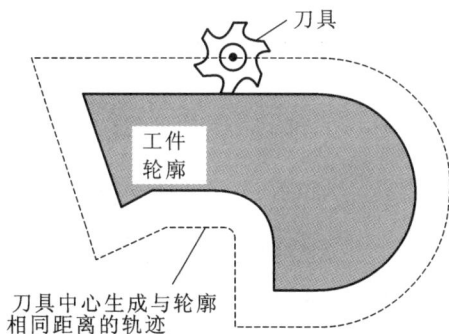

图 3-81 刀具半径补偿

编程格式：

G41 X __ Y __ ;

或

G42 X __ Y __ ;

注意：①只有在线性插补时（G0、G1）才可建立刀具半径补偿；②必须在零件轮廓外建立刀具半径补偿，如图 3-82 所示。

（2）长度补偿。

SINUMERIK 802D 数控系统的刀具长度补偿值不是通过 G43 或 G44 指令调用，刀具一旦调用，刀具长度补偿就立即生效。"刀具补偿数据"中"长度 1"中的值为正，相当于实现了刀具长度正补偿；反之，相当于实现了刀具长度负补偿。先编程的长度补偿先执行，对应的坐标轴也先运行。

【例 3-9】 刀具半径补偿举例。

AB1

N1 G17 G54 G90 T1 S800 M3；　　　　　　　　刀具 1 补偿号 D1

N5 G0 X5 Y55 Z50；　　　　　　　　　　　　回起始点

N10 G1 Z0 F200；

N15 G41 X30 Y60 F40；　　　　　　　　　　　建立刀具半径左补偿

N20 X40 Y80；

N30 G2 X65 Y55 I0 J－25；

N40 G1 X95 RND＝5；

N50 G2 X110 Y70 I15 J0；

N60 G1 X105 Y45；

N70 X110 Y35；

N80 X90；

N90 X65 Y15；

N100 X40 Y40；

N110 X30 Y60；

N120 G40 X5 Y60　　　　　　　　　　　　　　取消刀具半径补偿

N130 G0 Z50；

N140 M2；

刀具运动轨迹如图 3-82 所示。

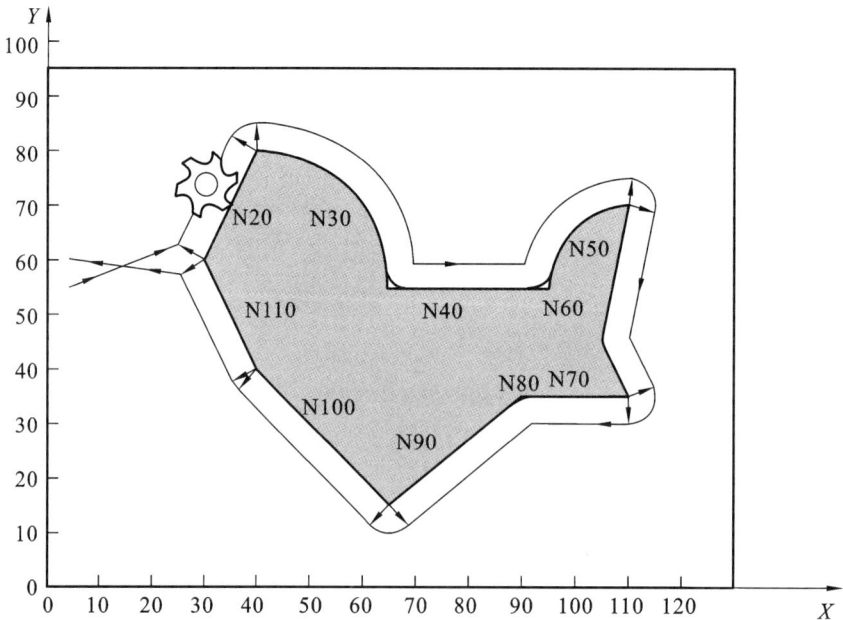

图 3-82　刀具补偿实例

3.6.2.3　增加模态调用子程序功能

功能：在有 MCALL 指令的程序段中调用子程序，如果在其后的程序段中含有轨迹运行，则子程序会自动被调用。该调用一直有效，直到调用下一个程序段。

注意:模态调用子程序和模态调用结束都是用 MCALL 指令,并都需要一个独立的程序段。

3.6.2.4 钻孔复合循环指令的差异

钻孔复合循环指令用于实现钻孔、镗孔、攻螺纹等规定的动作顺序。这些循环以具有定义的名称和参数表的子程序的形式来调用。

钻孔复合循环指令需定义两种类型的参数:几何参数和加工参数。几何参数包括参考平面和返回平面,以及安全间隙或相对的最后钻孔深度。

1. 固定循环中各平面的定义

(1)加工开始平面(也称参考平面)。

这一平面位于固定循环加工时 Z 向由快进转变为进给的位置。不管刀具在 Z 轴方向的起始位置如何,固定循环执行时的第一个动作总是将刀具沿 Z 向快速移动到这一平面上,因此,必须使加工开始平面高于加工表面。

(2)加工底平面。

这一平面的选择决定了最后钻孔的深度,因此,加工底平面在 Z 向的坐标即可指定加工底平面。由于立式加工中心规定刀具离开零件为 Z 轴正方向,因此,加工底平面必须低于加工开始平面。

(3)加工返回平面。

这一平面规定了在固定循环中 Z 轴加工至底面后,返回到哪一位置,而在这一位置上工作台 XY 平面应可以做定位运动,因此,加工返回平面必须等于或高于加工开始平面。

图 3-83 为各个平面在零件坐标系中的定义。

2. 平面选择原则

考虑到实际加工的需要,这三个平面一般遵循以下原则。

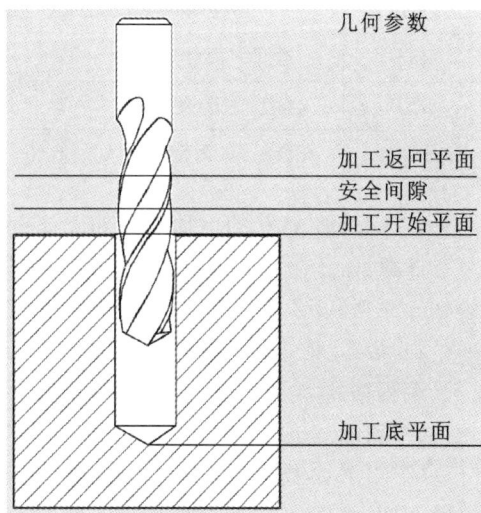

图 3-83 固定循环中各个平面的定义

(1)对于毛坯加工而言,加工开始平面一般高于加工表面 5 mm 左右;对于粗加工完成后的加工而言,加工开始平面一般高于加工表面 2 mm。

(2)加工返回平面要求高于加工开始平面,并且保证在下次 X、Y 坐标定位过程中不会碰撞工作台上的任何零件或夹具,同时,即使加工表面为平面也必须遵循以下原则:对于毛坯而言,使用刚性攻螺纹循环(CYCLE84)时,返回平面必须高于加工表面 8~10 mm;使用柔性攻螺纹(CYCLE840)时,返回平面必须高于加工表面 5 mm 以上。

(3)加工底平面的选择应考虑到通孔时的加工实际情况,因此,在这种情况下选择加工底平面时,再加上一个钻头的半径为宜,以保证能可靠钻通。通常情况下,通孔钻孔深度 $H = h$(孔深)$+0.5D$(钻头直径)。

3. 钻孔循环调用和返回条件

钻孔循环是独立于实际轴名称而编程的,所以,调用时要注意以下几个方面:

(1)循环调用之前,在前部程序必须使刀具到达钻孔位置;

（2）如果在钻孔循环中没有定义进给率、主轴速度和主轴旋转方向，则必须在零件程序中给定；

（3）循环调用之前，有效的 G 功能和当前数据记录在循环之后仍然有效；

（4）钻孔循环时，通常通过选择平面 G17、G18 或 G19，并激活可编程的偏移来定义进行加工的当前的零件坐标系，且钻孔轴始终垂直于当前平面；

（5）循环调用前必须选择刀具长度补偿。

4. 常用钻孔循环指令

1）钻孔/中心钻孔 CYCLE81

编程格式：

CYCLE81(RTP,RFP,SDIS,DP,DPR);

其中，各参数的意义如表 3-28 所示。

表 3-28　CYCLE81 参数

参数	意义	参数	意义
RTP	返回平面（绝对值）	DP	最后钻孔深度（绝对）
RFP	参考平面（绝对值）	DPR	相当于参考平面的最后钻孔深度（无符号输入）
SDIS	安全间隙（无符号输入）		

CYCLE81 钻孔的运动顺序如图 3-84 所示。

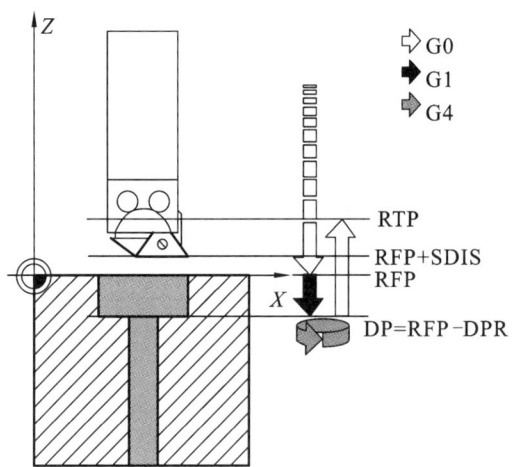

注意：①Z 轴快速（G0）到达安全间隙之前的安全平面；②Z 轴以进给速度（G1）进给至最后的钻孔深度；③Z 轴快速（G0）返回至返回平面 RTP。

2）钻孔/锪平面指令 CYCLE82

编程格式：

CYCLE82(RTP,RFP,SDIS,DP,DPR,DTB);

CYCLE82 指令与 CYCLE81 指令相比，只是在孔底增加了进给暂停（DTB，单位为 s），其余参数相同，如图 3-85 所示。

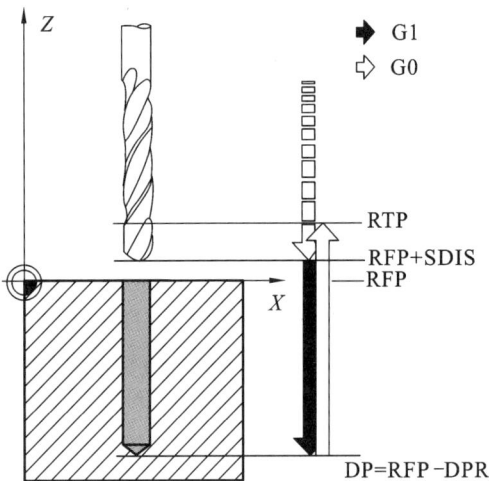

图 3-84　CYCLE81 钻孔的运动顺序　　图 3-85　CYCLE82 钻孔循环加工顺序

【例 3-10】 用 CYCLE81 指令钻出图 3-86 所示的三个孔。

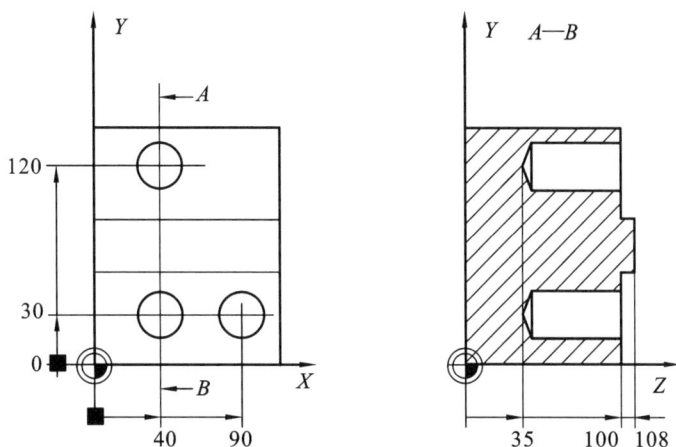

图 3-86 CYCLE81 钻孔实例

ABCD1

N10 G54 G90 G17 T3D3 F200 S600 M3；

N20 G0 Z120；　　　　　　　　　接近返回平面

N30 X40 Y120；　　　　　　　　　接近 1 号孔位置

N40 MCALL CYCLE81(120,100,10,35,)；　模态调用钻孔循环

N50 Y30；　　　　　　　　　　　　2 号孔

N60 X90；　　　　　　　　　　　　3 号孔

N60 MCALL；　　　　　　　　　　模态调用子程序结束

N70 G0 Z200；

N80 M2；

注意：①RTP 项不可省略；②如果 RFP 省略，系统认为参考平面取在 Z0 处；③如果 SDIS 省略，则 Z 轴以 G0 快速移动到 RFP 确定的平面，然后以 G1 钻孔；④DP 与 DPR 二者只能省略其一，如果同时输入 DP 和 DPR,最后钻孔深度来自 DPR；⑤省略时用逗号","隔开,逗号与逗号之间可以加空格,也可以连续用两个逗号,省略最后一个时可不加逗号。

3）深孔钻孔 CYCLE83

编程格式：

CYCLE83(RTP,RFP,SDIS,DP,DPR,FDEP,FDPR,DAM,DTB,DTS,FRF,VARI)；

其中,各参数的意义如表 3-29 所示。

表 3-29 CYCLE83 参数

参数	意义	参数	意义
FDEP	起始钻孔深度(绝对值)	DTS	起始点处和用于排屑的停顿时间
FDPR	相对于参考平面的起始钻孔深度(无符号输入)	FPF	起始钻孔深度的进给率系数(无符号输入)值范围:0.001~1
DAM	递减量(无符号输入)	VARI	加工类型:断屑=0,排屑=1
DTB	最后钻孔深度时的停顿时间(断屑)		

图 3-87 为深孔钻孔（排屑 VARI＝1）的运动顺序，即：

（1）Z 轴快速（G0）到达安全间隙之前的平面（即安全平面）；

（2）使用 G1 移动到起始钻孔深度，进给来自程序调用中的进给率，它取决于参数 FRF（进给率系数）；

（3）在最后钻孔深度处的停顿时间（参数 DTB）；

（4）使用 G0 快速返回安全间隙之前的平面，用于排屑；

（5）起始点的停顿时间（参数 DTS）；

（6）使用 G0 快速回到上次到达的钻孔深度，并保持预留量距离；

（7）Z 轴以进给速度（G1）进给至下一个钻孔深度（持续动作顺序直至到达最后的钻孔深度）；

（8）Z 轴快速（G0）返回至返回平面 RTP。

图 3-88 为钻削断屑（VARI＝0）的运动顺序，即：

（1）Z 轴快速（G0）到达安全间隙之前的平面（即安全平面）；

（2）使用 G1 移动到起始钻孔深度，进给来自程序调用中的进给率，它取决于参数 FRF（进给率系数）；

（3）在最后钻孔深度处的停顿时间（参数 DTB）；

（4）使用 G1 从当前钻孔后退深度后退 1 mm，采用调用程序中的进给率（用于断屑）；

（5）使用 G1 按所编程的进给率执行下一个钻孔切削（该过程一直进行下去，直至到达最后的钻孔深度）；

（6）Z 轴快速（G0）返回至返回平面 RTP。

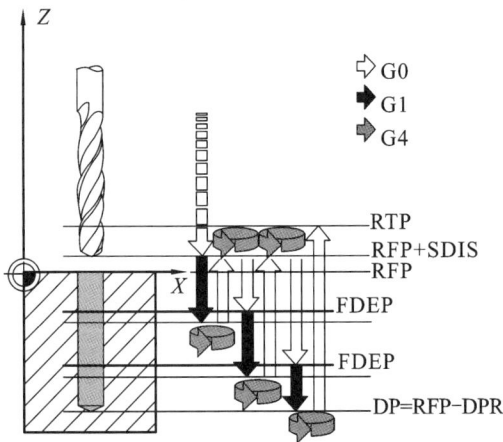

图 3-87　CYCLE83 排屑的运动顺序　　　　图 3-88　CYCLE83 断屑的运动顺序

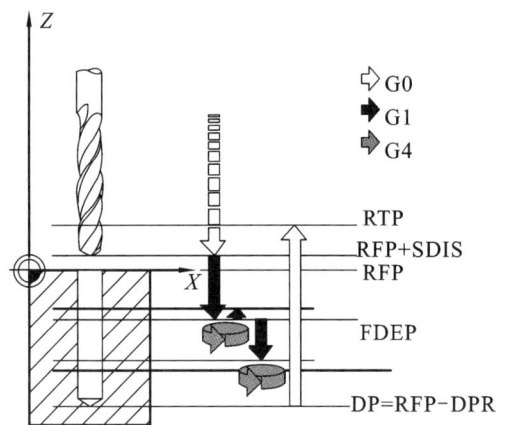

【例 3-11】　用 CYCLE83 钻出图 3-89 所示的两个孔。

```
ABCD2
N10 G54 G90 G17 T3D3 F200 S600 M3;
N20 G0 Z160;                                      接近返回平面
N30 X80 Y120;                                     接近 1 号孔位置
N40 MCALL CYCLE83(160,150,5,5,,100,,20,0,0,1,0);  模态调用钻孔循环 2 号孔
N50 Y60;                                          模态调用子程序结束
N60 MCALL;
N60 G0 Z200;
N70 M2;
```

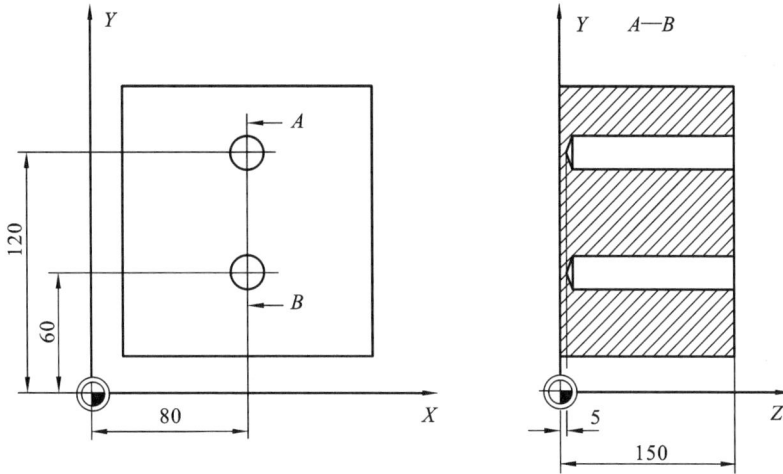

图 3-89　CYCLE83 钻孔实例

4）刚性攻螺纹指令 CYCLE84

编程格式：

CYCLE84(RTP,RFP,SDIS,DP,DPR,DTB,SDAC,MPIT,PIT,POSS,SST,SST1)；

式中：各参数的意义如表 3-30 所示。

表 3-30　CYCLE84 参数

参数	意义	参数	意义
SDAC	循环结束后的旋转方向，值：3、4 或 5（用于 M3、M4 或 M5）	POSS	循环中定位主轴的位置（以度为单位）
MPIT	螺距由螺纹尺寸决定（有符号），数值范围 3（用于 M3）或 48（用于 M48）；符号决定了在螺纹中的旋转方向	SST	攻螺纹速度
PIT	螺距由数值决定（有符号），数值范围 0.001～2 000.000 mm；符号决定了在螺纹中的旋转方向	SST1	退回速度

图 3-90 为 CYCLE84 刚性攻螺纹的运动顺序，即

（1）Z 轴快速（G0）到达安全间隙之前的平面（即安全平面）；

（2）定位主轴停止（值在参数 POSS 中）以及将主轴转换为进给轴模式；

（3）攻螺纹至最终的钻孔深度，速度为 SST；

（4）螺纹深度处的停顿时间（参数 DTB）；

（5）退回至安全间隙之前的平面（即安全平面），速度为 SST1 且方向相反；

（6）Z 轴快速（G0）返回至返回平面，在循环调用前重新编程有效的主轴速度以及 SDAC 下编程的旋转方向以改变主轴模式。

5）铰孔 1/镗孔 1 指令 CYCLE85

编程格式：

CYCLE85(RTP,RFP,SDIS,DP,DPR,DTB,FFR,RFF)；

其中，各参数的意义如表 3-31 所示。

表 3-31　CYCLE85 参数

参数	意义	参数	意义
FFR	进给率	RFF	退回进给率

图 3-91 为 CYCLE85 铰孔 1 的运动顺序,即

（1）Z 轴快速（G0）到达安全间隙之前的平面（即安全平面）;

（2）Z 轴以 G1 插补 FFR 所编程的进给速度进给至最终的钻孔深度;

（3）最后钻孔深度时的停顿时间;

（4）Z 轴以 G1 插补 RFF 所编程的进给速度退回至安全间隙之前的平面（即安全平面）;

（5）Z 轴快速（G0）返回至返回平面 RTP。

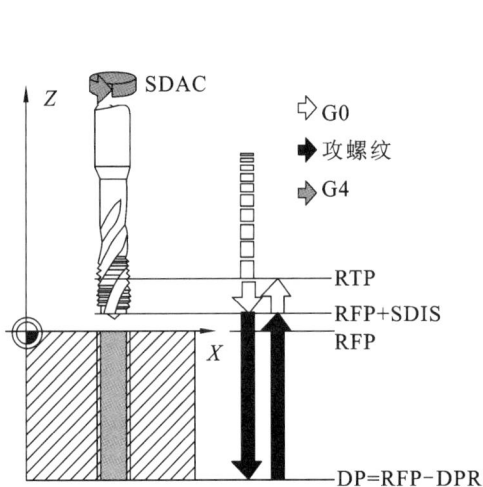

图 3-90　CYCLE84 攻螺纹的动作顺序

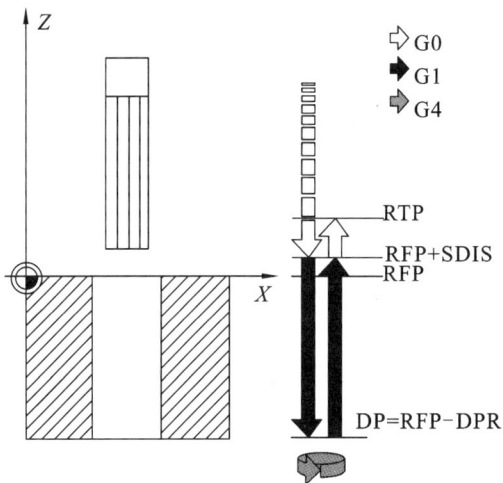

图 3-91　CYCLE85 铰孔 1 的运动顺序

3.6.2.5　端面铣削指令 CYCLE71

使用 CYCLE71 可以切削任何矩形端面。

编程格式:

CYCLE71(RTP,RFP,SDIS,DP,PA,PO,LENG,WID,STA,MID,MIDA,FDP,FALD,FFP1,VARI,FDP1);

其中,各参数的意义如表 3-32 所示。

表 3-32　CYCLE71 参数

参数	意义	参数	意义		
PA	起始点(绝对值),平面的第一轴	FDP	精加工方向上的返回行程(增量,无符号输入)		
PO	起始点(绝对值),平面的第二轴	FALD	深度的精加工大小(增量,无符号输入)		
LENG	第一轴上的矩形长度,增量	FFP1	端面加工进给率		
WID	第二轴上的矩形宽度,增量	VARI	加工类型(无符号输入)		
				TENS　DIGIT	UNIT DIGIT
STA	纵向轴和平面的第一轴间的角度(无符号输入)范围值:0°≤STA<180°			值1:在一个方向平行于平面的第一轴 值2:在一个方向平行于平面的第二轴 值3:平行于平面的第一轴,方向可交叉 值4:平行于平面的第二轴,方向可交叉	值1:粗加工 值2:精加工
MID	最大进给深度(无符号输入)				
MIDA	平面中连续加工时作为数值的最大进给宽度(无符号输入)	FDP1	在平面的进给方向上越程(增量,无符号输入)		

CYCLE71 循环识别粗加工(分步连续加工端面直至精加工)和精加工(端面的最后一步加工),可以定义最大宽度和深度进给量,循环运行时不带刀具半径补偿,深度进给在开口处进行。

CYCLE71 循环的动作顺序如下。

(1) 使用 G0 回到当前位置高度的进给点,然后从该位置仍然使用 G0 回到安全间隙前的参考平面。可以使用 G0,因为在开口处可以进行进给。可以采用不同的连续加工方式(在轴的一个方向或来回摆动)。参数的选用如图 3-92、图 3-93 所示。

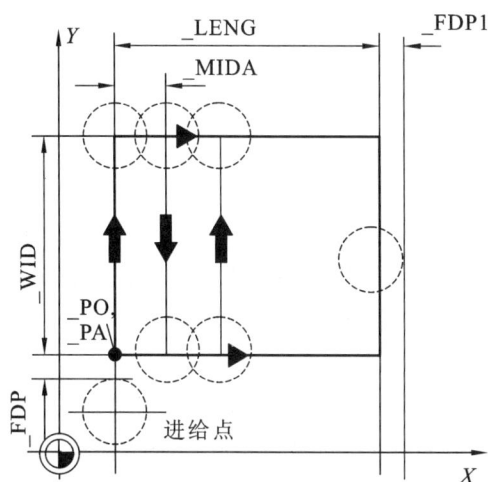

图 3-92　CYCLE71 指令部分参数

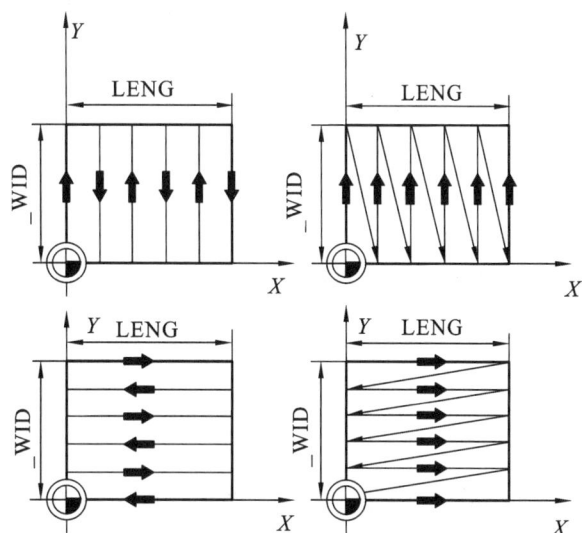

图 3-93　加工类型的描述

(2) 粗加工时的动作顺序。

① 根据参数 DP、MID 和 FALD 的编程值,可以在不同的平面中进行端面切削。从上而下进行加工,即每次切除一平面后在开口处进行下一个深度进给(参数 FDP)。平面中连续加工的进给路径取决于参数 LENG、WID、MIDA、FDP、FDP1 的值和有效刀具的半径。

② 加工最初路径应始终保证进给深度和 MIDA 值完全一致,以便进给宽度不大于最大允许值。这样,刀具中心点不会始终在边缘上进给(仅当 MIDA 值＝刀具半径时)。刀具进给时超出边缘的尺寸(即越程)始终等于刀具半径减去 MIDA 值,若只进行一次端面切削,则端面宽度＋越程＝MIDA 值。

(3) 精加工时的动作顺序。

① 精加工时,端面只在平面中切削一次。这表示在粗加工时必须选择精加工余量,以便剩余深度可以使用精加工刀具一次加工完成。每次端面切削后,刀具将退回。返回行程编程在参数 FDP 中。

② 在一个方向加工时,刀具在一个方向的返回行程为精加工余量＋安全间隙,并且刀具快速回到下一起始点。

③ 在一个方向粗加工时,刀具将返回到计算的进给＋安全间隙的位置。深度进给也在粗加工中相同的位置进行。

④ 精加工结束后,刀具将返回到上次到达位置的返回平面 RTP。

3.6.3 项目实施

3.6.3.1 加工工艺分析

1. 零件图样工艺分析

由图 3-94 可知,该零件主要加工表面有外轮廓、内圆槽及孔等,加工内圆槽表面时要特别注意刀具的进给,避免过切。由于该零件既有外轮廓的加工,又有内腔的加工,因此,加工时应先粗后精,充分考虑内腔加工后尺寸的变形,以保证尺寸精度。

2. 制订加工工艺

1）选择加工设备

选择在立式数控铣床上加工。

2）选择夹具和确定装夹方案

该零件不大,可采用通用夹具虎钳作为夹紧装置。找正平口虎钳固定钳口,保证与机床 X 轴平行度小于 0.02 mm;找正平口虎钳导轨面,保证高度方向上的平行度,锁紧平口钳。装夹定位如图 3-94 所示。

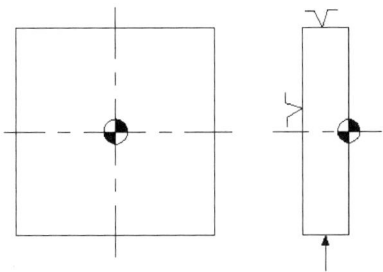

3）选择加工方法,确定加工路线

加工顺序按加工变形要小、先粗后精的原则确定,先加工外轮廓和内圆槽,再钻中心孔,最后钻孔。为了保证加工精度,轮廓的粗、精加工应分开,三个孔的精度要求一般,采用相应规格的钻头直接钻孔即可。

4）刀具选择

刀具的选择如表 3-33 所示。

图 3-94 装夹定位

表 3-33 数控加工刀具卡

产品名称或代号	×××		零件名称		底座	零件图号	×××
序号	刀具	规格名称	数量	刀具长度补偿号	加工表面	备注	
1	T01	ϕ20 立铣刀	1	H01	加工外轮廓		
2	T01	ϕ20 立铣刀	1	H02	加工内圆槽		
3	T02	ϕ3 中心钻	1	H03	钻 2 个中心孔		
4	T03	ϕ10 钻头	1	H04	钻 4×ϕ10 孔		
编制		审核		批准	年 月 日	共 页	第 页

5）确定进给路线

选择零件的对称中心为 X 轴、Y 轴坐标原点,零件上表面为 $Z=0$,建立零件坐标系,如图 3-94 所示。

（1）加工外轮廓时,刀具从左上角沿零件轮廓切向切入,为了能使自动倒圆功能顺利执行,外轮廓铣削完毕后,先沿切向继续直线加工,再沿圆弧方向切出。

（2）铣削内圆槽时,Z 轴方向螺旋下刀,内轮廓加工沿圆弧方向切入、切出。

注意：应尽量避免沿零件轮廓的法线方向切入和切出。

6）选择切削用量

根据数控机床使用说明书、零件材料（45 钢）、加工工序（粗铣、精铣、钻）以及其他工艺要求，并结合实际经验来确定切削三要素，即背吃刀量、主轴转速及进给速度。

3. 填写数控加工工序卡片

将各工艺步骤的加工内容、所用刀具和切削用量填入零件的数控加工工序卡片，如表 3-34 所示。

表 3-34　底座数控加工工序卡片

数控加工工序卡片		产品名称或代号		零件名称		零件图号	
		×××		底座		X22	
工序号	程序编号	夹具名称		使用设备		车间	
01	AB1~AB4	虎钳				数控实训中心	
工步号	工步内容	刀具号	刀具规格	主轴转速 /(r/min)	进给速度 /(mm/min)	背吃刀量 /mm	备注
1	粗铣外轮廓	T01	φ20 立铣刀	800	120		
2	粗铣内型腔	T01	φ20 立铣刀	800	120		
3	精铣外轮廓	T01	φ20 立铣刀	1 000	100	0.2	
4	精铣内型腔	T01	φ20 立铣刀	1 000	100	0.2	
5	钻中心孔	T02	φ3 中心钻	720	64		
6	钻孔	T03	φ10 钻头	600	80		
编制		审核		批准		年 月 日	共 页 第 页

3.6.3.2　编写加工程序

参考数控加工程序如表 3-35 所示。

表 3-35　底座数控加工程序

程序内容	简要说明
AB1	铣外圆台（粗加工，主轴倍率调至 80%，进给倍率调至 120%）
G17 G54 G90 S1000 M3 T1D1；	刀具 1，D1 值生效
G0 Z50；	
X70 Y0 M8；	
G1 Z−10 F500；	
G2 X70 Y0 I−70 J0 F100；	去四个角的余量
G1 G41 X45；	建立刀具半径左补偿 D1
G2 I−45 J0；	整圆编程
G0 G40 X70	取消刀具半径补偿 D1
Z50；	快速抬刀
M2；	程序结束

程序内容	简要说明
AB2 G17 G54 G90 S1000 M3 T1D2； G0 Z50； X7 Y0 M8； G1 Z1 F500； G2 X7 Y0 Z−1 I−7 J0 F100； Z−3 I−7 J0； Z−5 I−7 J0； I−7 J0； G1 G41 X26 F100； Y26 RND＝20； X−26 RND＝20； Y−26 RND＝20； X26 RND＝20； Y2 G1 G40 X0 Y0； G00 Z50； M2；	铣内型腔(粗加工,主轴倍率调至 80％,进给倍率调至 120％) 刀具 1,D2 值生效 螺旋下刀,第 1 刀 第 2 刀 第 3 刀 铣平 建立刀具半径左补偿 D2 自动倒 $R20$ 圆 取消刀具半径补偿 D02 快速抬刀 程序结束
AB3 G17 G54 G90 S720 M3 T2D3 F64； G0 X0 Y0 Z50 M8； MCALL CYCLE81(10,0,5,−3,)； X0 Y33； Y−33； MCALL； G00 Z50； M2；	钻中心孔 刀具 2,D3 值生效 模态调用 CYCLE81 钻 1 号中心孔 钻 2 号中心孔 模态调用结束 快速抬刀 程序结束
AB4 G17 G54 G90 S600 M3 T3D4 F80； G0 X0 Y0 Z50 M8； MCALL CYCLE81(10,0,5,−12,)； X0 Y33； Y−33； MCALL； G00 Z50； M2；	钻孔 刀具 3,D4 值生效 模态调用 CYCLE81 钻 1 号孔 钻 2 号孔 模态调用结束 快速抬刀 程序结束

3.6.3.3 仿真加工

仿真加工步骤如下：
（1）进入仿真系统；
（2）选择机床；
（3）启动系统；
（4）机床回参考点；

（5）毛坯的定义及装夹；

（6）刀具的选择及安装；

（7）对刀；

（8）程序录入；

（9）检查运行轨迹；

（10）自动加工；

（11）零件测量。

练 习 题

一、选择题

1. 采用半径编程方法编写圆弧插补程序时,当圆弧所对应的圆心角（   ）180°时,该半径为负。

A. 大于   B. 小于   C. 大于或等于   D. 小于或等于

2. 编制整圆加工程序时,（   ）。

A. 可以用绝对坐标 I 或 J 指定圆心   B. 可以用半径 R 编程

C. 必须用相对坐标 I 或 J 编程   D. A 和 B 皆对

3. 使用刀具半径补偿功能时,（   ）是错误的。

A. 不考虑刀具半径   B. 直接按加工零件轮廓编程

C. 先求出刀具中心的运动轨迹   D. 用同一程序段可完成粗、精加工

4. 数控铣床的 G41/G42 指令是对（   ）进行补偿。

A. 刀尖圆弧半径   B. 刀具半径   C. 刀具长度   D. 刀具角度

5. 在数控加工中,刀具补偿功能除对刀具半径进行补偿外,在用同一把刀进行粗、精加工时,还可进行加工余量的补偿,设刀具半径为 r,精加工时半径方向余量为 Δ,则最后一次粗加工走刀的半径补偿量为（   ）。

A. r B. Δ C. $r+\Delta$ D. $2r+\Delta$

6. Z 轴方向尺寸相对较小的平面类零件加工,最适合用（   ）加工。

A. 立式数控铣床   B. 卧式数控车床   C. 卧式数控铣床   D. 车削加工中心

7. 在如图 3-95 所示的孔系加工中,对加工路线描述正确的是（   ）。

A. 图 3-95(a)满足加工路线最短的原则   B. 图 3-95(b)满足加工精度最高的原则

C. 图 3-95(a)易引入反向间隙误差   D. 以上说法均正确

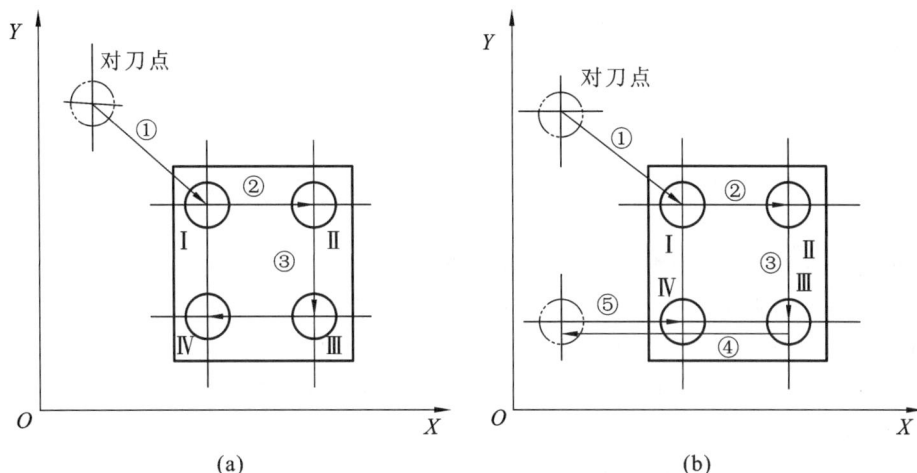

(a)   (b)

图 3-95 选择题 7 图

8. 在 FANUC 0i 数控铣系统中，执行 G94 指令后，F 的单位是（　　　）。

A. mm/r　　　　　　B. mm/min　　　　　C. m/min　　　　　D. m/r

9. 数铣编程需要刀具长度补偿时，若实际刀具较编程标准刀具长，可用（　　　）指令。

A. G43　　　　　　B. G40　　　　　　C. G41　　　　　　D. G42

10. 铣刀类型的选择应与零件表面形状及尺寸相适应，加工凹槽、较小的台阶面及平面轮廓，应选择（　　　）。

A. 盘铣刀　　　　　B. 模具铣刀　　　　C. 立铣刀　　　　　D. 键槽铣刀

11. 在 FANUC 0i 数控铣系统中，设定坐标系指令为（　　　）。

A. G92　　　　　　B. G97　　　　　　C. G96　　　　　　D. G50

12. 在数控铣床上用 $\phi20$ 铣刀执行下列程序后，其加工圆弧的直径尺寸是（　　　）。

N1 G90 G00 G41 X18 Y24 S600 M03 D06；

N2 G02 X74 Y32 R40 F180；（刀具半径补偿偏置值 $r=10.1$）

A. $\phi80.2$　　　　　B. $\phi80.4$　　　　　C. $\phi79.8$　　　　　D. $\phi79.6$

13. 孔加工循环结束后，刀具返回参考平面的指令为（　　　）。

A. G96　　　　　　B. G97　　　　　　C. G98　　　　　　D. G99

14. 执行 G92 程序段时，刀具（　　　）。

A. 产生运动　　　　B. 不产生运动　　　C. 运动明显　　　　D. 运动不明显

15. 在零件上既有平面需要加工，又有孔需要加工时，可采用的加工方案是（　　　）。

A. 粗铣平面—钻孔—精铣平面　　　　B. 先加工平面，后加工孔

C. 先加工孔，后加工平面　　　　　　D. 任何一种加工方案

16. 在数控机床上加工封闭轮廓时一般从（　　　）进刀。

A. 法面　　　　　　B. 切向　　　　　　C. 任意方向

17. 铣削外轮廓时，为避免切入/切出产生刀痕，最好采用（　　　）。

A. 法相切入/切出　　　　　　　　　　B. 切向切入/切出

C. 斜向切入/切出　　　　　　　　　　D. 垂直切入/切出

18. 下列各图中属于逆时针圆弧插补的是（　　　）。

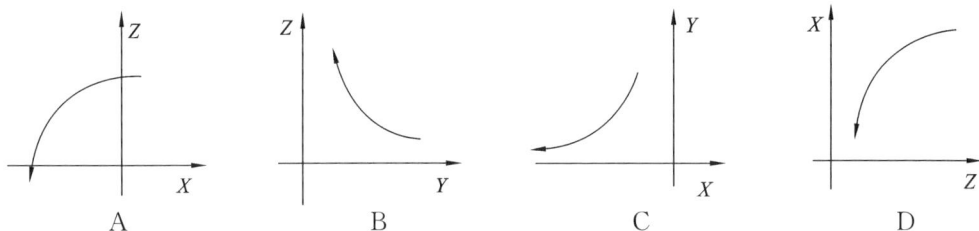

19. 设 H01＝6 mm，则执行"G91 G43 G01 Z－15.0；"后的实际移动量是（　　　）。

A. 9 mm　　　　　　B. 21 mm　　　　　C. 15 mm　　　　　D. 11 mm

20. 在铣削一个 XY 平面上的圆弧时，圆弧起点为（30,0），终点为（－30,0），半径为50，圆弧起点到圆弧终点的旋转方向为顺时针，则铣削圆弧的指令为（　　　）。

A. G17 G90 G02 X－30 Y0 R50 F50；　　B. G17 G90 G03 X－30 Y0 R－50 F50；

C. G17 G90 G02 X－30 Y0 R－50 F50；　　D. G18 G90 G02 X30 Y0 R50 F50；

二、判断题

1. 在数控铣床上加工整圆时，为避免零件表面产生刀痕，刀具从起始点沿圆弧表面的切线方向进入，进行圆弧铣削加工；整圆加工完毕退刀时，刀具顺着圆弧表面的切线方向退出。　　（　　　）

2. 在轮廓铣削加工中,若采用刀具半径补偿指令编程,刀具半径补偿的建立与取消应在轮廓上进行,这样的程序才能保证零件的加工精度。　　　　　　　　　　　　　　　　（　　）

3. 被加工零件轮廓上的内转角尺寸要尽量统一。　　　　　　　　　　　　　　（　　）

4. 在编写圆弧插补程序时,若用半径 R 指定圆心位置,不能描述整圆。　　　（　　）

5. 孔加工固定循环只能由 G80 指令撤销。　　　　　　　　　　　　　　　　（　　）

6. 采用同一加工程序无法实现用一把刀具完成零件的粗、精加工。　　　　　（　　）

7. 立铣刀的刀位点是刀尖。　　　　　　　　　　　　　　　　　　　　　　　（　　）

8. 用 G44 指令也可达到刀具长度正向补偿。　　　　　　　　　　　　　　　（　　）

9. 不论是在 G90 状态下还是在 G91 状态下,在 G02 和 G03 圆弧插补指令中,圆弧圆心坐标都为绝对坐标。　　　　　　　　　　　　　　　　　　　　　　　　　　　　　（　　）

10. 顺铣时铣刀回转方向和零件移动方向相反。　　　　　　　　　　　　　　（　　）

11. 在数控铣床上加工表面有硬皮的毛坯零件时,应采用逆铣切削。　　　　（　　）

12. 若 I、J、R 同时在一个程序段中出现,则 R 有效,I、J 被忽略。　　　　（　　）

13. 对于没有刀具半径补偿功能的数控系统而言,编程时不需要计算刀具中心的运动轨迹,可按零件轮廓编程。　　　　　　　　　　　　　　　　　　　　　　　　　　　　　（　　）

14. 采用循环编程,可以减少程序段,减少程序所占用的内存。　　　　　　（　　）

15. G40、C41、G42 指令都是模态指令。　　　　　　　　　　　　　　　　　（　　）

16. 在圆弧插补加工中,I、J 值是指圆弧起点相对圆心的增量坐标。　　　　（　　）

17. 切削大于 180° 的圆弧,圆弧半径 R 值要使用正值。　　　　　　　　　（　　）

18. 立铣刀的半径要小于或等于所铣内圆弧的半径值。　　　　　　　　　　　（　　）

19. 在可能情况下,铣削平面宜尽量采用较大直径铣刀。　　　　　　　　　　（　　）

20. 模态指令的作用一直延续到执行下一个非模态指令为止。　　　　　　　　（　　）

三、项目训练

1. 采用刀具补偿指令编写如图 3-96 所示各零件的内、外轮廓加工程序。

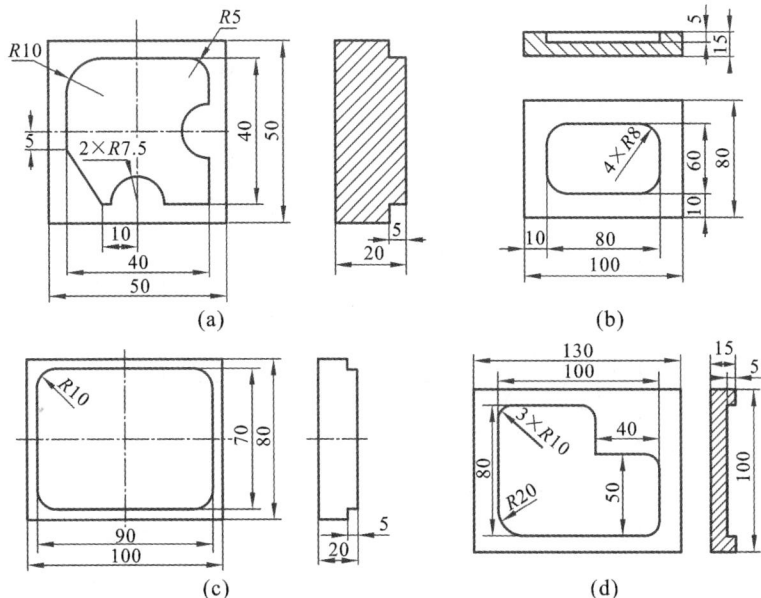

(a)

(b)

(c)

(d)

图 3-96　项目训练题 1 图

2. 应用孔加工循环指令编写图 3-97 所示两个零件的孔加工程序，已知材料为 45 钢。

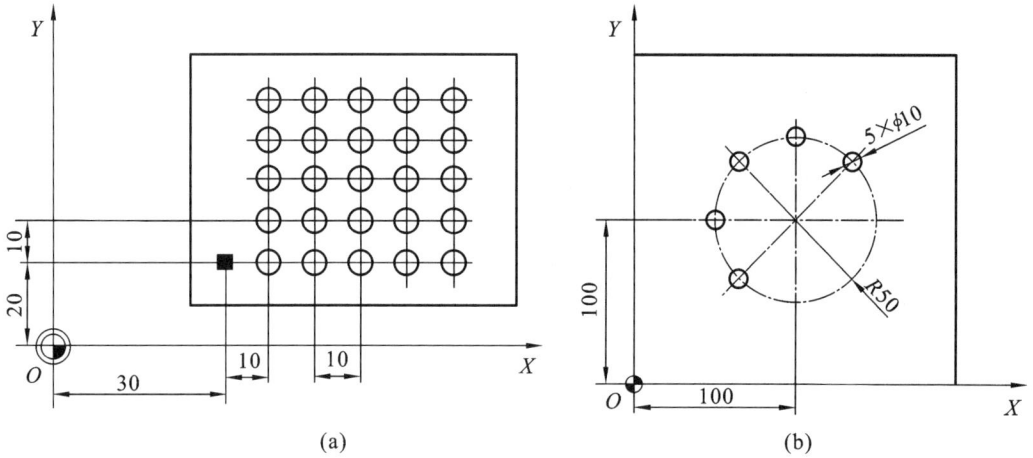

(a)

(b)

图 3-97　项目训练题 2 图

3. 加工图 3-98 所示的零件，已知毛坯尺寸为 100 mm×100 mm×23 mm，六个面已磨，材料为 45 钢。

要求：

（1）进行工艺分析；

（2）编制加工程序。

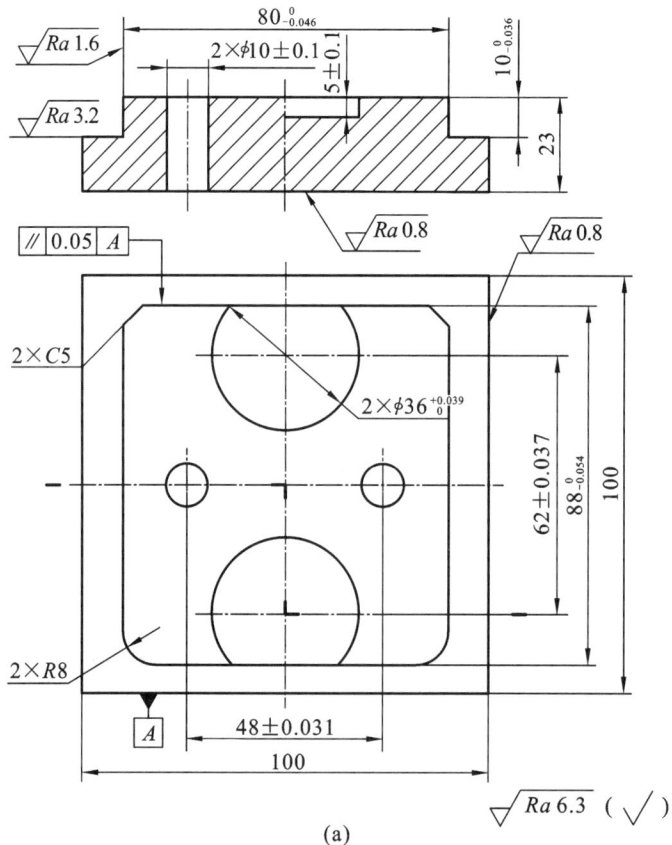

(a)

图 3-98　项目训练题 3 图

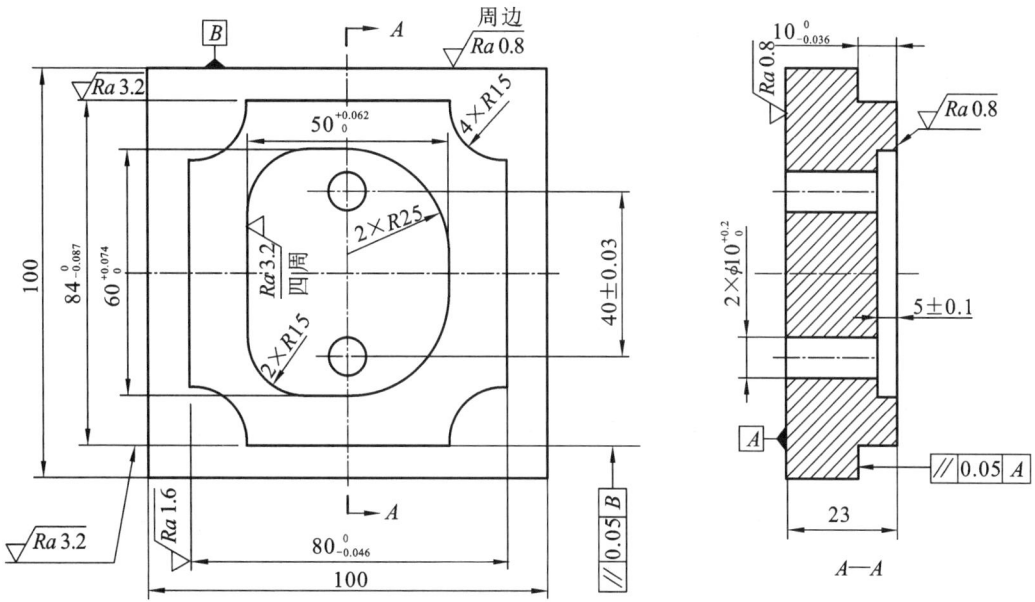

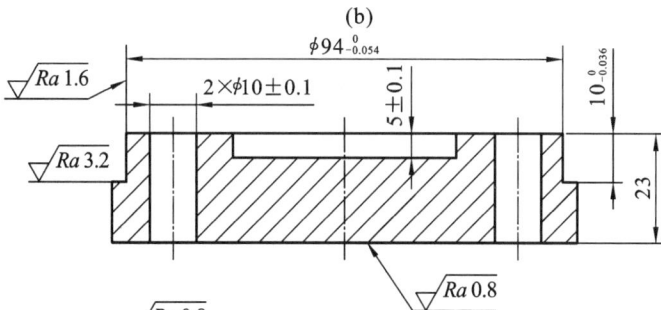

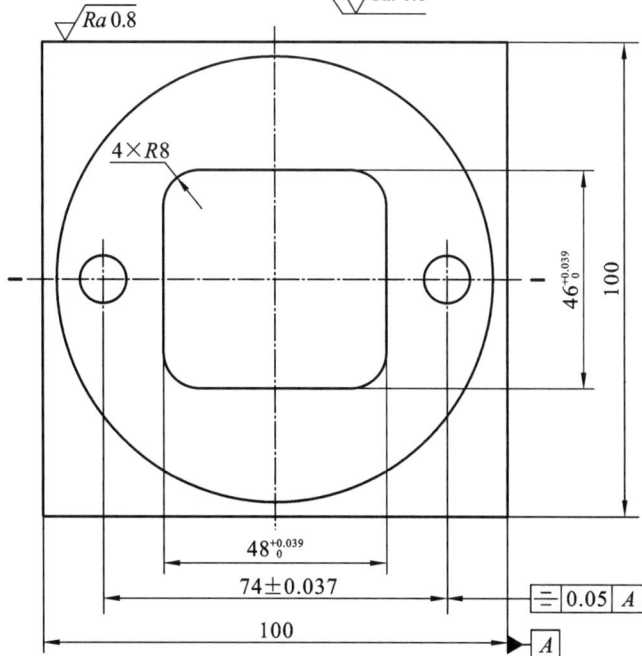

(b)

(c)

续图 3-98

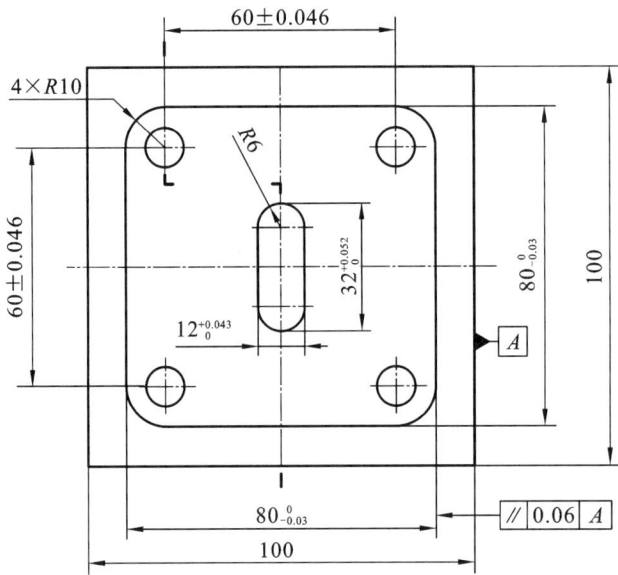

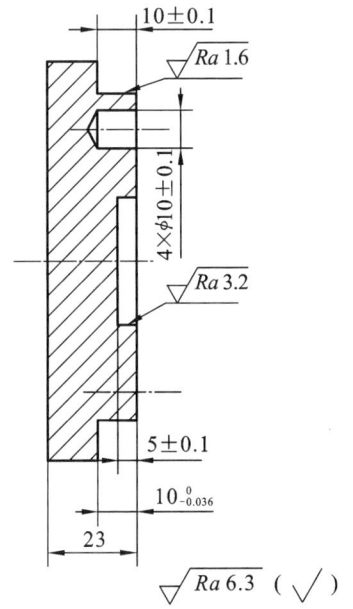

(d)

续图 3-98

第4章

加工中心编程

【学习目标】

1. 了解加工中心加工的工艺特点及分类
2. 了解加工中心的刀库和自动换刀装置
3. 掌握加工中心的编程特点及编程流程
4. 掌握加工中心的简化编程指令及其应用

◀◀ **4.1 加工中心概述** ▶▶

4.1.1 加工中心的概念

加工中心(machining center,简称 MC)是由机械设备与数控系统组成的用于加工形状复杂的零件的高效率自动化机床。它是在数控铣床的基础上发展起来的,与数控铣床有很多相似之处,与数控铣床的主要区别是它具有自动换刀功能,通过在刀库中安装不同用途的刀具,在一次装夹中通过自动换刀装置改变主轴上的加工刀具,实现铣、钻、镗、铰、攻螺纹等多种加工功能。加工中心是典型的集高新技术于一体的机械加工设备,它的发展代表了一个国家设计和制造业的水平。

4.1.2 加工中心的工艺特点

加工中心是一种功能较全的数控机床。与普通数控机床相比,加工中心具有下述几个方面的优点。

1. 工序集中

加工中心具有自动换刀装置,能自动更换刀具,对零件进行多工序加工,使得零件在一次装夹中能完成多工序的加工。

加工中心还常常带有自动分度工作台或主轴箱,可自动偏转角度,因此,在一次装夹后,就能自动完成零件多个平面或多个角度位置的多工序加工。

2. 加工精度高

在加工中心上加工时,工序高度集中,一次装夹即可加工出零件上大部分甚至全部表面,避免了零件多次装夹所产生的装夹误差,因此,加工表面之间能够获得较高的相互位置精度。同时,加工中心多采用半闭环甚至全闭环的位置补偿功能,有较高的定位精度和重复定位精度。另外,在加工过程中产生的尺寸误差能及时得到补偿,与使用普通机床加工相比,能获得较高的尺寸精度。

3. 加工效率高

由于工序集中,一次装夹能完成较多表面的加工,可减少零件装夹、测量和调整机床的时间,减少零件的周转、搬运和存放时间,使机床的利用率得到提高。使用带有自动交换工作台的加工中心,在加工一个零件的同时,另一个工作台可以实现零件的装夹,从而大大缩短了辅助时间,提高了加工效率。

4. 加工质量好

加工中心主轴转速和各轴进给量均是无级调速,有的加工中心甚至具有自适应控制功能,能随刀具和零件材质及刀具参数的变化,把切削参数调整到最佳数值,从而提高各加工表面的质量。

5. 软件适应性强

零件每道工序的加工内容、切削用量、工艺参数都可以编入程序,可以随时修改,这给新产品试制、实行新的工艺流程和试验提供了方便。

使用加工中心加工零件也带来了一些需要考虑的新问题,如:因为连续进行零件的粗、精加工,刀具应具有更高的强度、硬度和耐磨性;悬臂加工孔时,若无辅助支承,则要求刀具具备良好的刚性;多工序的集中加工,易造成切屑堆积,切屑会缠绕在零件或刀具上,影响加工,需要采取断屑措施并及时清理切屑;在将毛坯加工为成品的过程中,零件无时效工序,内应力难以消除;技术复杂,对使用者、维修者、管理者要求较高,对使用环境也有一定的要求,需要配置一定的外围设备;加工中心价格高,一次性投资大,加工台时费用高,零件的加工成本高。

4.1.3 加工中心的主要加工对象

加工中心适用于加工形状复杂、工序多、精度要求较高、需用多种类型的普通机床和众多的刀具与夹具,且需多次装夹和调整才能完成加工的零件。

1. 箱体类零件

箱体类零件(见图 4-1)在机床、汽车、飞机制造等行业用得较多,一般都要进行多工位孔系及平面的加工,几何公差和定位精度要求高,通常要经过多道工序加工,需要的刀具和工装也较多。这类零件若采用普通机床加工,则生产周期长,成本高,精度一致性也差,质量难以保证。

2. 复杂曲面类零件

在航空航天、汽车、船舶、国防等领域的产品中,复杂曲面类零件(见图 4-2)占有较大的比例。普通机械加工方法是难以胜任甚至是无法完成这类零件的加工的,宜采用加工中心进行加工,一般可以用球头铣刀进行三坐标联动加工。如果存在加工干涉或盲区,就必须考虑采用四坐标联动或五坐标联动进行加工。

图 4-1　箱体类零件

图 4-2　复杂曲面类零件

3. 异形件

异形件(见图 4-3)是外形不规则的零件,大多需要采用点、线、面多工位混合加工方法。加工异形件时,形状越复杂,精度要求越高,越能体现出加工中心的优越性。

异形件的刚性一般较差,装夹压紧及切削变形难以控制,加工精度也难以保证。这时可充分发挥加工中心工序集中的特点,采用合理的工艺措施,经一次或两次装夹,完成多道工序或全部工序的加工内容。

4. 盘、套、板类零件

盘、套、板类零件(见图 4-4)一般具有键槽和径向孔,或端面分布有孔系、曲面,如带法兰的轴套、带有键槽或方头的轴类零件、各种电机端盖等。

加工端面有孔系或曲面的盘、套、板类零件宜选用立式加工中心,加工有径向孔的零件可选用卧式加工中心。

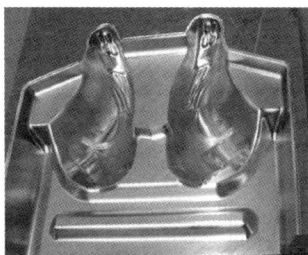

图 4-3　异形件

图 4-4　盘、套、板类零件

5. 特殊加工

配备一定的工装和专用工具,加工中心还可以进行特殊加工,如在主轴上安装调频电火花电源,可进行金属的表面淬火。在加工中心上安装高速磨头,可进行各种曲线、曲面的磨削等。

4.1.4　加工中心的分类

1. 立式加工中心

立式加工中心指主轴轴线垂直布置的加工中心,如图 4-5 所示,主要适用于加工板类、壳体类零件,也可用于模具和平面凸轮的加工。立式加工中心一般具有 3 个直线运动坐标,如果在工作台上安装一个数控回转台,还可以加工螺旋线类零件。当加工的工位较少且跨距不大时,可选用立式加工中心。

立式加工中心具有结构简单、易操作、占地面积小、价格低的优点,但受立柱高度及自动换刀装置的限制,不能加工太高的零件。立式加工中心在加工型腔或下凹的型面时,切屑不易排除,严重时会损坏刀具,破坏已加工表面,影响加工的顺利进行。

2. 卧式加工中心

卧式加工中心指主轴轴线水平布置的加工中心,如图 4-6 所示。卧式加工中心一般具有可实现分度回转运动的正方形工作台,有 3～5 个运动坐标,常见的是 3 个直线运动坐标(沿 X、Y、Z 轴方向)加一个回转坐标(工作台),能够使零件在一次装夹中完成除安装面和顶面以外其余四面的加工。卧式加工中心较立式加工中心应用范围广,特别适合用于孔与定位基面或孔与孔之间有相对位置要求的箱体类零件及小型模具型腔的加工。加工工位较多、工作台需多次旋转角度才能完成的零件,一般选用卧式加工中心。

图 4-5　立式加工中心

图 4-6　卧式加工中心

卧式加工中心是种类最多、规格最全、应用范围最广的一种加工中心。卧式加工中心占地面积大，重量大，结构复杂，价格较高，调试程序及加工时不易观察，零件装夹和测量不方便，若没有内冷却钻孔装置，加工深孔时切削液不易到位，且与立式加工中心相比，加工准备时间比较长，排屑容易，但加工零件数越多，它的多工位加工、主轴转速高、机床精度高等优势越明显，因此适用于批量生产。

3. 龙门式加工中心

龙门式加工中心（见图 4-7）的形状与龙门式数控铣床相似，它的主轴多垂直放置，除有自动换刀装置以外，还有可更换的主轴头附件，数控装置的软件功能比较齐全，能够一机多用，尤其适用于大型或形状复杂的零件（如航天工业中飞机的梁、框板及大型汽轮机上的某些零件）的加工。

4. 复合加工中心

复合加工中心（见图 4-8）也称五面加工中心，具有立式加工中心和卧式加工中心的功能，零件一次安装能完成除安装面外的所有面的加工。常见的复合加工中心有两种形式：一种是主轴可以旋转 90°，既可用作立式加工中心，也可用作卧式加工中心；另一种是主轴不改变方向，而工作台带着零件旋转 90°完成零件五个面的加工工序。复合加工中心适用于加工复杂箱体类零件和具有复杂曲线的零件，如螺旋桨叶片及各种复杂模具等。

在复合加工中心上安装零件避免了由二次装夹带来的安装误差，且生产效率和加工精度较高，并降低了加工成本，但复合加工中心的结构复杂、造价高、占地面积大，所以它的使用和生产远不如其他类型的加工中心广泛。

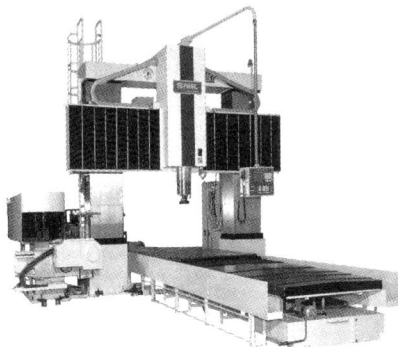

图 4-7　龙门式加工中心

图 4-8　复合加工中心

4.1.5　加工中心的自动换刀

加工中心的自动换刀装置包括刀库和刀具交换装置。

1. 刀库

加工中心的刀库用于存放刀具,是自动换刀装置中的主要部件之一。不同的机床生产厂家把刀库设计成不同类型,下面介绍常见的两大刀库类型。

1)盘形刀库

盘形刀库(见图 4-9(a))是最常用的一种刀库,结构较紧凑,存刀量少则 6～8 把,多则 50～60 把。除图 4-9(a)所示形式外,它还有斗笠式、鼓轮弹仓式(又称刺猬式)、叠层式等多种形式。

2)链式刀库

链式刀库(见图 4-9(b))的结构有较大的灵活性,选刀和取刀动作十分简单,存放刀具的数量也较多(一般有 30～120 把)。常用的链式刀库有单排链式刀库和加长链条的链式刀库。

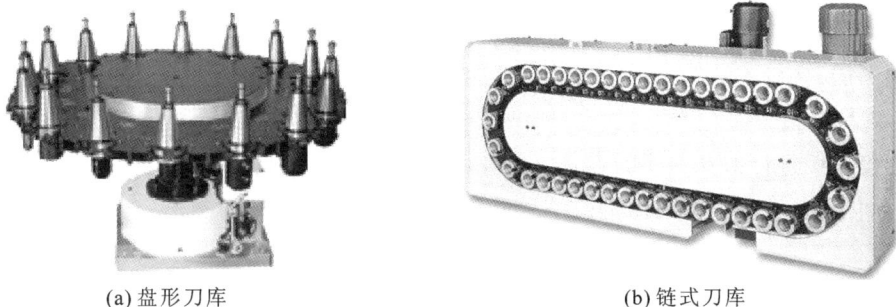

(a) 盘形刀库　　　　　　　　(b) 链式刀库

图 4-9　常见的刀库类型

2. 刀具的选择方式

加工中心在加工零件之前,要把加工过程中所需的刀具全部安装在刀库中的刀座中,换刀时根据选刀指令在刀库中选刀。选刀方式通常有顺序选刀和任意选刀两种。

1)顺序选刀

顺序选刀是按加工的顺序(即刀具使用顺序)将刀具依次装入刀座内,使用时按刀具的放置顺序逐一取用,用后再放回原刀座中。

采用这种方式不需要配备刀具识别装置,而且驱动控制也较简单,刀库选刀可以直接由刀库的分度来实现,因此,顺序选刀方式具有结构简单、工作可靠等优点。但由于更换不同零件时,必须重新排列刀库中的刀具顺序,刀库中的刀具在不同的工序中不能重复使用,因而必须相应地增加刀具的数量和刀库的容量,这样就降低了刀具和刀库的利用率。此外,装刀时必须十分谨慎,如果刀具不按加工顺序装在刀库中,将会造成严重事故,所以顺序选刀方式已很少使用。

2)任意选刀

任意选刀是根据程序指令的要求来选择相应的刀具,刀具在刀库中不必按照零件的加工顺序排列,可任意存放。

(1)刀座编码选刀。

刀座编码选刀是对刀库中的各刀座进行编码,把与刀座编码对应的刀具一一放入指定的刀座中,编程时用地址 T 指出刀具所在刀座编码。

（2）计算机记忆选刀。

刀具号和存刀位置或刀座号对应地记忆在计算机的存储器或可编程控制器的存储器内，刀具存放地址改变，计算机记忆也随之改变。采用这种选刀方式的自动换刀装置在刀库装有位置检测装置，刀具可以任意取出或放回。

采用任意选刀方式的自动换刀装置必须具有刀具识别装置。将每把刀具（或刀座）都编上编码，自动换刀时，刀库旋转，每把刀具（或刀座）都经刀具识别装置识别。当某把刀具的代码与数控指令的代码相符合时，该刀具被选中并被送到主轴换刀点，等待自动换刀装置换刀。任意选刀方式的优点是，刀库中刀具的排列顺序与零件加工顺序无关，相同的刀具可重复使用，因此，刀具数量相比顺序选刀方式的刀具可少一些，刀库也相应小一些。

3. 刀具交换装置和刀具交换方式

在数控机床的自动换刀装置中，实现刀库与机床主轴之间传递和装卸刀具的装置称为刀具交换装置。

（1）无机械手换刀。

采用无机械手换刀方式的刀具交换装置结构较简单，但是换刀时间长，必须首先将用过的刀具送回刀库，然后再从刀库中取出新刀具，这两个动作不可能同时进行，因此机床的效率低。

（2）机械手换刀。

采用机械手进行刀具交换的方式应用较为广泛，这是因为机械手换刀有很大的灵活性，而且换刀时间短、机床的效率高。机械手主要分为直爪式和旋转式两类。

4.2 项目12：加工中心编程实例

4.2.1 项目导入

零件形状如图4-10所示，毛坯尺寸为120 mm×80 mm×20 mm，除上、下表面以外的其他四面均已加工，并符合尺寸与表面粗糙度要求，材料为45钢。按图样要求制订正确的工艺方案（包括定位、夹紧方案和工艺路线），选择合理的刀具和切削工艺参数，并编写数控加工程序。

4.2.2 相关知识

加工中心的编程方法和指令与数控铣床基本相同，下面就以FANUC 0i MB数控系统为例，介绍加工中心的编程特点和几个简化编程的指令。

4.2.2.1 加工中心的编程特点

鉴于加工中心的加工特点，加工中心数控加工程序编制从加工工序的确定、刀具的选择，加工路线的安排到数控加工程序的编写，都比其他数控机床要复杂。因此，加工中心编程具有以下特点。

（1）应进行工艺分析。零件加工工序多，使用的刀具种类多，甚至在一次装夹下，要完成粗加工、半精加工与精加工，因此周密合理地安排各加工工序的顺序，有利于提高加工精度和生产效率。

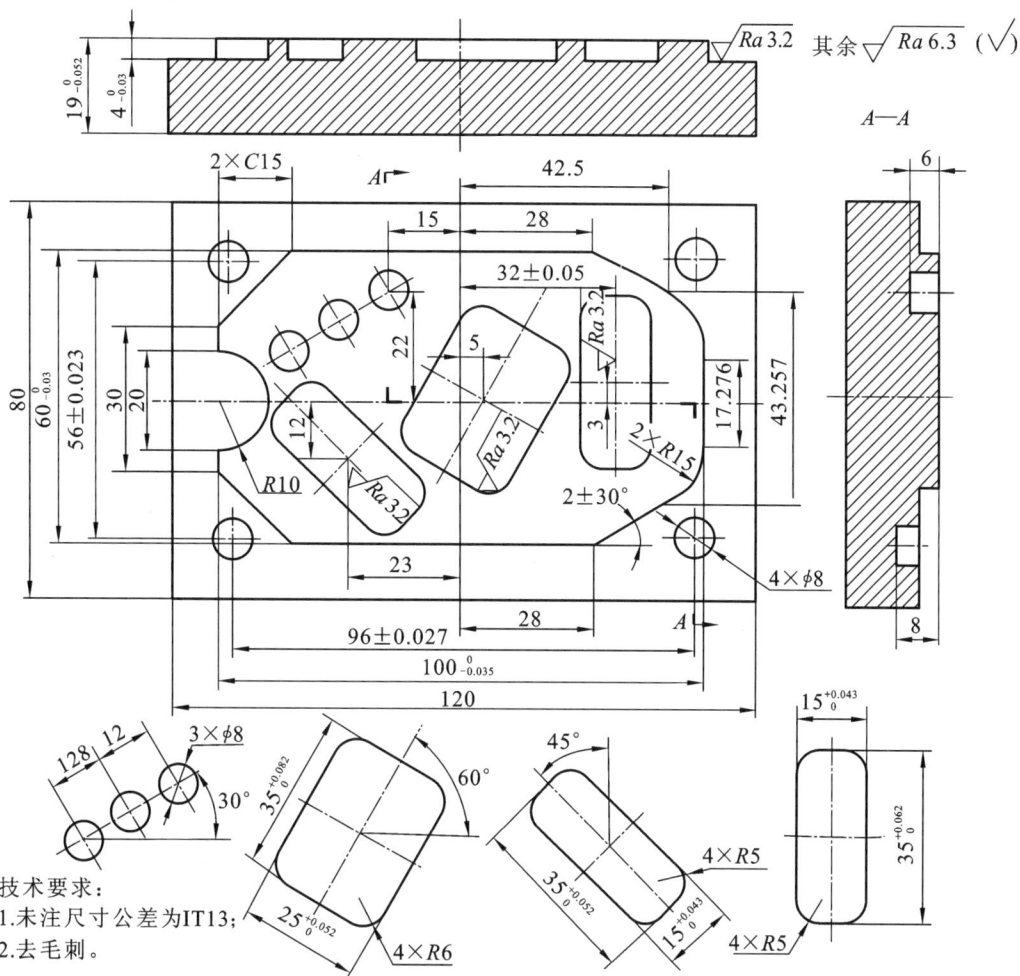

图 4-10　综合实例

（2）根据加工批量等情况,决定是采用自动换刀还是采用手动换刀。一般情况下,加工批量在 10 件以上,而刀具更换又比较频繁时,以采用自动换刀为宜;但当加工批量很小,而使用的刀具种类又不多时,把自动换刀安排到程序中反而会增加机床的调整时间。

（3）采用自动换刀要注意留出足够的换刀空间。有些刀具直径较大或尺寸较长,采用自动换刀时要注意避免发生撞刀事故。

（4）为提高机床利用率,尽量采用刀具机外预调,并将测量尺寸填写到刀具卡片中,以便于操作者在运行程序前,及时修改刀具补偿参数。

（5）已经编好的程序,必须认真检查,并于加工前安排好试运行。从编程的出错率角度来看,采用手工编程相比采用自动编程出错率要高,特别是在生产现场,为临时进行加工而编程时,出错率更高,更有必要认真检查程序并安排好试运行。

（6）尽量把不同工序加工内容的程序分别安排到不同的子程序中。当零件加工工序较多时,为了便于程序的调试,一般将各工序的加工内容安排到子程序中,主程序主要完成换刀及子程序的调用。这种安排便于按每一工序独立地调试程序,也便于在加工顺序不合理时做出调整。

4.2.2.2 加工中心的换刀程序

不同的加工中心，换刀过程不完全一样，通常选刀和换刀可分开进行。换刀完毕启动主轴后，方可执行后续程序段。选刀动作可与机床的加工动作重合起来，即利用切削时间进行选刀。多数加工中心都规定了固定的换刀点位置，各运动部件只有移动到这个位置，才能开始换刀动作。

XH714型加工中心装备有盘形刀库，通过主轴与刀库的相互运动实现换刀。换刀过程可以用一个子程序描述，且习惯上取程序名为O9000。换刀子程序如下：

O9000
N10 G91 G28 Z0 M05;　　　　　　　　自动返回换刀点
N20 M06;　　　　　　　　　　　　　　换上预选的刀具
N30 G90;　　　　　　　　　　　　　　选择绝对坐标系
N40 M99;　　　　　　　　　　　　　　换刀子程序结束，返回主程序

需要注意的是，为了使换刀子程序不被随意更改，以保证换刀安全，设备管理人员可将该子程序隐含。当加工过程中需要换刀时，调用程序名为O9000的子程序即可。调用程序段可编写如下：

T ＿＿ M98 P9000

其中：T为刀具号，一般取两位数字；M98为调用子程序指令；P9000中的9000为换刀子程序的程序号。

4.2.2.3 加工中心的编程指令

加工中心程序的编制与数控铣床的编程基本相似，只是因为加工中心有刀库和自动换刀装置，因而编程时加入了自动换刀的内容，并应更合理地考虑换刀点和机外预调等问题。

加工中心的编程指令与数控铣床的编程指令基本相同，这里不再赘述。下面介绍几个适用于较复杂零件加工的简化编程指令。

1. 比例缩放指令 G50、G51

G50、G51指令可以使原编程尺寸按指定比例缩小或放大，也可让图形按一定规律产生镜像变换。比例值可以在程序中指定，也可以在参数中设定。

1）所有轴以相同的比例缩放
编程格式：
G51 X ＿ Y ＿ Z ＿ P ＿;
……
G50;

其中：X、Y、Z是缩放中心的绝对坐标值，若X、Y、Z省略，则以刀具当前位置为缩放中心；P是缩放比例（最小输入单位为0.001或0.00001，具体取决于参数SCR的设定），取值范围为＋0.001～＋999.999或＋0.00001～＋9.99999，如果缩放比例P未在程序段中指定，则使用参数设定值，比例值小于1时图形缩小，反之图形放大；G50用于取消缩放。

比例缩放如图4-11所示。

注意：①形状相同，但缩放中心不同，缩放的结果也会不同，如图4-12所示（C点为缩放中心）；②比例缩放对刀具的半径补偿值、长度补偿值和偏置值无效，如图4-13所示。

【例4-1】 基本形状经缩放后加工，缩放比例为1.1，切削深度为10 mm，刀具的半径补偿号为D01，长度补偿号为H01，如图4-14所示。

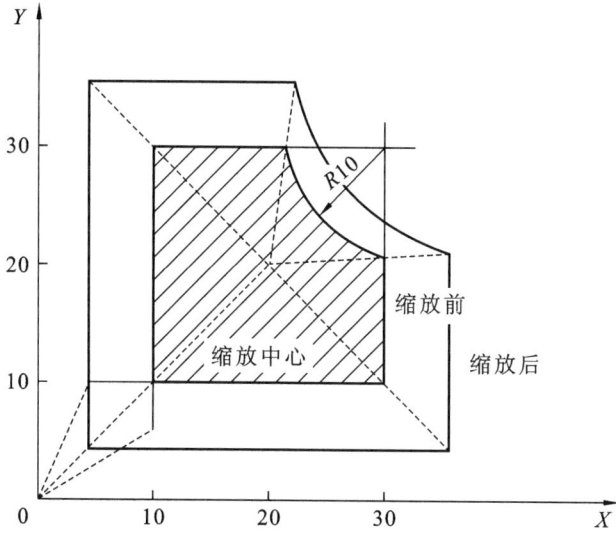

图 4-11 比例缩放

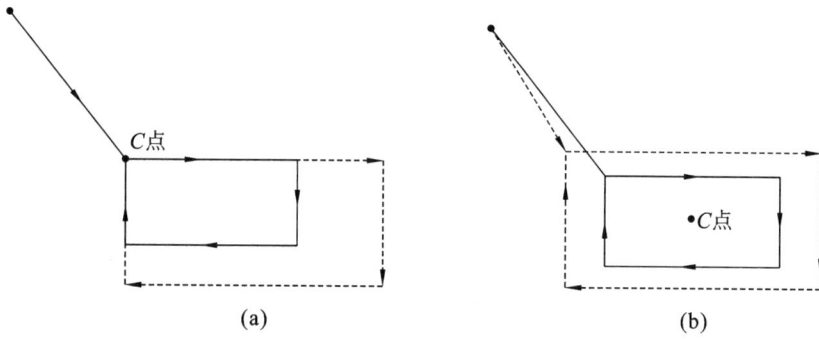

(a)   (b)

图 4-12 缩放中心位置不同的影响

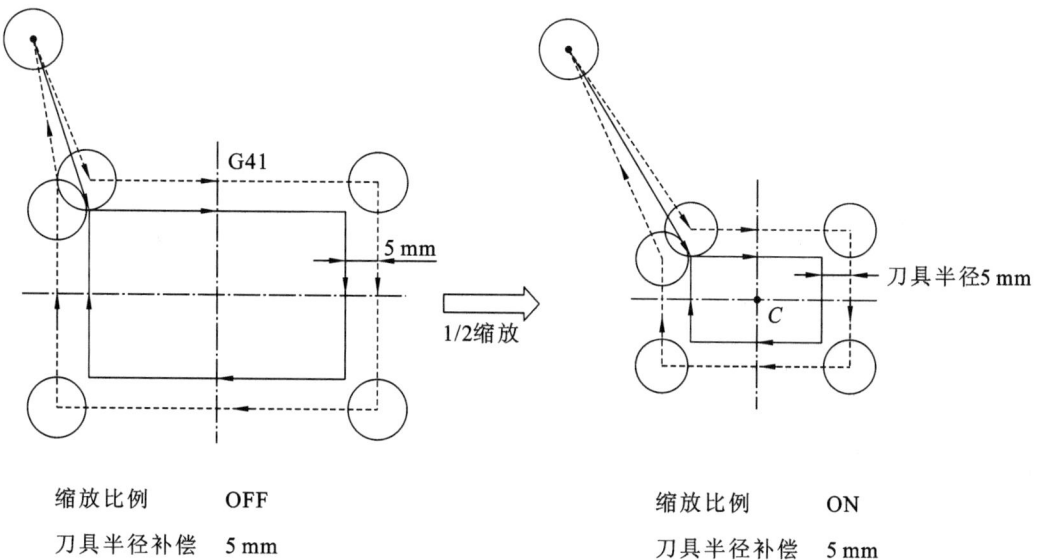

缩放比例   OFF   缩放比例   ON
刀具半径补偿   5 mm   刀具半径补偿   5 mm

图 4-13 比例缩放与补偿量的关系

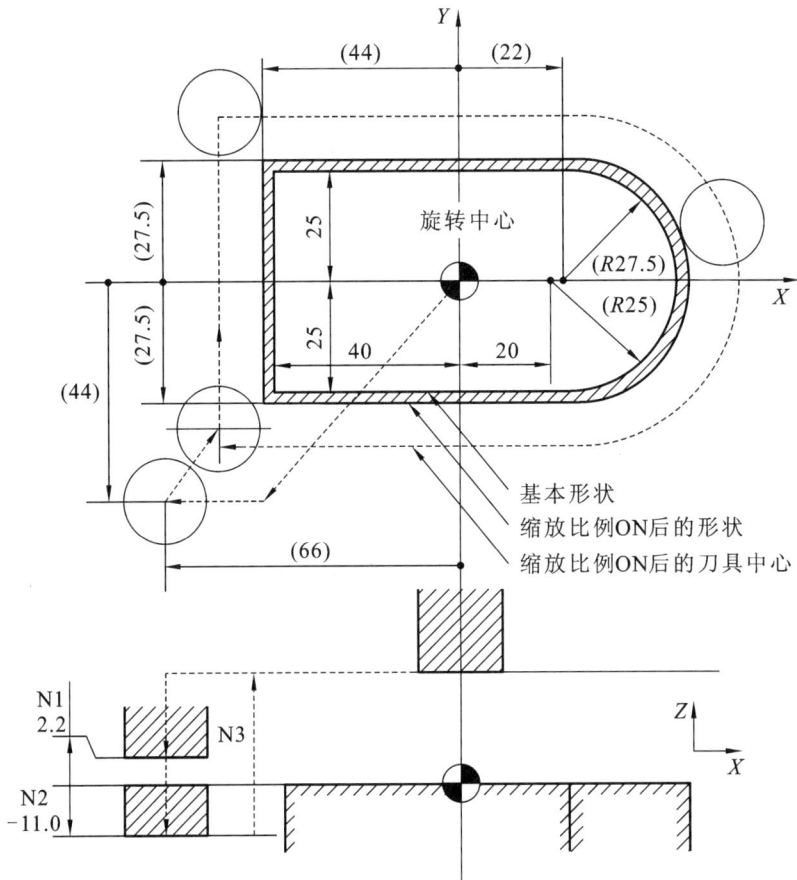

图 4-14　比例缩放实例

程序如下：

O4001

G54 G90；

T01 M98 P9000；　　　　　　　　调用自动换刀子程序

S1500 M03；

G00 X－66 Y－44；

N1 Z2.2；

G51（X0 Y0）Z0 P1.1；　　　　　调用比例缩放指令,缩放比例为1.1

N2 G01 G43 Z－11.2 H01 F200；

G41 X－40 Y－30 D01；

Y25；

X20；

G02 Y－25 R25；

G01 X－45；

G40 X－66 Y－44；

N3 G00 G49 Z20；

G50；　　　　　　　　　　　　　取消比例缩放功能

X0 Y0;

M30;

2）各轴以不同的比例缩放

编程格式：

G51 X ＿ Y ＿ Z ＿ I ＿ J ＿ K ＿;

……

G50;

式中：I、J、K 为 X 轴、Y 轴和 Z 轴对应的缩放比例，最小输入单位是 0.001 或 0.000 01（通过设定参数 SCR 决定），取值范围是＋0.001～＋999.999 或＋0.000 01～＋9.999 99。当指定负比例时，形成镜像；如果不指定 I、J、K，则参数设定的比例有效。

2. 可编程镜像指令 G50.1、G51.1

当加工的零件与坐标轴对称时，用可编程镜像指令可实现对称于坐标轴的加工，简化编程。

编程格式：

G51.1 X ＿ Y ＿ Z ＿ I ＿ J ＿ K ＿;

……

G50.1 X ＿ Y ＿ Z ＿;

其中：G51.1 为设置可编程镜像，G50.1 为取消可编程镜像；X、Y、Z 是镜像中心的绝对坐标值。

注意：①在镜像之后，执行刀具的半径补偿、长度补偿、偏置和其他补偿操作。②当分别使用 X 轴、Y 轴镜像时，在镜像图上，实际的刀具移动（在镜像轴上）的方向、刀具半径补偿方向、圆弧的方向与原图相反；当同时使用 X 轴、Y 轴镜像时，刀具在各轴移动的方向与原图相反，而刀具半径补偿方向、圆弧的方向与原图相同。

【例 4-2】 加工如图 4-15 所示的零件，凸台高为 2 mm，设刀具起始点在坐标原点 O 上 30 mm 处。

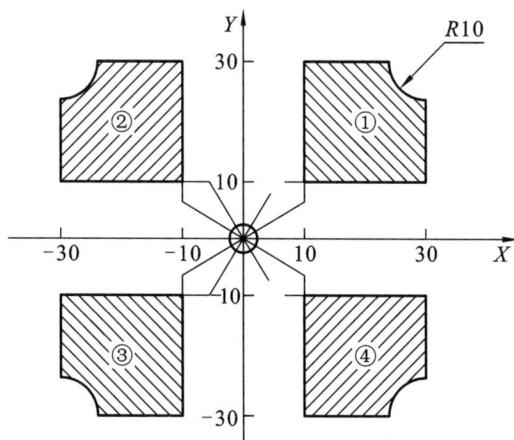

图 4-15 镜像加工实例

程序如下：

主程序：

O 4002

G54 G90;

T01 M98 P9000;

S1200 M03；

G00 X0 Y0 ；

Z10 ；

M98 P0020；

G51.1 X0 Y0 I－1000 J－1000；

M98 P0020；

G51.1 X0 Y0 I－1000 J－1000；

M98 P0020；

G51.1 X0 Y0 I－1000 J－1000；

M98 P0020；

G50.1 Y0；

M30；

子程序

O0020

G01 G43 Z－2 H01 F150；

G42 X5 Y10 D01；

G01 X30 F100；

Y20；

G02 X20 Y30 R10；

G01 X10；

Y5；

G40 X0 Y0；

G00 G49 Z10；

M99；

3. 坐标系旋转指令 G68、G69

当零件置于工作台上与坐标系形成一个角度时,可用旋转坐标系来实现,如图 4-16 所示。这样,程序编制的时间及程序的长度都可以减少。

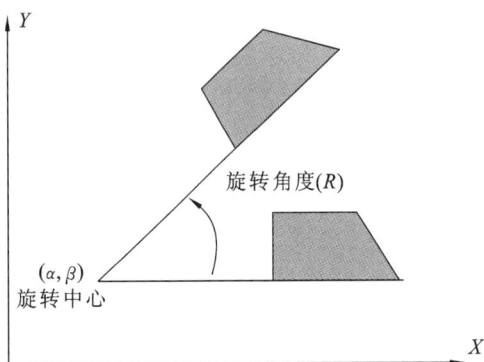

图 4-16 坐标系旋转示意图

编程格式：

G68 α __ β __ R __；

G69；

其中:α、β 为旋转中心坐标值(G90/G91 有效),与选择的坐标平面(G17、G18、G19)X、Y、Z 轴相对应,当旋转中心坐标省略时,以刀具的当前位置为旋转中心；R 是旋转角度,正值表示逆时针旋转(绝对值,使用参数亦可设定使用增量指令),最小值为 0.001,旋转范围为－360≤R≤360,当 R 省略时,则参数中设定的值被认为是旋转角度；G69 为坐标系旋转取消指令。

注意：①旋转平面取决于所选的平面(G17,G18,G19),不能由 G68 指定,不一定要与 G68 在同一程序段；②在坐标系被旋转后,执行刀具的长度补偿、半径补偿、偏置和其他补偿操作；③G69 可与其他指令在同一程序段中使用。

【例 4-3】 加工如图 4-17 所示的零件，切削深度为 5 mm。

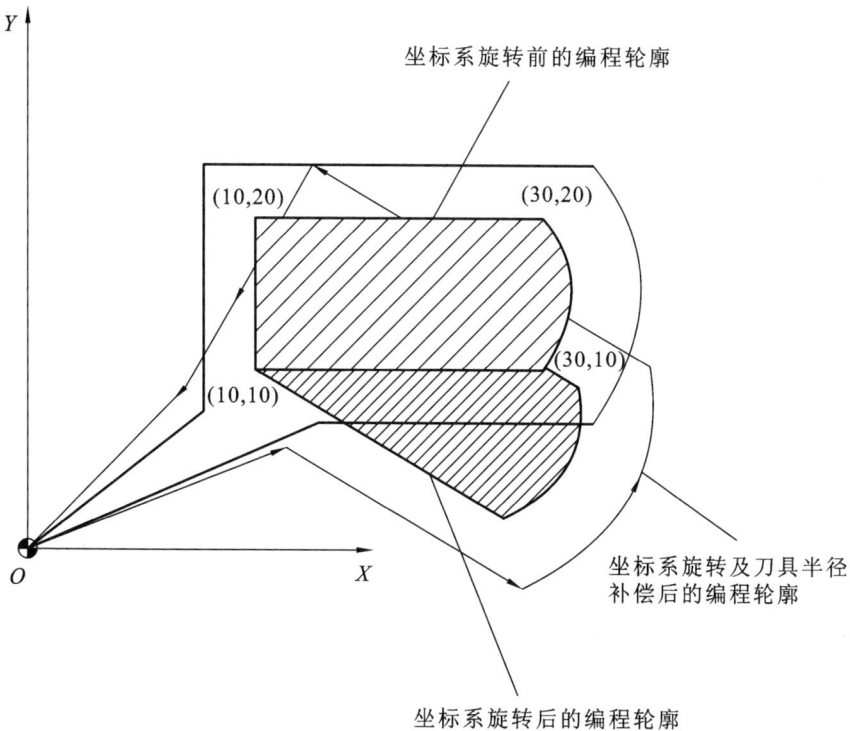

图 4-17 坐标系旋转实例

程序如下：

主程序：

O4003

G54 G90；

T01 M98 P9000；

S1600 M03；

G00 X0 Y0；

G68 X10 Y10 R－30；

M98 P0030；

G69；

M30；

子程序：

O0030

G43 Z－5 H01；

G42 X10 Y10 D01；

G01 X30 F100；

G03 Y20 I－10 J5；

G01 X10；

Y10；

G40 X0 Y0；

G00 G49 Z10；

M99；

G68 指令中的坐标点与 G69 指令中的坐标点均为同一点（0，0）时，G69 指令中的可省略。坐标系旋转平面必须与刀具补偿平面一致。在 G69 指令中，不要改变所选择的平面。

4. 极坐标编程指令 G16/G15

编程与加工中所用的坐标系一般采用直角坐标系，但在回转体中加工孔时，用极坐标编程较为方便。建立极坐标编程方式后，准备功能指令中的坐标值可以用极坐标（半径和角度）表示。

编程格式：

G17/G18/G19 G90/G91 G16；

……

G15；

其中：G17、G18、G19 用于极坐标加工平面的选择。G90/G91 用于选择绝对编程或增量编程方式。在 G90 方式下，工作坐标系零点作为极坐标原点；在 G91 方式下，当前位置作为极坐标原点，并从该点测量半径；G16 为极坐标建立指令，第一轴为极坐标半径，第二轴为极坐标角度（逆时针为正，顺时针为负）。G15 为取消极坐标指令。

【例 4-4】 加工如图 4-18 所示零件上的 12 个螺纹孔，孔深为 15 mm，应用极坐标功能绝对方式编程如下：

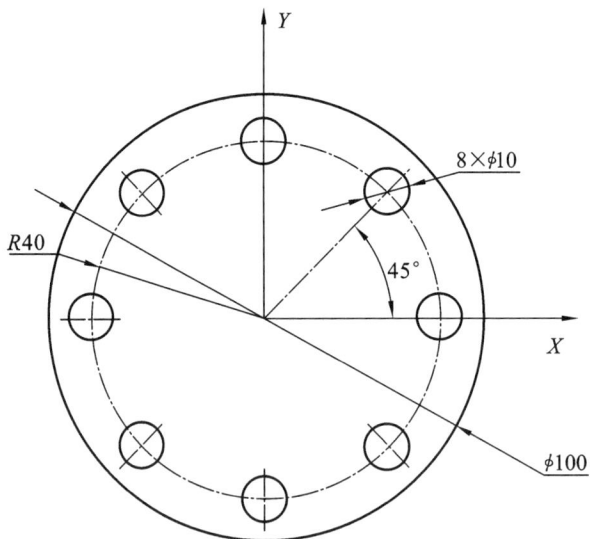

图 4-18 极坐标编程实例

O4004

G54 G90 M03 S800；

G00 Z50；

X0 Y0；

G43 Z10 H01；

G17 G16；

G99 G81 X20 Y0 Z−10 R5 F100；

Y45；

Y90；

Y135；

Y180；

Y225；

Y270；

Y315；

G15 G80；

G00 Z50；

M30；

4.2.3 项目实施

4.2.3.1 加工工艺分析

1. 工艺分析

如图 4-10 所示，加工内容包含平面、外轮廓、内型腔以及内孔等，被加工部分的尺寸、几何公差要求都较高，表面粗糙度要求较小，尺寸也均达到 IT8～IT17 级精度，所以分粗、精加工。

选用机用平口钳装夹零件，校正平口钳固定钳口与工作台 X 轴移动方向平行，在零件下表面与平口钳之间放入精度较高且厚度适当的平行垫块，零件露出钳口表面不低于 6 mm，利用木槌或铜锤敲击零件，使平行垫块不能移动后夹紧零件。利用寻边器找正零件 X 轴、Y 轴零点位于零件对称中心位置，设置 Z 轴零点与机床原点重合，刀具长度补偿利用 Z 轴定位器设定（有时也可不使用刀具长度补偿功能，根据不同刀具设定多个零件坐标系原点进行编程加工）。零件上表面为执行刀具长度补偿后的 Z 轴零点表面。

2. 确定加工工序和选择刀具

根据零件图样要求确定的加工工序和刀具如下：

（1）装夹零件，铣削 120 mm×80 mm 的平面，选用 ϕ18 mm 三刃立铣刀；

（2）重新装夹零件（已加工表面朝下），铣削表面，保证总厚度尺寸为 19 mm，选用 ϕ18 mm 三刃立铣刀；

（3）粗加工外轮廓及去除多余材料，保证深度尺寸为 4 mm，选用 ϕ18 mm 三刃立铣刀；

（4）粗加工中间逆时针旋转 60°的大型腔，保证深度尺寸为 4 mm，选用 ϕ10 mm 键槽铣刀；

（5）粗加工两个相同的小型腔，保证深度尺寸为 4 mm，选用 ϕ8 mm 键槽铣刀；

（6）铣 3×ϕ8 mm 孔，保证孔的直径和深度，选用 ϕ8 mm 键槽铣刀；

（7）精加工外轮廓，保证深度尺寸为 4 mm，选用 ϕ8 mm 立铣刀；

（8）精加工大型腔，保证深度尺寸为 4 mm，选用 ϕ8 mm 立铣刀；

（9）精加工两个小型腔，保证深度尺寸为 4 mm，选用 ϕ8 mm 立铣刀。

3. 切削参数的选择

各工序及刀具的切削参数如表 4-1 所示。

表 4-1　各工序刀具的切削参数

加工工序	刀具与切削参数						
加工内容	刀具规格			主轴转速/ (r/min)	进给速度/ (mm/min)	刀具补偿	
	刀号	刀具名称	材料			长度	半径
工序 1:铣平面	T01	φ18 mm 立铣刀	硬质合金	600	120	H01	
工序 2:铣另一平面							
工序 3:粗加工外轮廓/去余料				500	100	H03	D03
工序 4:粗加工大型腔	T04	φ10 mm 键槽铣刀	高速钢	900	40	H04	D04
工序 5:粗加工两小型腔	T05	φ8 mm 键槽铣刀		1 000	30	H05	D05
工序 6:铣 φ8 的孔					15		
工序 7:精加工外轮廓	T07	φ8 mm 立铣刀	硬质合金	800	20	H07	D07
工序 8:精加工大型腔							D08
工序 9:精加工两小型腔							D09

4.2.3.2　编写加工程序

工序 1 在 MDI 方式下完成,不必设置坐标系;在执行工序 2 之前要进行对刀,将刀具装入刀库(对号入座)并设置零件坐标系以及补偿等参数,工序 2 至工序 9 的加工程序如表 4-2 所示。正式加工前必须进行程序的检查和校验,确认无误后再进行加工。

表 4-2　加工程序

程序内容	简要说明
O4010	主程序名
G54 G90;	选择零件坐标系,采用绝对坐标编程
T01 M98 P9000;	调用子程序 O9000,换上 1 号 φ18 mm 立铣刀
S600 M03;	主轴以 600 r/min 正转
G00 G43 Z30 H01 M08;	Z 轴快速点定位,1 号刀具长度补偿有效,冷却液开
X75 Y40;	快速移动 X 轴、Y 轴,定位至下刀点
Z5;	Z 轴快速点定位
M98 P0002;	调用子程序 O0002,执行工序 2
G00 G49 Z30 M09;	Z 轴快速定位到 Z30,取消刀具长度补偿,冷却液关
S500;	主轴以 500 r/min 正转
G00 G43 Z20 H03 M08;	Z 轴快速点定位,3 号刀具长度补偿有效,冷却液开
X−70 Y50;	X 轴、Y 轴快速点定位至下刀点
Z5;	Z 轴快速点定位
G01 Z−4 F100;	Z 轴直线插补,进给速度为 100 mm/min
G41 X−60 Y30 D03;	X 轴、Y 轴直线插补,刀具半径补偿 D03 有效
M98 P0003;	调用子程序 O0003,执行工序 3

程序内容	简要说明
X－40 Y－50；	X 轴、Y 轴快速点定位
Z－4；	Z 轴快速下刀,去除多余材料
G01 X－60 Y－36；	X 轴、Y 轴直线插补
Y36；	Y 轴直线插补
X－40 Y50；	X 轴、Y 轴直线插补
G00 X40；	X 轴快速点定位
G01 X60 Y36；	X 轴、Y 轴直线插补
Y－36；	Y 轴直线插补
X40 Y－50；	X 轴、Y 轴直线插补
G00 G49 Z30 M09；	Z 轴快速定位到 Z30,取消刀具长度补偿,冷却液关
T04 M98 P9000；	调用子程序 O9000,换上 4 号 φ10 mm 键槽铣刀
S900 M03；	主轴以 900 r/min 正转
G00 G43 Z30 H04 M08；	Z 轴快速定位,刀具长度补偿 H04 有效,冷却液开
X5 Y0；	X 轴、Y 轴快速定位至下刀点
Z5；	Z 轴快速点定位
G68 X5 Y0 R60；	坐标系逆时针旋转 60°
G01 Z－4 F40；	Z 轴直线插补,进给速度为 40 mm/min
G91 G42 Y12.5 D04；	直线插补,刀具半径补偿 D04 有效
M98 P0004；	调用子程序 O0004,执行工序 4
X15；	X 轴直线插补,去除多余材料
X－5；	X 轴直线插补,去除多余材料
G69；	取消坐标系旋转
G00 Z5；	Z 轴快速点定位
G00 G49 Z30 M09；	Z 轴快速点定位到 Z30,取消刀具长度补偿,冷却液关
T05 M98 P9000；	调用子程序 O9000,换上 5 号 φ8 mm 键槽铣刀
S1000 M03；	主轴以 1 000 r/min 正转
G00 G43 Z30 H05 M08；	Z 轴快速定位,刀具长度补偿 H05 有效,冷却液开
X32 Y3；	X 轴、Y 轴快速定位至下刀点
Z5；	Z 轴快速点定位
G01 Z－4 F30；	Z 轴直线插补,进给速度为 30 mm/min
G41 G91 X7.5 D05；	采用增量坐标编程,刀具半径补偿 D05 有效
M98 P0005；	调用子程序 O0005,执行工序 5
X－23 Y－12；	X 轴、Y 轴快速点定位至下刀点
G68 X－23 Y－12 R45；	坐标系逆时针旋转 45°
G01 Z－4；	Z 轴直线插补
G41 G91 X7.5 D05；	采用增量坐标编程,刀具半径补偿 D05 有效
M98 P0005；	调用子程序 O0005,执行工序 5
G69；	取消坐标系旋转

程序内容	简要说明
X－15 Y22；	X 轴、Y 轴快速点定位
M98 P0006；	调用子程序 O0006，执行工序 6
G00 G49 Z30 M09；	取消固定循环、长度补偿，Z 轴快速点定位到 Z30，冷却液关
T07 M98 P9000；	调用子程序 O9000，换上 7 号 φ8 mm 立铣刀
S800 M03；	主轴以 800 r/min 正转
G00 G43 Z30 H07 M08；	Z 轴快速点定位，刀具长度补偿 H07 有效，冷却液开
X－70 Y50；	X 轴、Y 轴快速定位至下刀点
Z5；	Z 轴快速点定位
G01 Z－4 F20；	Z 轴直线插补，进给速度为 20 mm/min
G41 X－60 Y30 D07；	X 轴、Y 轴直线插补，刀具半径补偿 D07 有效
M98 P0003；	调用子程序 O0003，执行工序 7
G00 Z5；	Z 轴快速点定位
X5 Y0；	X 轴、Y 轴快速定位至下刀点
G01 Z－4；	Z 轴直线插补
G68 X5 Y0 R60；	坐标系逆时针旋转 60°
G41 G91 G01 Y12.5 D08；	采用增量坐标编程，刀具半径补偿 D08 有效
M98 P0004；	调用子程序 O0004，执行工序 8
G00 Z5；	Z 轴快速点定位
G69；	取消坐标系旋转
X32 Y3；	X 轴、Y 轴快速定位至下刀点
Z5；	Z 轴快速点定位
G01 Z－4；	Z 轴直线插补
G41 G91 X7.5 D09；	采用增量坐标编程，刀具半径补偿 D09 有效
M98 P0005；	调用子程序 O0005，执行工序 9
X－23 Y－12；	X 轴、Y 轴快速定位至下刀点
G01 Z－4；	Z 轴直线插补
G68 X－23 Y－12 R45；	坐标系逆时针旋转 45°
G41 G91 X7.5 D09；	采用增量坐标编程，刀具半径补偿 D07 有效
M98 P0005；	调用子程序 O0005，执行工序 9
G69；	取消坐标系旋转
G00 G49 Z30 M09；	取消刀具长度补偿，Z 轴快速定位到 Z30，冷却液关闭
M05；	主轴停转
M30；	程序结束，并返回程序首
O0002	子程序名
G01 Z0 F120；	Z 轴直线插补，进给速度为 120 mm/min
X－60；	X 轴直线插补
Y24；	Y 轴直线插补
X60；	X 轴直线插补
Y8；	Y 轴直线插补

程序内容	简要说明
X－60；	X 轴直线插补
Y－8；	Y 轴直线插补
X60；	X 轴直线插补
Y－24；	Y 轴直线插补
X－60；	X 轴直线插补
Y－40；	Y 轴直线插补
M99；	子程序结束，并返回主程序 O4010
O0003	子程序名
G01 X28；	X 轴直线插补,沿外轮廓的切向切入
X42.5 Y21.629；	X 轴、Y 轴直线插补
G02 X50 Y8.638 R15；	顺时针圆弧插补铣 R15 mm 圆弧
G01 Y－8.638；	Y 轴直线插补
G02 X42.5 Y－21.629 R15；	顺时针圆弧插补铣 R15 mm 圆弧
G01 X28 Y－30；	X 轴、Y 轴直线插补
X－35；	X 轴直线插补
X－50 Y－15；	X 轴、Y 轴直线插补
Y－10；	Y 轴直线插补
G03 Y10 R10；	逆时针圆弧插补铣 R10 mm 半圆
G01 Y15；	Y 轴直线插补
X－25 Y40；	X 轴、Y 轴直线插补,沿外轮廓的切向切出
G40 X－70 Y50；	取消刀具半径补偿至下刀点
G00 Z5；	Z 轴快速点定位
M99；	子程序结束,返回主程序 O4010
O0004	子程序名
G01 X17.5,R6；	X 轴直线插补,自动倒 R6 mm 圆弧角
G01 Y－25,R6；	Y 轴直线插补,自动倒 R6 mm 圆弧角
G01 X－35,R6；	X 轴直线插补,自动倒 R6 mm 圆弧角
G01 Y25,R6；	Y 轴直线插补,自动倒 R6 mm 圆弧角
G01 X17.5；	X 轴直线插补
G90 G40 G01 X5 Y0；	绝对值编程,取消刀具半径补偿
M99；	子程序结束,返回主程序 O4010
O0005	子程序名
G01 Y17.5,R5；	Y 轴直线插补,自动倒 R5 mm 圆弧角
G01 X－15,R5；	X 轴直线插补,自动倒 R5 mm 圆弧角
G01 Y－35,R5；	Y 轴直线插补,自动倒 R5 mm 圆弧角
G01 X15,R5；	X 轴直线插补,自动倒 R5 mm 圆弧角
G01 Y17.5；	Y 轴直线插补
G40 X－7.5；	取消刀具半径补偿
G90 G00 Z5；	绝对值编程,Z 轴快速点定位
M99；	子程序结束,返回主程序 O4010
O0006	子程序名
G68 X－15 Y22 R30；	坐标系逆时针旋转 30°

续表

程序内容	简要说明
G99 G82 Z－6 R5 P3000 F15；	固定循环加工 ϕ8 mm 孔，进给速度 15 mm/min
X－27；	固定循环加工 ϕ8 mm 孔
X－39；	固定循环加工 ϕ8 mm 孔
G69；	取消坐标系旋转
X－48 Y28 Z－8；	加工左上方 ϕ8 mm 孔
Y－28；	加工左下方 ϕ8 mm 孔
X48；	加工右下方 ϕ8 mm 孔
G98 Y28；	加工右上方 ϕ8 mm 孔
M99；	子程序结束，返回主程序 O4010

4.2.3.3 仿真加工

仿真加工步骤如下：

（1）进入仿真系统；

（2）选择机床；

（3）启动系统；

（4）机床回参考点；

（5）毛坯的定义及装夹；

（6）刀具的选择及安装；

（7）对刀；

（8）程序录入；

（9）检查运行轨迹；

（10）自动加工；

（11）零件测量。

练 习 题

一、选择题

1. 有些零件需要在不同的位置上重复加工同样的轮廓形状，应采用（　　）。

A. 比例加工功能　　　B. 镜像加工功能　　　C. 旋转功能　　　　　D. 子程序调用功能

2. 加工中心编程与数控铣床编程的主要区别是（　　）。

A. 指令格式　　　　　B. 换刀程序　　　　　C. 宏程序　　　　　　D. 指令功能

3. Z 轴方向尺寸相对较小的零件加工，最适合用（　　）加工。

A. 立式加工中心　　　B. 卧式加工中心　　　C. 龙门式加工中心　D. 复合加工中心

4. 下列（　　）不属于加工中心加工工艺。

A. 车削　　　　　　　B. 铣削　　　　　　　C. 钻削　　　　　　　D. 镗削

5. 不适合采用加工中心加工的零件是（　　）。

A. 加工精度要求高的零件　　　　　　　　　B. 形状复杂的零件

C. 箱体类零件　　　　　　　　　　　　　　D. 装夹困难的零件

6. 加工中心用刀具与数控铣床用刀具的区别是（　　）。

A. 刀柄　　　　　　　B. 刀具材料　　　　　C. 刀具角度　　　　　D. 拉钉

7. 加工中心加工过程中的主运动是（　　）。

A. 工作台进给　　　　B. 铣刀旋转　　　　　C. 零件移动　　　　　D. 刀具移动

8. 立式加工中心实现工作台纵向进给的是( )坐标轴。

A. X B. Y C. Z D. A

9. 加工中心编程需要进行刀具长度补偿时,若实际刀具较编程标准刀具长,可用( )指令。

A. G40   B. G41   C. G42   D. G43

10. 在万能加工中心上,零件经过一次装夹后能完成对( )面的加工。

A. 3   B. 4   C. 5   D. 6

二、判断题

1. 加工中心与数控铣床相比具有精度高的特点。   ( )

2. 加工中心与数控铣床最大的区别是加工中心具有自动换刀功能。   ( )

3. 与卧式加工中心相比,立式加工中心加工范围较宽。   ( )

4. 同一零件上的过渡圆弧尽量一致,避免换刀次数增加。   ( )

5. 加工中心采用任意选刀方式时刀具必须按顺序放置。   ( )

6. 镜像功能只在某平面中实现。   ( )

7. G68 指令只能在平面中旋转坐标系。   ( )

8. 固定循环中 R 参考平面是刀具下刀时自快进转为工时的高度平面。   ( )

9. 对于几何形状不复杂的零件而言,手工编程的经济性较好。   ( )

10. 加工中心是一种带有刀库和刀具交换装置的数控机床。   ( )

三、项目训练

1. 编写图 4-19 所示零件的数控加工程序。

要求:(1) 分析零件的加工工艺;

      (2) 确定加工工序和加工顺序,并为每道工序选择合适的刀具;

      (3) 编制出加工程序。

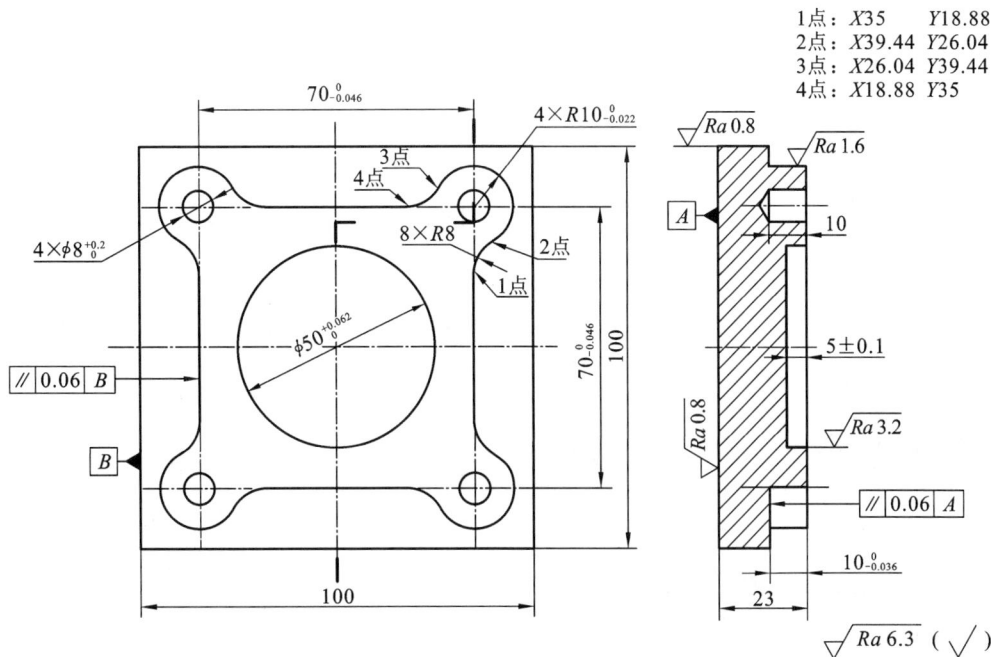

图 4-19　项目训练题 1 图

2. 编写图 4-20 所示零件的数控加工程序。

要求:(1)算出图中基点的坐标值；

(2)列出所用刀具和加工顺序；

(3)编制出加工程序。

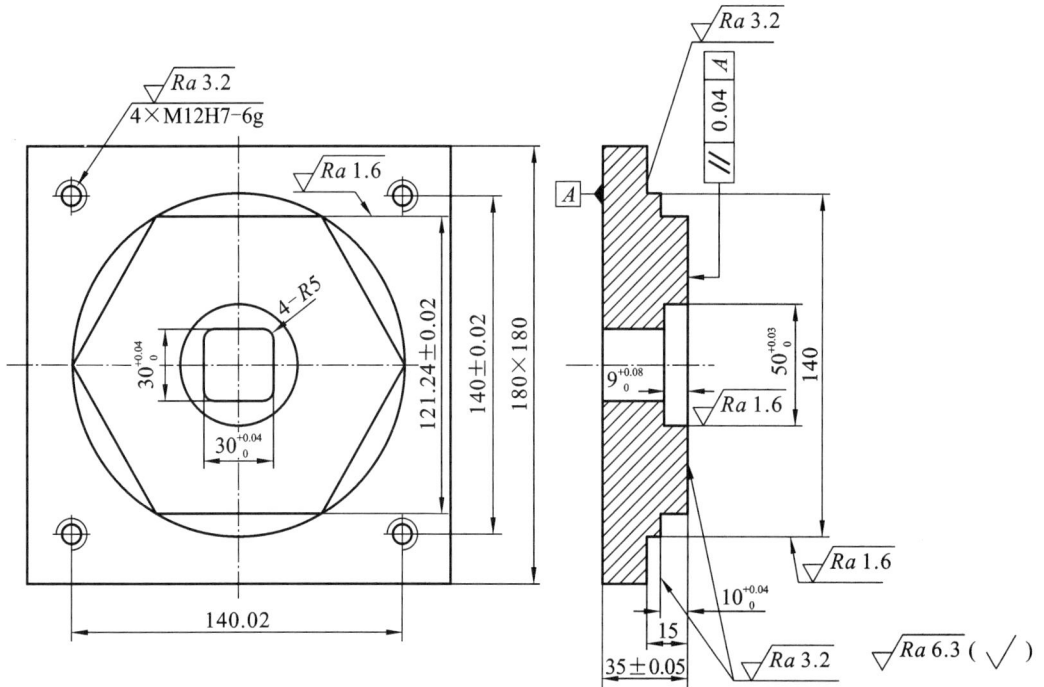

图 4-20 项目训练题 2 图

3. 按题 2 的要求完成图 4-21 所示零件数控加工程序的编制,并进行仿真加工。

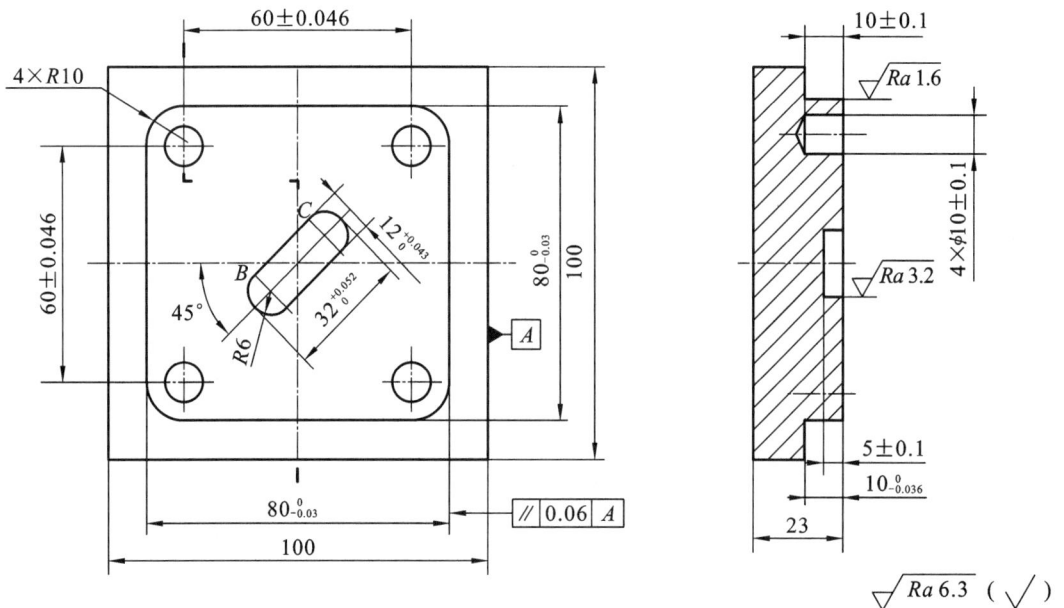

图 4-21 项目训练题 3 图

4. 按题 2 的要求完成图 4-22 所示零件数控加工程序的编制。

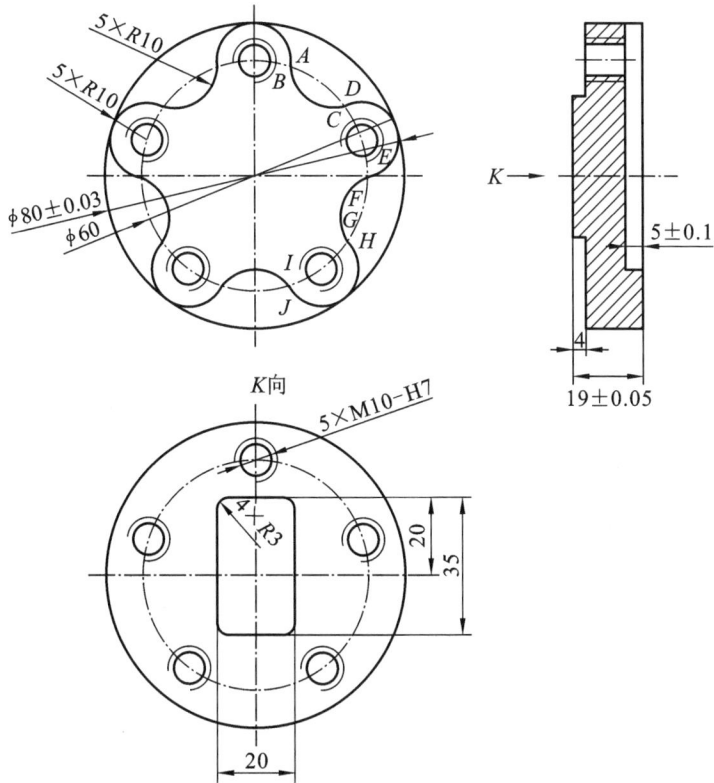

$A(10,30)$ $B(10,28)$ $C(23,18)$ $D(25,19)$ $E(32,-0.2)$
$F(29,-1)$ $G(24,-16)$ $H(26,-18)$ $I(8,-28)$ $J(10,-30)$

图 4-22 项目训练题 4 图

5. 按题 2 的要求完成图 4-23 所示零件数控加工程序的编制。

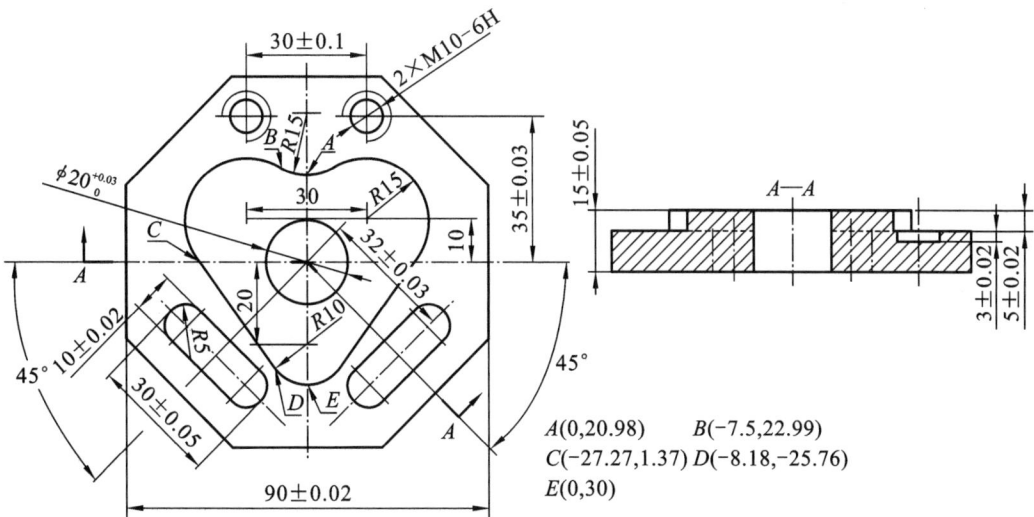

$A(0,20.98)$ $B(-7.5,22.99)$
$C(-27.27,1.37)$ $D(-8.18,-25.76)$
$E(0,30)$

图 4-23 项目训练题 5 图

6. 按题 2 的要求完成图 4-24 所示零件数控加工程序的编制。

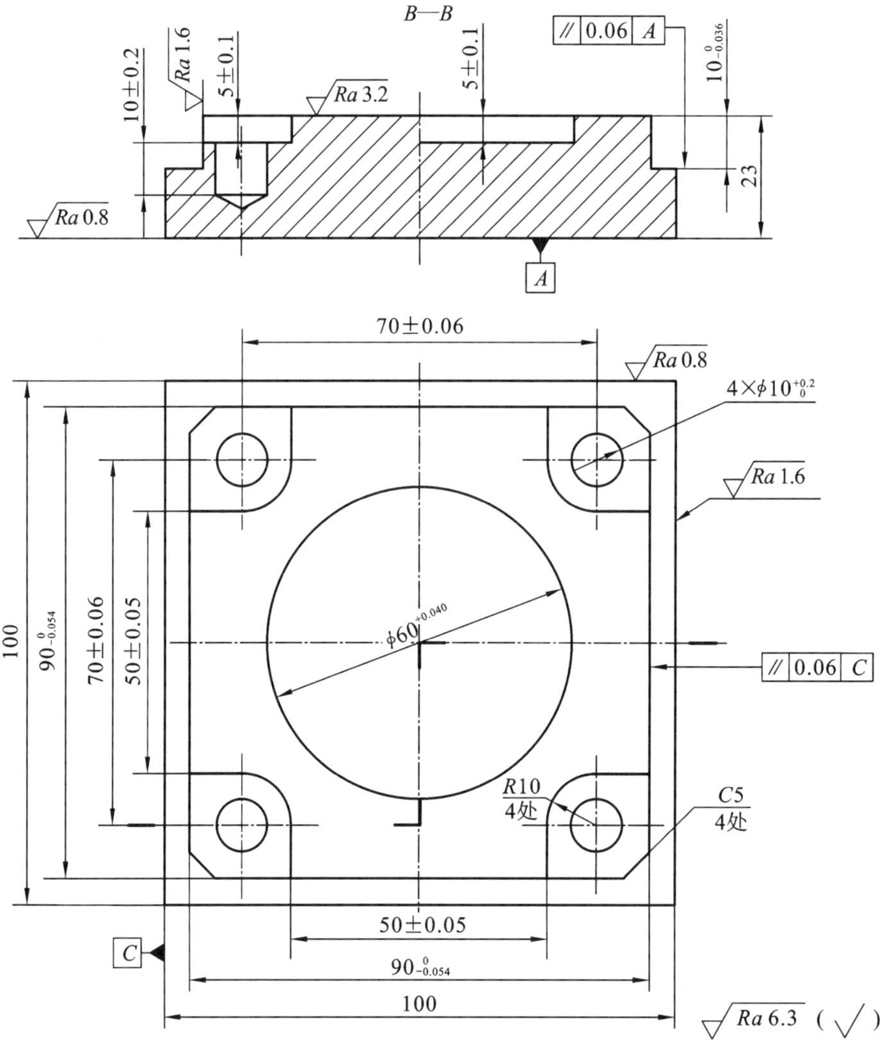

图 4-24 项目训练题 6 图

[1] 赵学清. 数控手工编程[M]. 北京：北京理工大学出版社，2010.

[2] 崔兆华. 数控车工(中级)操作技能鉴定实战详解[M]. 北京：机械工业出版社，2012.

[3] 霍苏萍. 数控车削加工工艺编程与操作[M]. 北京：人民邮电出版社，2009.

[4] 霍苏萍，刘岩. 数控铣削加工工艺编程与操作[M]. 北京：人民邮电出版社，2009.

[5] 霍苏萍. 数控加工编程与操作[M]. 北京：人民邮电出版社，2009.

[6] 刘坚. 数控加工与编程[M]. 北京：北京航空航天大学出版社，2009.

[7] 晏初宏. 数控加工工艺与编程[M]. 北京：化学工业出版社，2004.

[8] 董建国，王凌云. 数控编程与加工技术[M]. 长沙：中南大学出版社，2006.

[9] 华中"世纪星"车床数控系统编程说明书，2009.